VDE-Schriftenreihe **148**

VDE-Schriftenreihe Normen verständlich **148**

Projektierungshilfe elektrischer Anlagen in Gebäuden

Praxiseinführung und Berechnungsmethoden

Prof. Dr.-Ing. Ismail Kasikci

9., überarbeitete Auflage

VDE VERLAG GMBH

ICS 29.020; 29.130.20; 91.140.50

Bibliografische Information der Deutschen Nationalbibliothek
Die Deutsche Nationalbibliothek verzeichnet diese Publikation in der Deutschen Nationalbibliografie; detaillierte bibliografische Daten sind im Internet über https://portal.dnb.de abrufbar.

ISBN 978-3-8007-6222-4 (Buch)
ISBN 978-3-8007-6223-1 (E-Book)
ISSN 0506-6719

Satz: Text- und Software-Service Manuela Treindl, Fürth
Druck: Buch- und Offsetdruckerei H. Heenemann GmbH & Co. KG, Berlin
Printed in Germany 2023-11

Vorwort zur 9. Auflage

Dieses Buch ist eine Einführung in die Anlagenplanung und Berechnungsmethoden von Elektroinstallationen. Beginnend ab der 6. Auflage wurde das Werk aufgrund der vielfältigen neuen Themen stark bearbeitet, immer wieder dem neuesten Stand von Technik und Normen angepasst, in vielen Abschnitten erweitert und auch durch völlig neue Themen ergänzt. Dementsprechend hat die Neuauflage auch eine neue Struktur und einen leicht geänderten Titel, wobei die bewährte Orientierung an der gängigen Installationspraxis selbstverständlich beibehalten wurde.

Diese vorliegende 9. Auflage wurde noch einmal überarbeitet, insbesondere die Bilder angepasst und die Themen, wie der Spannungsfall in Hinblick auf das Beiblatt 2 zu DIN VDE 0100-520 und Erdungsanlagen für Gebäude, punktuell überarbeitet.

Der Planer und Errichter von Elektroinstallationen muss für die Bemessung und Dimensionierung der elektrischen Betriebsmittel, Leitungen und Verbraucher eine Reihe von rechnerischen Nachweisen führen. Ohne Kenntnis der Kurzschlussströme kann in der Regel weder Selektivität noch Kurzschlussschutz eines Netzes ausgelegt werden. Auch der Spannungsfall, Schutz durch Abschaltung und Schutz bei Überlast sind rechnerisch nachzuweisen.

Neben dem einfachen theoretischen Teil werden stets die zu beachtenden Normen, Regeln und Vorschriften erläutert. Jedes Kapitel schließt mit einer Vielzahl sehr hilfreicher, einfacher Berechnungsbeispiele aus der Praxis ab und enthält zahlreiche Tabellen und Diagramme mit wichtigen Planungswerten. Dieses Werk ist sowohl für die praktische Arbeit als auch für die Lehre bestens geeignet. Alle Kapitel sind unabhängig voneinander nutzbar. Innerhalb einer Themeneinheit ist die Vermittlung des Stoffs auf eine gute Verständlichkeit ausgerichtet.

Von ganzem Herzen danke ich *Michael Kreienberg*, Lektor Buchbereich „Elektrotechnik und Ingenieurwissenschaften“ für die gute Zusammenarbeit und die Veröffentlichung dieses Buchs.

Insbesondere danke ich den Firmen ABB Stotz-Kontakt, Dehn und Trilux für die Überlassung von Bildern und Unterlagen.

Ich möchte an alle Leser dieses Buchs eine Bitte richten: Jeder Vorschlag, jede Kritik und Anregung zur Anwendung dieses Buchs ist willkommen.

Der Autor freut sich, dass durch die Aufnahme des Werks in die VDE-Schriftenreihe sich die Möglichkeit eröffnet, einem breiten Empfängerkreis Wissen zur fachgerechten Projektierung elektrischer Anlagen in Gebäuden zu vermitteln.

Weinheim, im November 2023 *Ismail Kasikci*

Inhalt

1 Einheiten und Zeichen

1.1 Basiseinheiten

Größe	Einheit	Symbol
Länge	Meter	m
Masse	Kilogramm	kg
Zeit	Sekunde	s
Stromstärke	Ampere	A
Temperatur	Kelvin	K
Stoffmenge	Mol	mol
Lichtstärke	Candela	cd

1.2 Ableitung der elektrischen Einheiten

Größe	Formelzeichen	Einheit	
Kraft	F	Newton	1 N = 1 kgm/s^2
Energie	W	Joule	1 J = 1 kgm^2/s^2
Leistung	P	Watt	1 W = 1 kgm^2/s^3
Spannung	U	Volt	1 V = 1 kgm^2/As^3
Widerstand	R	Ohm	1 Ω = 1 V/A
Kapazität	C	Farad	1 F = 1 As/V
Induktivität	L	Henry	1 H = 1 Vs/A

1.3 Abkürzungen von Einheiten

Einheit		Größe	Formelzeichen
A	Ampere	elektrischer Strom	I
Ah	Amperestunde	Ladung	Q
C, As	Coulomb	Ladung	Q
cd	Candela	Lichtstärke	I
F	Farad	Kapazität	C
g	Gramm	Masse	m
°C	Grad Celsius	Temperatur	ϑ
H	Henry	Induktivität	L
Hz	Hertz	Frequenz	f
J	Joule	Energie	W
K	Kelvin	Temperatur	T
kWh	Kilowattstunde	elektr. Arbeit (Energie)	W
lm	Lumen	Lichtstrom	Φ
lx	Lux	Beleuchtungsstärke	E
N	Newton	Kraft	F
s	Sekunde	Zeit	t
S	Siemens	elektrischer Leitwert	G
V	Volt	elektrische Spannung	U
VA	Voltampere	Scheinleistung	S
var	Voltampere reaktiv	Blindleistung	Q
W	Watt	elektrische Leistung	P
Ws	Wattsekunde	Energie	W
Ω	Ohm	elektrischer Widerstand	R

1.4 Vorsätze von Einheiten

Dezimale Vielfache

Zeichen	Vorsatz	Zehnerpotenz	Wert
da	Deka	10^1	zehnfacher Wert
h	Hekto	10^2	hundertfacher Wert
k	Kilo	10^3	tausendfacher Wert
M	Mega	10^6	millionenfacher Wert
G	Giga	10^9	milliardenfacher Wert

Dezimale Teile

Zeichen	Vorsatz	Zehnerpotenz	Wert
d	Dezi	10^{-1}	zehnter Teil
c	Zenti	10^{-2}	hundertster Teil
m	Milli	10^{-3}	tausendster Teil
µ	Mikro	10^{-6}	millionster Teil
n	Nano	10^{-9}	milliardster Teil
p	Piko	10^{-12}	billionster Teil

1.5 Umrechnung von Einheiten

Leistungseinheiten

1 kW = 1,36 PS = 1 kNm/s

1 PS = 0,736 kW = 736 Nm/s

1 Nm/s = 1 W

Energieeinheiten

1 Ws = 1 J = 1 Nm

1 kWh = 3 600 000 Ws = 860 kcal

1 kcal = 4 187 Ws

1.6 Formelzeichen

Elektrische Größen

Formelzeichen	Größe	Einheit	Einheitenzeichen
C	Kapazität	Farad	$1\,\text{F} = 1\,\frac{\text{As}}{\text{V}}$
G	Wirkleitwert	Siemens	$1\,\text{S} = 1/\Omega$
f	Frequenz	Hertz	Hz
I	Strom	Ampere	A
L	(Selbst-)Induktivität	Henry	$1\,\text{H} = 1\,\frac{\text{Vs}}{\text{A}}$
P	Leistung, Wirkleistung	Watt	W
Q	Blindleistung	Voltampere reaktiv	var*)
R	Wirkwiderstand	Ohm	Ω
S	Scheinleistung	Voltampere	VA*)
U	Spannung	Volt	V
Δu	Spannungsfall	Prozent	%
W	Energie	Wattsekunden	Ws
X	Blindwiderstand	Ohm	Ω
Z	Impedanz, Scheinwiderstand	Ohm	Ω
κ	(Kappa) spezifischer Leitwert	Siemens pro Meter	$\text{S}\,\frac{\text{m}}{\text{mm}^2}$ oder $\frac{\text{m}}{\Omega\,\text{mm}^2}$
ρ	(Rho) spezifischer Widerstand	Ohmmeter	$\Omega\,\frac{\text{mm}^2}{\text{m}}$
φ ω	(Phi) Phasenwinkel**) (Omega) Kreisfrequenz	Grad	s^{-1} (bei 50 Hz = 314 s^{-1})

*) DIN 1304 empfiehlt auch für die Blind- und Scheinleistung die Einheit Watt (W); in der Praxis sind jedoch var und VA gebräuchlich.

**) zwischen Strom und Spannung

Lichtgrößen

Formelzeichen	Größe	Einheit	Einheitenzeichen
E	Beleuchtungsstärke	Lux	lx
I	Lichtstärke	Candela	cd
L	Leuchtdichte		cd/m^2
Q	Lichtmenge	Lumenstunden	lmh
Φ	(Phi) Lichtstrom	Lumen	lm
ρ	(Rho) Reflexionsgrad	Prozent	

1.7 Häufig gebrauchte Schaltsymbole

Für das Gestalten und Festlegen grafischer Symbole für Schaltungsunterlagen gilt die IEC-Schaltzeichendatenbank IEC 60617. Die nachfolgend aufgeführten Schaltzeichen stellen einen kleinen Auszug dar.

	Leiter, allgemein
	Neutralleiter (N)
	Schutzleiter (PE)
	PEN-Leiter
	Leitung mit Kennzeichnung der Leiterzahl, z. B. 3 Leiter
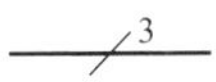	Vereinfachte Darstellung
	Sicherung allgemein, Schmelzsicherung
	Trennschalter
	Lasttrennschalter
	Sicherungslasttrennschalter
	Leistungsschalter
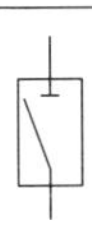	Trennschalter

	Leistungsschalter mit selbsttätiger Auslösung durch thermische und magnetische Wirkung, Leitungsschutzschalter (LS-Schalter), Motorschutzschalter
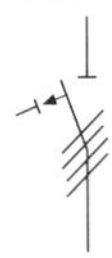	Fehlerstromschutzschalter vierpolig
	Leitungsschutzschalter mit selbsttätiger Auslösung durch thermische und magnetische Wirkung und durch Fehlerstrom (LS-RCD-Schalter)
	Leitungsschutzschalter MCB
	SH-Schalter
	RCD/LS-Schalter zweipolig
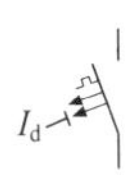	Leitungsschutzschalter mit selbsttätiger Auslösung durch thermische und magnetische Wirkung und durch Differenzstrom (LS-DI-Schalter)

	Schützkontakt (Schließer, NO)
	Schützkontakt (Öffner, NC)
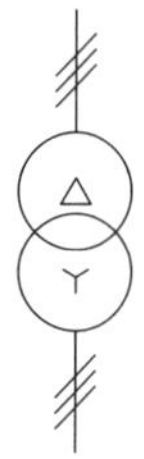	Drehstromtransformator in Dreieck-Stern-Schaltung, einpolige Darstellung
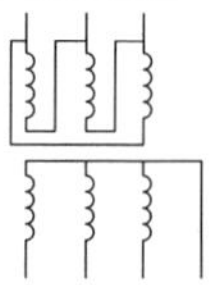	Drehstromtransformator in Dreieck-Stern-Schaltung mit herausgeführtem Neutralleiter, mehrpolige Darstellung
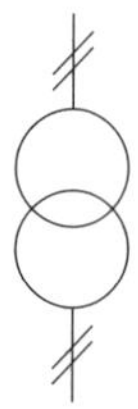	Spannungswandler einpolige Darstellung
	Spannungswandler mehrpolige Darstellung
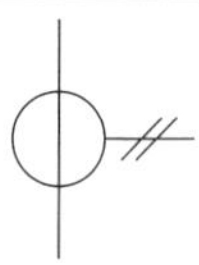	Stromwandler einpolige Darstellung
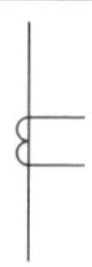	Stromwandler mehrpolige Darstellung

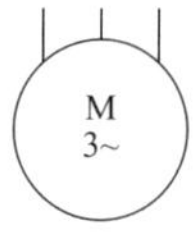	Drehstrom-Asynchronmotor mit Käfigläufer
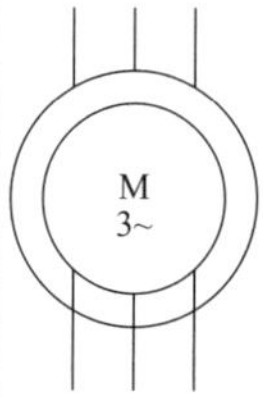	Drehstrom-Asynchronmotor mit Schleifringläufer
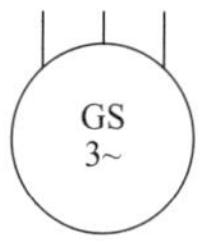	Drehstrom-Synchrongenerator
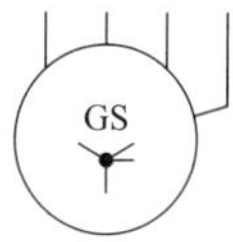	Drehstrom-Synchrongenerator in Sternschaltung mit herausgeführtem Neutralleiter
	Stern-Dreieck-Anlasser
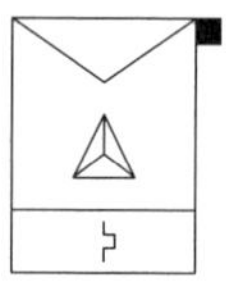	Stern-Dreieck-Anlasser mit selbsttätiger Auslösung durch thermische Wirkung (z. B. Überlastrelais)
	Überspannungsableiter
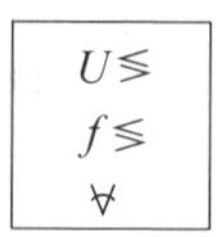	Schutzrelais, wirksam bei Über-/Unterspannung, Über-/Unterfrequenz und bei Lastwinkeländerungen („Vektorsprung“)

Beispiel einer Schaltzeichnung einer Niederspannungsanlage mit verschiedenen Schaltsymbolen

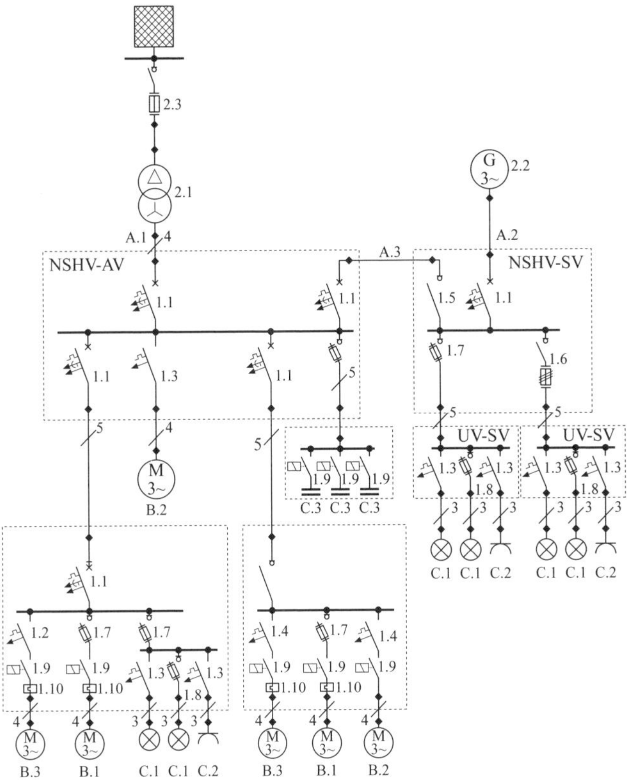

Bild 1.1 Stromkreisarten und Betriebsmittel einer Gebäudestromversorgung (aus [2])

Einspeise- und Kupplungsstromkreise

A.1 Netzeinspeisung mit Netztransformator
A.2 Generatoreinspeisung
A.3 Kupplung AV/SV

Motorstromkreise

B.1 mit Sicherungen und Überlastrelais
B.2 mit Motorschutzschalter
B.3 mit Motorschutzschalter und Überlastrelais

Weitere Stromkreise

C.1 Beleuchtungsstromkreise
C.2 Steckdosenstromkreise
C.3 Kondensatorstromkreise

Schalt- und Schutzgeräte

1.1 ACB
1.2 MCCB
1.3 MCB
1.4 Motorschutzschalter
1.5 Lasttrennschalter
1.6 Lasttrennschalter mit Sicherung
1.7 Sicherungslasttrennschalter
1.8 Sicherung D-System
1.9 Schütz
1.10 Überlastrelais
2.1 Transformator
2.2 Netzersatzanlage
2.3 HH-Sicherungen

1.8 Das griechische Alphabet

Α	α	Alpha	Ι	ι	Jota	Ρ	ρ	Rho
Β	β	Beta	Κ	κ	Kappa	Σ	σ	Sigma
Γ	γ	Gamma	Λ	λ	Lambda	Τ	τ	Tau
Δ	δ	Delta	Μ	μ	My	Υ	υ	Ypsilon
Ε	ε	Epsilon	Ν	ν	Ny	Φ	φ	Phi
Ζ	ζ	Zeta	Ξ	ξ	Xi	Χ	χ	Chi
Η	η	Eta	Ο	ο	Omikron	Ψ	ψ	Psi
Θ	ϑ	Theta	Π	π	Pi	Ω	ω	Omega

2 Mathematische Grundlagen, Formeln und grafische Lösungsverfahren

Das Buch geht davon aus, dass dem Benutzer die Grundrechenarten, das Potenzieren und Wurzelziehen, das Rechnen mit Klammern sowie das Bedienen eines mathematischen Taschenrechners geläufig sind. Es beschränkt sich deshalb darauf, die für die Wechselstromlehre und folgenden Rechenbeispiele wichtigen mathematischen Zusammenhänge zu wiederholen.

2.1 Satz des Pythagoras

In jedem rechtwinkligen Dreieck ist das Hypotenusenquadrat gleich der Summe der beiden Kathetenquadrate.

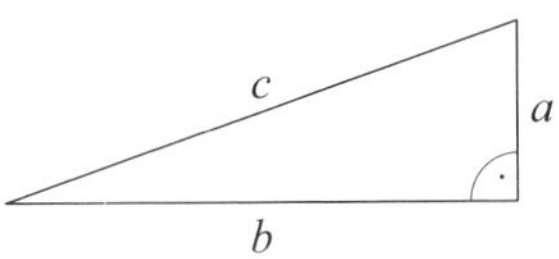

$$c^2 = a^2 + b^2,$$

$$c\sqrt{a^2 + b^2},$$

$$a = \sqrt{c^2 - b^2},$$

$$b = \sqrt{c^2 - a^2}.$$

Beispiel 2a:

Die Impedanz Z (Scheinwiderstand) in einem Wechselstromkreis setzt sich zusammen aus einem ohmschen Widerstand R von 4 Ω und einem induktiven Blindwiderstand X von 3 Ω.

Wie groß ist die Impedanz?

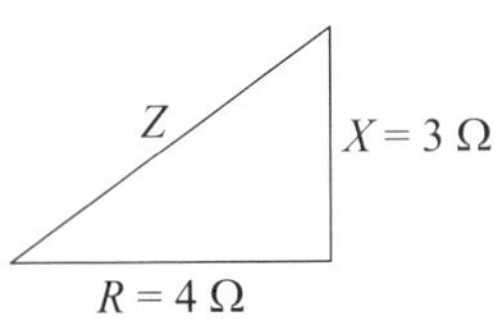

$$Z = \sqrt{R^2 + X^2} = \sqrt{(4\,\Omega)^2 + (3\,\Omega)^2},$$

$$Z = \sqrt{16\,\Omega + 9\,\Omega} = \sqrt{25\,\Omega} = 5\,\Omega.$$

2.2 Winkelfunktionen (trigonometrische Funktionen)

In allen rechtwinkligen Dreiecken mit den gleichen Winkeln sind entsprechende Seitenverhältnisse gleich groß.

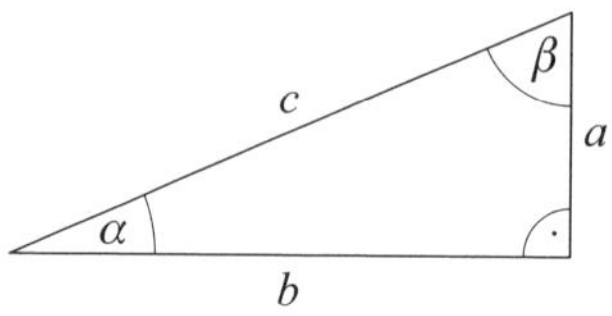

$$\sin\alpha = \frac{a}{c};\quad \sin\beta = \frac{b}{c},$$

$$\cos\alpha = \frac{b}{c};\quad \cos\beta = \frac{a}{c},$$

$$\tan\alpha = \frac{a}{b};\quad \tan\beta = \frac{b}{a}.$$

Beispiel 2b:

Ein Drehstromverbraucher mit einer Wirkleistung von 8 kW nimmt einen Strom von 16 A bei 400 V auf.

Wie groß ist der Leistungsfaktor $\cos\varphi$?

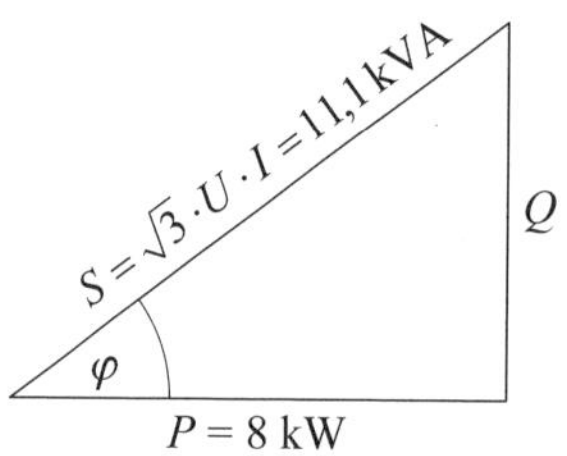

$$S = \sqrt{3}\cdot U\cdot I = \sqrt{3}\cdot 400\ \text{V}\cdot 16\ \text{A},$$

$$S = 11{,}1\ \text{kVA}.$$

$$\cos\varphi = \frac{P}{S} = \frac{8\ \text{kW}}{11{,}1\ \text{kVA}},$$

$$\cos\varphi = 0{,}72.$$

Beispiel 2c:

Zwei Drehstrom-Verbrauchsmittel, 400 V, mit einer Nennleistung von $P_1 = 6$ kW und $P_2 = 8$ kW und einem $\cos\varphi_1$ von 0,7 und $\cos\varphi_2$ von 0,9 werden über eine gemeinsame Zuleitung versorgt.

Welcher Gesamtstrom und Gesamt-$\cos\varphi$ ergibt sich?

$$P = \sqrt{3}\cdot U\cdot I\cdot\cos\varphi,$$

$$I_1 = \frac{P_1}{\sqrt{3}\cdot U\cdot\cos\varphi_1} = \frac{6\,000\ \text{W}}{\sqrt{3}\cdot 400\ \text{V}\cdot 0{,}7} = 12{,}4\ \text{A},$$

$$I_2 = \frac{P_2}{\sqrt{3}\cdot U\cdot\cos\varphi_2} = \frac{8\,000\ \text{W}}{\sqrt{3}\cdot 400\ \text{V}\cdot 0{,}9} = 12{,}8\ \text{A},$$

$I_{R_1} = I_1 \cdot \cos\varphi_1 = 12{,}4\ \text{A} \cdot 0{,}7 = 8{,}7\ \text{A}$ (ohmscher Anteil),

$I_{L_1} = I_1 \cdot \sin\varphi_1 = 12{,}4\ \text{A} \cdot 0{,}714 = 8{,}8\ \text{A}$ (induktiver Anteil),

aus $\cos\varphi_1 = 0{,}7$ erhält man $\sin\varphi_1 = 0{,}714$ (mittels Rechner).

$I_{R_2} = I_2 \cdot \cos\varphi_2 = 12{,}8\ \text{A} \cdot 0{,}9 = 11{,}55\ \text{A}$,

$I_{L_2} = I_2 \cdot \sin\varphi_2 = 12{,}8\ \text{A} \cdot 0{,}436 = 5{,}6\ \text{A}$.

$\cos\varphi_2 = 0{,}9$ ergibt $\sin\varphi_2 = 0{,}436$.

$$I = \sqrt{\left(I_{R_1} + I_{R_2}\right)^2 + \left(I_{L_1} + I_{L_2}\right)^2} = \sqrt{(8{,}7\ \text{A} + 11{,}55\ \text{A})^2 + (8{,}8\ \text{A} + 5{,}6\ \text{A})^2}$$
$$= 24{,}86\ \text{A},$$

$$\cos\varphi = \frac{I_{R_1} + I_{R_2}}{I} = \frac{8{,}7\ \text{A} + 11{,}55\ \text{A}}{24{,}86\ \text{A}} = 0{,}814.$$

2.3 Funktionsgleichungen

Wechselströme und -spannungen werden vielfach durch Sinusfunktionen in der Form

$$i = \hat{i} \cdot \sin\left(\omega t + \varphi_i\right),$$

$$u = \hat{u} \cdot \sin\left(\omega t + \varphi_u\right)$$

angegeben. Der Gleichungen bedient man sich, um den während einer Periode sich ständig verändernden Betrag einer Wechselstromgröße für eine definierte Zeit zu ermitteln. Dieser Betrag wird als Augenblickswert, Momentanwert oder Zeitwert bezeichnet.

Beispiel 2d:

Ein symmetrisches Drehstromnetz hat eine Frequenz von 50 Hz. Die Effektivwerte der Strangspannung betragen 230 V.

Welche Augenblickswerte haben die drei Wechselspannungen 4 ms nach dem positiven Nulldurchgang der ersten Spannung?

$$u_1 = \hat{u}_1 \cdot \sin(\omega \cdot t)$$
$$u_1 = 309{,}28\ \text{V},$$

$$u_2 = \hat{u}_2 \cdot \sin(\omega \cdot t + \varphi); \quad \varphi = -120^\circ = -\frac{2}{3}\,\pi,$$

$$u_2 = \sqrt{2} \cdot 230\ \text{V} \cdot \sin\left(314\,\frac{1}{\text{s}} \cdot \frac{4}{1\,000}\,\text{s} - \frac{2}{3}\,\pi\right) = -241{,}86\ \text{V},$$

$$u_3 = \hat{u}_3 \cdot \sin(\omega \cdot t + \varphi); \quad \varphi = 120^\circ = \frac{2}{3}\,\pi,$$

$$u_3 = \sqrt{2} \cdot 230\ \text{V} \cdot \sin\left(314\,\frac{1}{\text{s}} \cdot \frac{4}{1\,000}\,\text{s} + \frac{2}{3}\,\pi\right) = -67{,}42\ \text{V}.$$

Anmerkung:

$\omega = 2\pi \cdot f$ in $\frac{\text{rad}}{\text{s}}$ oder $\frac{1}{\text{s}}$,

$\pi = 3{,}14$; f = Frequenz,

Bogenmaß: $2\pi \triangleq 360^\circ$; $120^\circ \triangleq \frac{2}{3}\,\pi$.

2.4 Formeln

Ohm'sche Widerstände

Ohm'sches Gesetz

$$U = I \cdot R; \quad I = \frac{U}{R}; \quad R = \frac{U}{I};$$

U Spannung in V,

I Strom in A,

R Widerstand in Ω.

Widerstand eines Leiters

$$R = \rho \frac{l}{S}; \quad R = \frac{l}{\kappa \cdot S}; \quad \left(\rho = \frac{1}{\kappa}\right);$$

R Widerstand in Ω bei 20 °C,

l einfache Leitungslänge in m,

S Leiterquerschnitt in mm²,

ρ (Rho) spezifischer Widerstand in $\Omega \frac{\text{mm}^2}{\text{m}}$,

κ (Kappa) spezifischer Leitwert in $\frac{\text{m}}{\Omega\,\text{mm}^2}$,

$\rho_{\text{Cu}} = 0{,}017\,85\ \Omega \frac{\text{mm}^2}{\text{m}}$, für Kupfer bei 20 °C,

$\kappa_{\text{Cu}} = 56\ \frac{\text{m}}{\Omega\,\text{mm}^2}$, für Kupfer bei 20 °C,

$\rho_{\text{Al}} = 0{,}029\,4\ \Omega \frac{\text{mm}^2}{\text{m}}$, für Aluminium bei 20 °C,

$\kappa_{\text{Al}} = 34\ \frac{\text{m}}{\Omega\,\text{mm}^2}$, für Aluminium bei 20 °C.

Leiterwiderstand bei Temperaturen abweichend von 20 °C

$$R_{\text{t}} = R_{20}\left[1 + \alpha\left(\vartheta - 20\right)\right];$$

α = (Alpha) Temperaturkoeffizient in 1/K,

$\alpha_{\text{Cu}} = 0{,}003\,93\ \text{K}^{-1}$,

$\alpha_{\text{Al}} = 0{,}004\,03\ \text{K}^{-1}$,

ϑ = Leitertemperatur in °C.

Spannungsfall

$\Delta U = I \cdot R$ in V,

$\Delta u = 100 \frac{\Delta U}{U_{\text{n}}}$ in %,

U_{n} Nennspannung in V.

Reihenschaltung von Widerständen

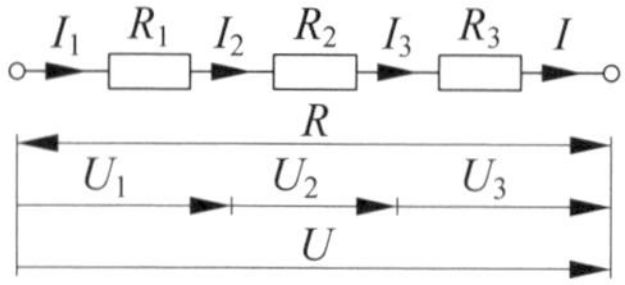

$$I = I_1 = I_2 = I_3 = \ldots,$$
$$R = R_1 + R_2 + R_3 + \ldots,$$
$$U = U_1 + U_2 + U_3 + \ldots,$$
$$I = \frac{U}{R} = \frac{U_1}{R_1} = \frac{U_2}{R_2} = \frac{U_3}{R_3} = \ldots$$

Parallelschaltung von Widerständen

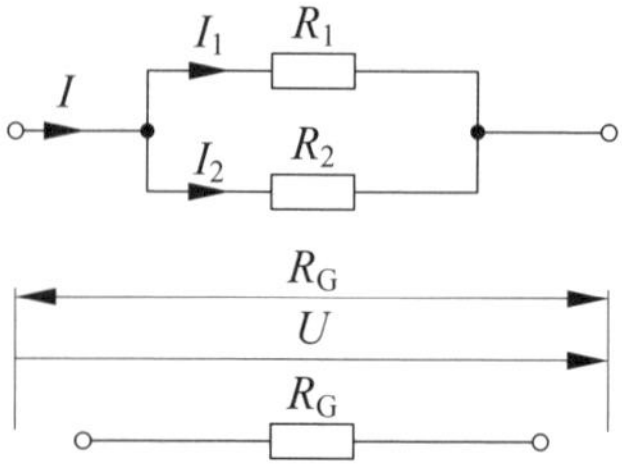

$$I = I_1 + I_2 + \ldots,$$
$$\frac{1}{R} = \frac{1}{R_1} + \frac{1}{R_2} + \cdots,$$
$$U = I \cdot R = I_1 \cdot R_1 = I_2 \cdot R_2 = \ldots$$

Bei zwei parallel geschalteten Widerständen:

$$R_G = \frac{R_1 \cdot R_2}{R_1 + R_2}.$$

Bei Parallelschaltung von n gleichen Widerständen R_1:

$$R_G = \frac{R_1}{n}.$$

Stern-Dreieck-Umwandlung

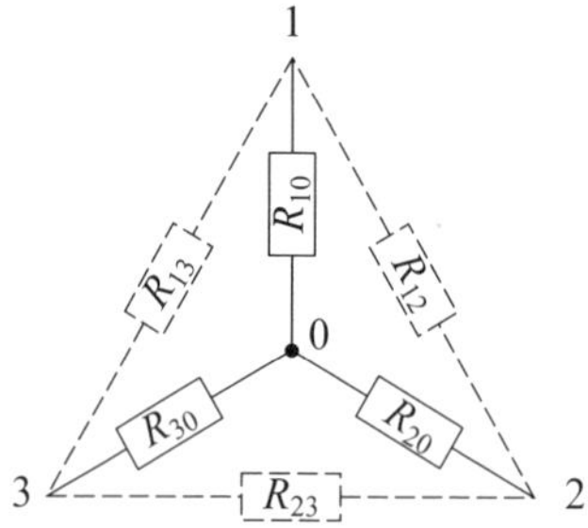

$$R_{12} = \frac{R_{10} \cdot R_{20}}{R_{30}} + R_{10} + R_{20},$$
$$R_{23} = \frac{R_{10} \cdot R_{20}}{R_{30}} + R_{10} + R_{30},$$
$$R_{13} = \frac{R_{10} \cdot R_{30}}{R_{20}} + R_{10} + R_{30}.$$

Dreieck-Stern-Umwandlung

$$R_{10} = \frac{R_{12} \cdot R_{13}}{R_{12} + R_{13} + R_{23}},$$

$$R_{20} = \frac{R_{12} \cdot R_{23}}{R_{12} + R_{13} + R_{23}},$$

$$R_{30} = \frac{R_{13} \cdot R_{23}}{R_{12} + R_{13} + R_{23}}.$$

Kondensatoren

$i_C = C \cdot \frac{\mathrm{d}U}{\mathrm{d}t}$, i_C Ladestrom in A, C Kapazität in $\mathrm{F} = \frac{\mathrm{As}}{\mathrm{V}}$,

$i_C = C \cdot \omega \cdot u$, bei sinusförmiger Wechselspannung,

$W_C = \frac{1}{2} C \cdot U^2$, W_C gespeicherte Energie in Ws,

$\omega = 2\pi f$ Kreisfrequenz in $\frac{1}{\mathrm{s}}$.

Reihenschaltung von Kondensatoren

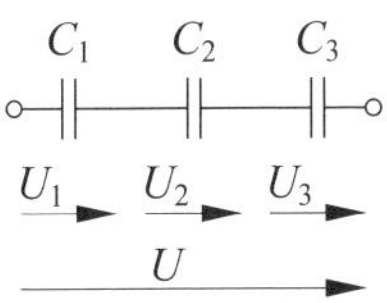

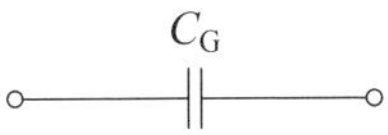

$$U = U_1 + U_2 + U_3 + \ldots,$$

$$\frac{1}{C} = \frac{1}{C_1} + \frac{1}{C_2} + \frac{1}{C_3} + \ldots,$$

$$Q = C \cdot U = C_1 \cdot U_1 = C_2 \cdot U_2 = \ldots$$

Bei zwei in Serie geschalteten Kondensatoren:

$$C_G = \frac{C_1 + C_2}{C_1 + C_2}.$$

Parallelschaltung von Kondensatoren

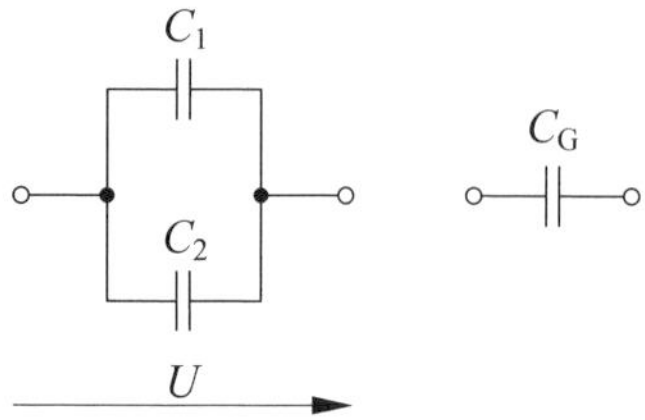

$$Q = Q_1 + Q_2 + \ldots,$$

$$U = \frac{Q}{C} = \frac{Q_1}{C_1} = \frac{Q_2}{C_2} = \ldots,$$

$$C_G = C_1 + C_2 + \ldots$$

Spulen

$u_L = L \cdot \dfrac{di}{dt}$, u_L induktive Spannung in V,

L Selbstinduktivität in $H = \dfrac{Vs}{A}$,

$U_L = L \cdot \omega \cdot I$, bei sinusförmigen Wechselstrom,

$W_L = \dfrac{1}{2} L \cdot I^2$, W_L gespeicherte magnetische Energie in Ws.

Reihenschaltung von Spulen

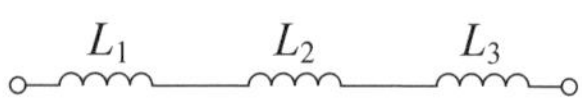

$$L_G = L_1 + L_2 + L_3 + \ldots$$

Parallelschaltung von Spulen

$$\frac{1}{L_G} = \frac{1}{L_1} + \frac{1}{L_2} + \ldots$$

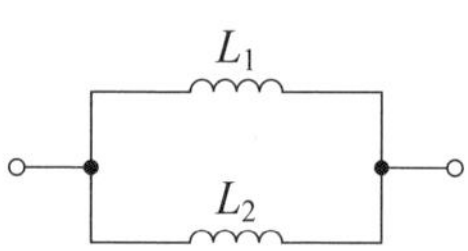

Bei zwei parallel geschalteten Spulen:

$$L_G = \frac{L_1 \cdot L_2}{L_1 + L_2}.$$

Parallelschaltung von n Spulen mit gleichen Induktivitätswerten L_1:

$$L_G = \frac{L_1}{n}.$$

Wechselstromwiderstände

Wirkwiderstand (ohmscher Widerstand)

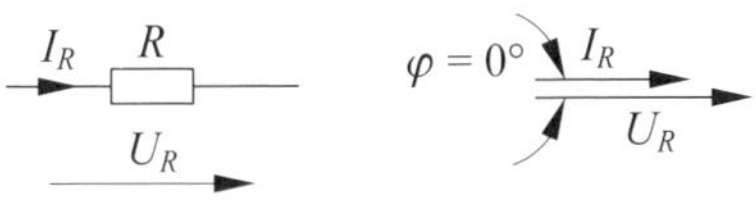

$$R = \frac{U_R}{I_R} \quad \text{in } \Omega.$$

Kapazitiver Blindwiderstand

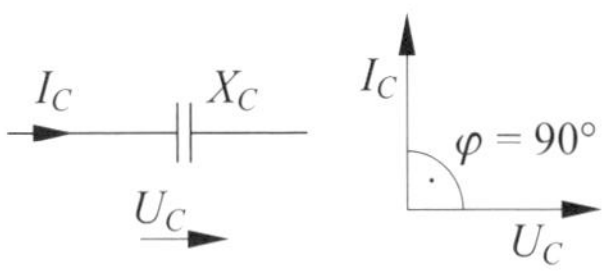

$$X_C = \frac{U_C}{I_C} \quad \text{in } \Omega,$$

$$X_C = -\frac{1}{\omega C} \quad \text{in } \Omega,$$

ω (Omega) Kreisfrequenz in $\frac{1}{\text{s}}$,

$\omega = 2 \cdot \pi \cdot f$, bei 50 Hz = 314 s^{-1},

C in $\text{F} = \frac{\text{As}}{\text{V}}$.

Induktiver Blindwiderstand

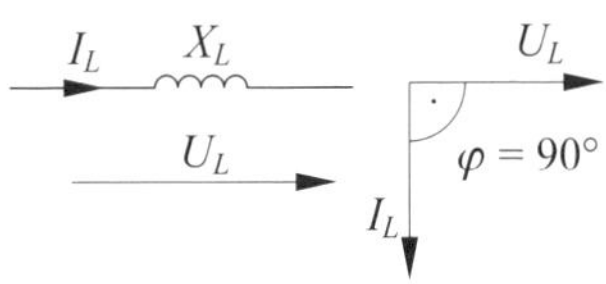

$$X_L = \frac{U_L}{I_L} \quad \text{in } \Omega,$$

$$X_L = \omega \cdot L \quad \text{in } \Omega,$$

ω Kreisfrequenz in $\frac{1}{\text{s}}$,

L Induktivität in $\text{H} = \frac{\text{Vs}}{\text{A}}$.

Reihenschaltung von Wirkwiderstand und kapazitivem Blindwiderstand

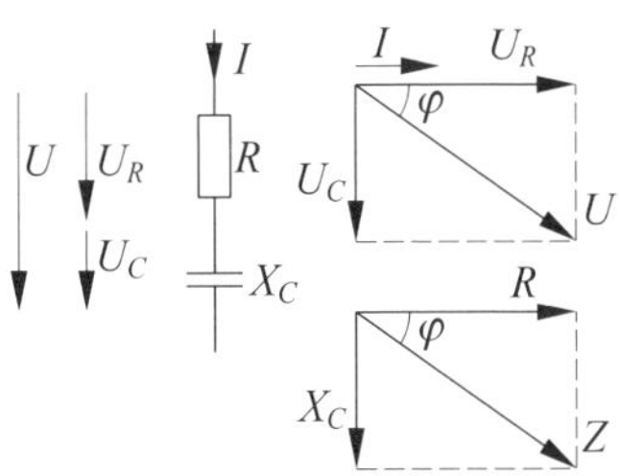

$U = \sqrt{U_R^2 + U_C^2}$,

$U = Z \cdot I$, Z Impedanz (Scheinwiderstand),

$Z = \sqrt{R^2 + X_C^2}$.

Reihenschaltung von Wirkwiderstand und induktivem Blindwiderstand

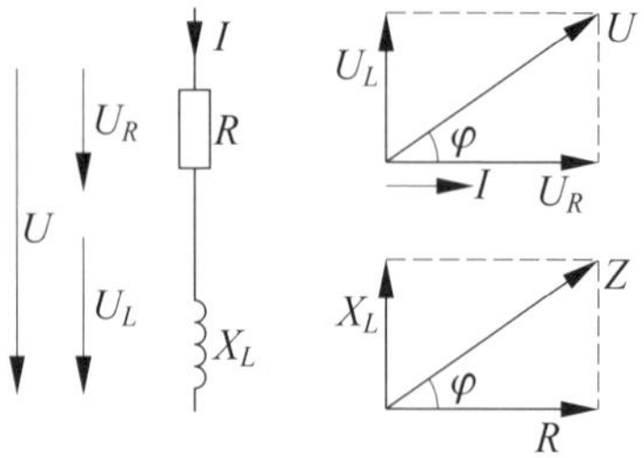

$$U = \sqrt{U_R^2 + U_L^2},$$

$$U = Z \cdot I, \quad \text{Z Impedanz},$$

$$Z = \sqrt{R^2 + X_L^2}.$$

Reihenschaltung von Wirkwiderstand, kapazitivem Blindwiderstand und induktivem Blindwiderstand

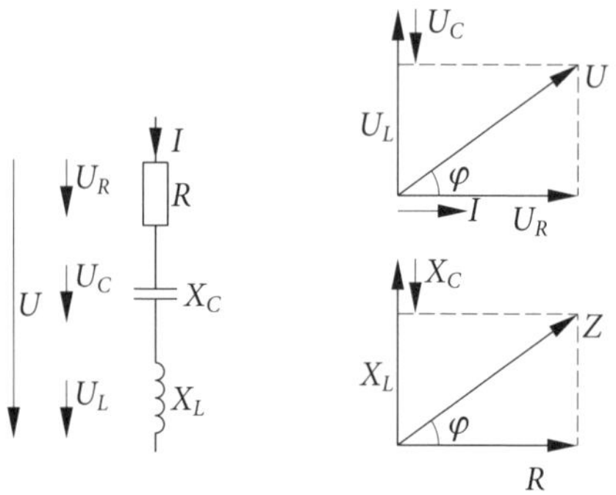

$$U = \sqrt{U_R^2 + (U_L - U_C)^2},$$

$$U = Z \cdot I,$$

$$Z = \sqrt{R^2 + (X_L - X_C)^2}.$$

Parallelschaltung von Wirkwiderstand und kapazitivem Blindwiderstand

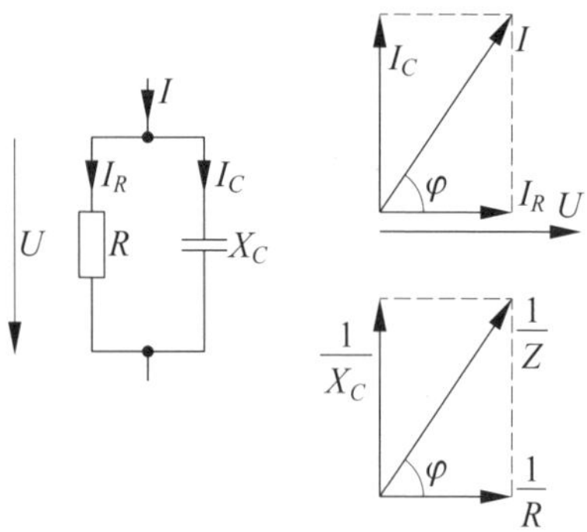

$$I = \sqrt{I_R^2 + I_C^2},$$

$$I = \frac{U}{Z},$$

$$Z = \frac{1}{\sqrt{\left(\frac{1}{R}\right)^2 + \left(\frac{1}{X_C}\right)^2}}.$$

Parallelschaltung von Wirkwiderstand und induktivem Blindwiderstand

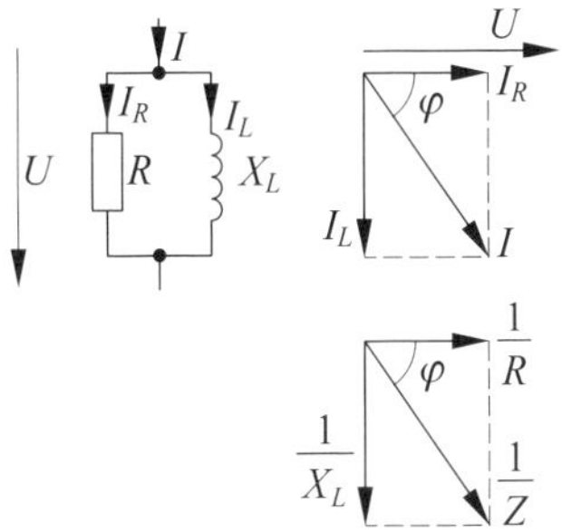

$$I = \sqrt{I_R^2 + I_L^2},$$

$$I = \frac{U}{Z},$$

$$Z = \frac{1}{\sqrt{\left(\frac{1}{R}\right)^2 + \left(\frac{1}{X_L}\right)^2}}.$$

Parallelschaltung von Wirkwiderstand, kapazitivem Blindwiderstand und induktivem Blindwiderstand

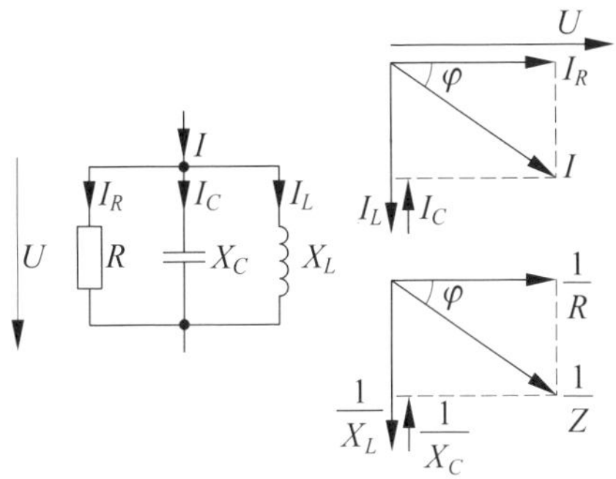

$$I = \sqrt{I_R^2 + (I_L - I_C)^2},$$

$$I = \frac{U}{Z},$$

$$Z = \frac{1}{\sqrt{\left(\frac{1}{R}\right)^2 + \left(\frac{1}{X_L} - \frac{1}{X_C}\right)^2}}.$$

Elektrische Leistung und Arbeit

Gleichstrom

$P = U \cdot I,$ — P Leistung in W,

$P = I^2 \cdot R,$ — U Spannung in V,

$P = \frac{U^2}{R},$ — I Strom in A,

R Widerstand in Ω.

Wechselstrom

$S = U \cdot I,$ — S Scheinleistung in VA[1],

[1] DIN 1304 empfiehlt auch für die Blind- und Scheinleistung die Einheit Watt (W); in der Praxis sind jedoch var und VA gebräuchlicher.

$P = U \cdot I \cdot \cos\varphi,$ P Wirkleistung in W,

$Q = U \cdot I \cdot \sin\varphi,$ Q Blindleistung in var[2],

$\cos\varphi = \frac{P}{U \cdot I} = \frac{P}{S},$ $\cos\varphi$ Leistungsfaktor bei 50 Hz (Verschiebungsfaktor),

$\sin\varphi = \frac{Q}{U \cdot I} = \frac{Q}{S},$ $\sin\varphi$ Blindfaktor.

Drehstrom

$S = \sqrt{3} \cdot U \cdot I,$ S, P, Q siehe Wechselstrom,

$P = \sqrt{3} \cdot U \cdot I \cdot \cos\varphi,$ U Leiterspannung in V,

$Q = \sqrt{3} \cdot U \cdot I \cdot \sin\varphi,$ I Leiterstrom in A.

$P_\Delta = 3 \cdot P_s$ Bei gleicher Leiterspannung ist die aufgenommene Leistung P_Δ bei einem Verbraucher in Dreieckschaltung das Dreifache der Leistung P_s in der Sternschaltung.

Elektrische Arbeit

$W = P \cdot t,$ W elektrische Arbeit in Ws

Stromwärme

$W = I^2 \cdot R \cdot t,$ P Leistung in W,

$W = P \cdot t,$ t Zeit in s.

2.5 Grafische Lösungsverfahren

Grafische Darstellungen können einen einfachen Aufschluss über den elektrischen Sachverhalt im Wechsel- oder Drehstromsystem geben. Sie lassen eine Genauigkeit bis auf ca. 1 % zu.

[2] DIN 1304 empfiehlt auch für die Blind- und Scheinleistung die Einheit Watt (W); in der Praxis sind jedoch var und VA gebräuchlicher.

Dreieckschaltung in einem Drehstromsystem bei symmetrischer ohmscher Belastung

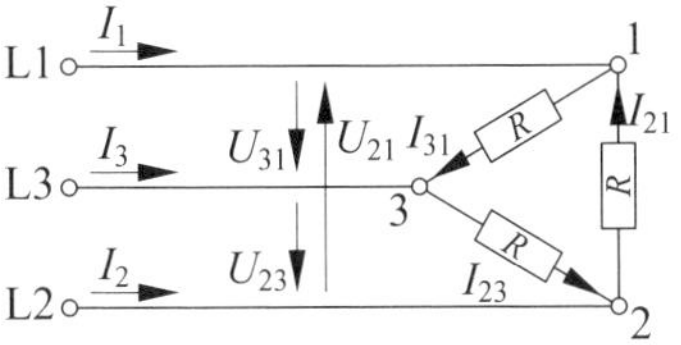

Außenleiterströme

$$I_1 = I_2 = I_3.$$

Strangströme

$$I_{12} = I_{23} = I_{31} = I_{\text{str}}.$$

Strangspannungen

$$U_{12} = U_{23} = U_{31} = U_{\text{auß}} = U_{\text{str}},$$

$$I = \sqrt{3} \cdot I_{\text{str}} \approx 1{,}73 \cdot I_{\text{str}},$$

$$I_1 + I_2 + I_3 = 0,$$

$$U = U_{\text{str}},$$

$$P = \sqrt{3} \cdot U \cdot I \cdot \cos\varphi.$$

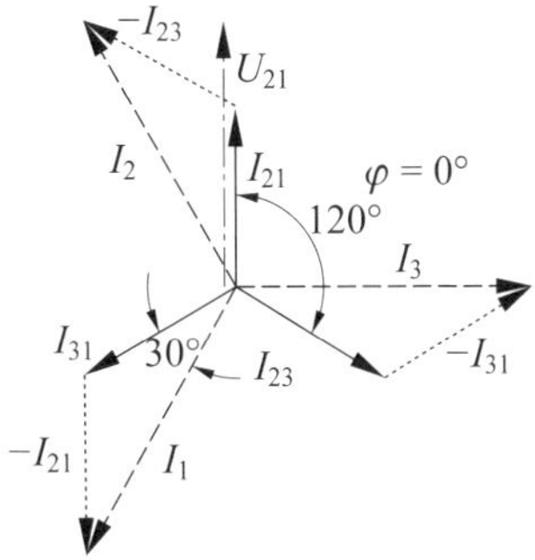

Sternschaltung in einem Drehstromsystem bei symmetrischer ohmscher Belastung

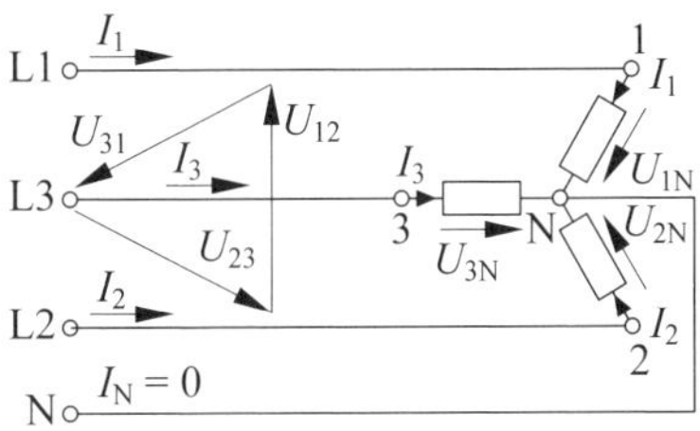

$$I_1 = I_2 = I_3 = I_{\text{str}},$$

$$U_{1\text{N}} = U_{2\text{N}} = U_{3\text{N}} = U_{\text{str}},$$

$$U_{12} = U_{23} = U_{31} = U.$$

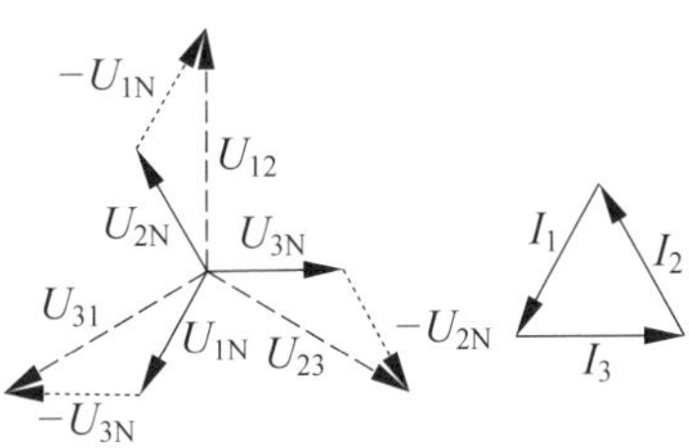

$$U = \sqrt{3} \cdot U_{\text{str}} \approx 1{,}73 \cdot U_{\text{str}},$$

$$\underline{I}_1 + \underline{I}_2 + \underline{I}_3 = 0,$$

$$I = I_{\text{str}},$$

$$P = \sqrt{3} \cdot U \cdot I \cdot \cos\varphi.$$

Sternschaltung in einem Drehstromsystem bei Belastung mit einem Motor, $\cos\varphi = 0,87$

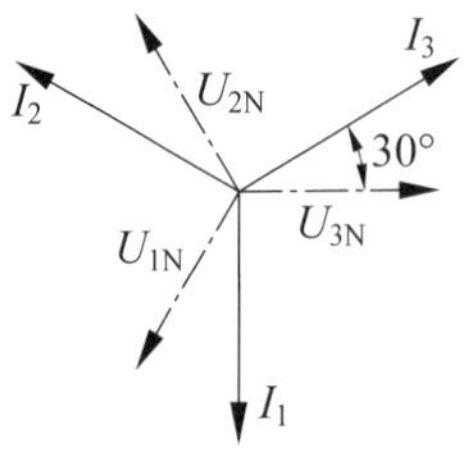

$\cos\varphi = 0,87; \quad \varphi = 30°,$

$\underline{I}_1 + \underline{I}_2 + \underline{I}_3 = 0.$

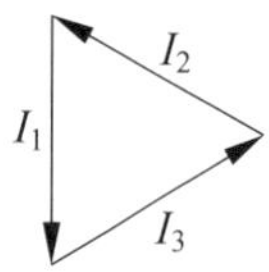

Unsymmetrische Belastung im Drehstromsystem bei Sternschaltung und mitgeführtem Neutralleiter

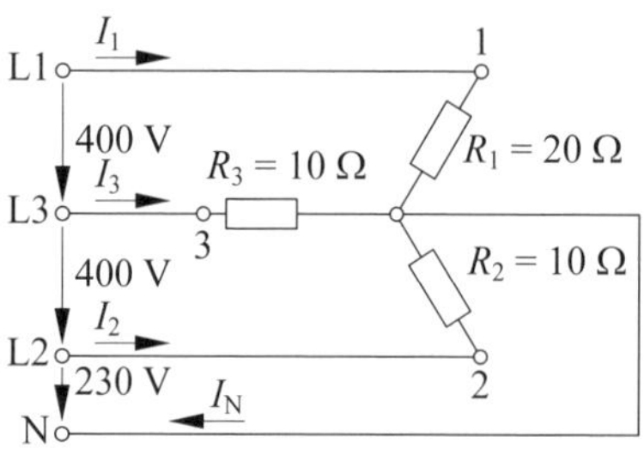

$$\underline{I}_1 + \underline{I}_2 + \underline{I}_3 = \underline{I}_N,$$

$$I_1 = \frac{U_{1N}}{R_1} = \frac{230\ \text{V}}{20\ \Omega} = 11,55\ \text{A},$$

$$I_2 = \frac{U_{2N}}{R_2} = \frac{230\ \text{V}}{10\ \Omega} = 23,0\ \text{A},$$

$$\text{I}_3 = \frac{U_{3N}}{Z_3} = \frac{230\ \text{V}}{10\ \Omega} = 23,0\ \text{A},$$

$$Z_3 = \sqrt{(8\ \Omega)^2 + (6\ \Omega)^2} = 10\ \Omega.$$

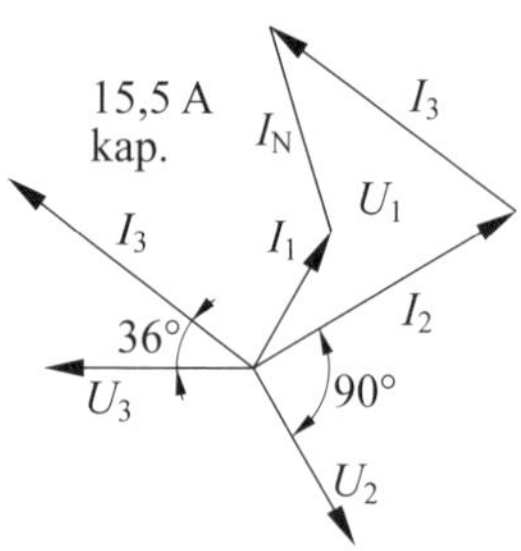

Unsymmetrische Belastung durch Impedanzen im Drehstromsystem bei Sternschaltung

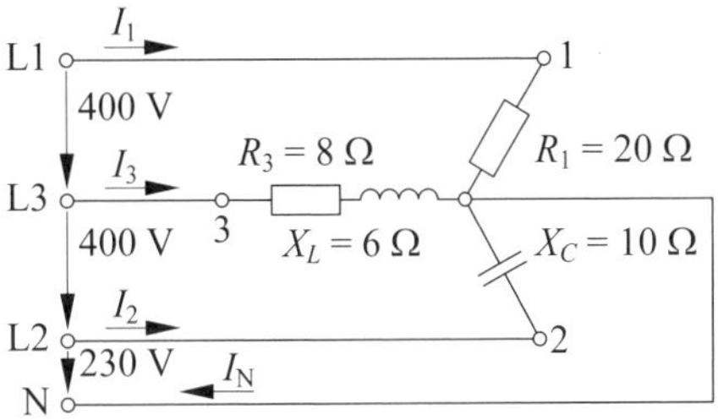

$$\underline{I}_1 + \underline{I}_2 + \underline{I}_3 = \underline{I}_N,$$

$$I_1 = \frac{U_{1N}}{R_1} = \frac{230\ \text{V}}{20\ \Omega} = 11{,}55\ \text{A},$$

$$\varphi_1 = 0°,$$

$$I_2 = \frac{U_{2N}}{Z} = \frac{230\ \text{V}}{10\ \Omega} = 23\ \text{A}.$$

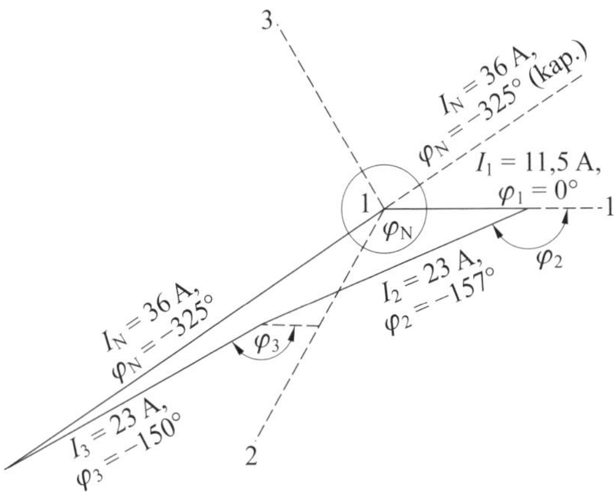

$$Z = \sqrt{R_3^2 + X_L^2}$$

$$= \sqrt{(8\ \Omega)^2 + (6\ \Omega)^2} = 10\ \Omega,$$

$$\tan \varphi_2' = \frac{X_L}{R} = \frac{6}{8} = 0{,}75;$$

$$\varphi_2' = 37°;$$

$$\varphi_2 = -120° + (-37°) = -157°,$$

$$I_3 = \frac{U_{3N}}{Z_3} = \frac{230\ \text{V}}{10\ \Omega} = 23\ \text{A},$$

$$\varphi_3 = -240° + 90° = -150°,$$

$$I_N = 36{,}2\ \text{A}.$$

2.6 Asynchronmotoren

Im **Bild 2.1** ist die Schaltung und das Klemmbrett des Asynchronmotors gezeigt.

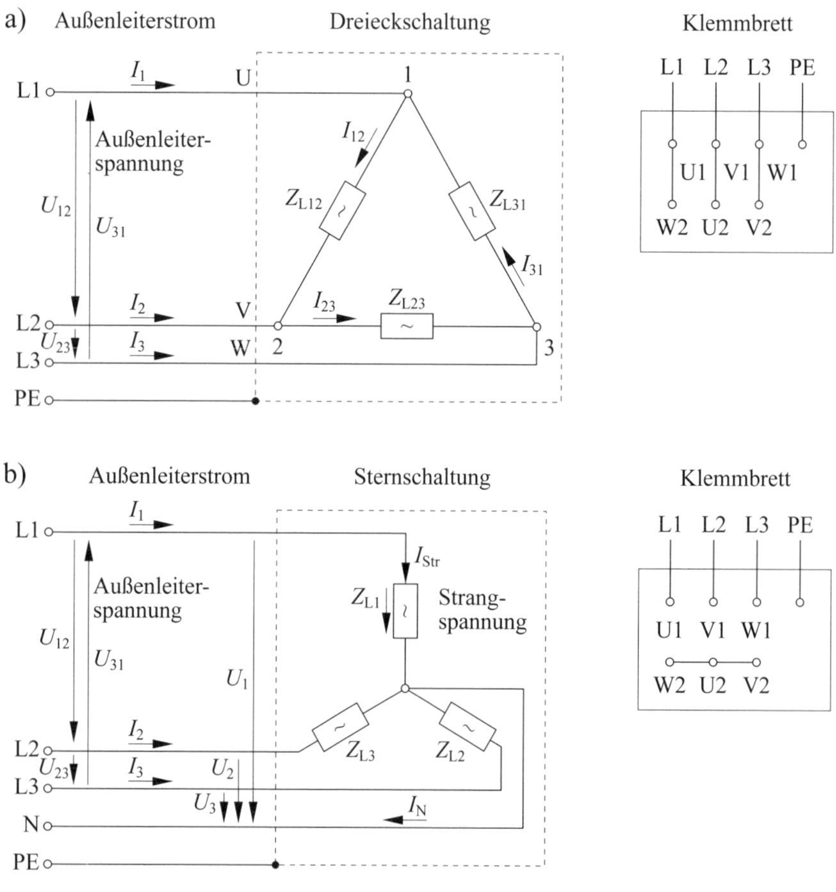

Bild 2.1 Schaltung des Asynchronmotors – a) Dreieck-, b) Sternschaltung

Für die Asynchronmaschinen kann man folgende Gleichungen zusammenstellen:

1. Wirkungsgrad

$$\eta = \frac{P_{\mathrm{ab}}}{P_{\mathrm{zu}}}. \tag{2.1}$$

2. Aufgenommene Scheinleistung

$$S = \sqrt{3} \cdot U \cdot I. \tag{2.2}$$

3. Aufgenommene Wirkleistung

$$P_{\mathrm{zu}} = \sqrt{3} \cdot U_{\mathrm{rM}} \cdot \cos\varphi. \tag{2.3}$$

4. Aufgenommene Blindleistung

$$Q_{\mathrm{zu}} = \sqrt{3} \cdot U_{\mathrm{rM}} \cdot I_{\mathrm{rM}} \cdot \sin\varphi. \tag{2.4}$$

5. Abgegebene Wirkleistung

$$P_{\mathrm{ab}} = \sqrt{3} \cdot U_{\mathrm{rM}} \cdot I_{\mathrm{rM}} \cdot \cos\varphi \cdot \eta. \tag{2.5}$$

6. Stromaufnahme des Motors

$$I_{\mathrm{rM}} = \frac{P_{\mathrm{zu}}}{\sqrt{3} \cdot U_{\mathrm{rM}} \cdot \cos\varphi}, \tag{2.6}$$

$$I_{\mathrm{rM}} = \frac{P_{\mathrm{ab}}}{\sqrt{3} \cdot U_{\mathrm{rM}} \cdot \cos\varphi \cdot \eta}. \tag{2.7}$$

7. Einphasen-Wechselstrom

$$P_{\mathrm{zu}} = U \cdot I \cdot \cos\varphi, \tag{2.8}$$

$$P_{\mathrm{ab}} = U \cdot I \cdot \cos\varphi \cdot \eta. \tag{2.9}$$

Nach TAB 2007 können Drehstrommotoren mit $I_{\mathrm{A}} \leq 60$ A oder $P \approx 4$ kW in Dreieck-Schaltung oder 12-kW-Stern-Dreieck-Schaltung und Einphasen-Wechselstrommotoren mit $I_{\mathrm{A}} \leq 60$ A oder $P \approx 1{,}4$ kW an das öffentliche Netz ohne Anmeldung bzw. Genehmigung angeschlossen werden.

Beispiele

Für die richtige Bemessung und die Auswahl eines Motors werden folgende Größen benötigt:

P_{rM}	Bemessungsleistung des Motors,
$\cos\varphi_{rM}$	Bemessungs-Leistungsfaktor,
η_{rM}	Bemessungs-Wirkungsgrad,
I_A/I_{rM}	Anlauf-Stromverhältnisse,
M_K/M_N	Überlastungsverhältnisse,
M_A/M_N	Anzugsverhältnisse,
s	Schlupf,
n	Drehzahl.

Beispiel 1: Stern-Dreieck-Anlauf

Gegeben sind folgende Motordaten:

P_{rM}	5,5 kW, vierpolig
U_{rM}	400 V
n	1 450 min^{-1}
η	0,85
$\cos\varphi$	0,83
I_{rM}	11,3 A
M_A/M_N	2,5
I_A/I_{rM}	6,9 A
m	40 kg
M_K/M_N	3,3

Berechnen Sie alle Motorbemessungsgrößen bei der Stern-Dreieck-Schaltung!

In der Dreieckschaltung:

$$M_{\mathrm{A}} = 2{,}5\ M_{\mathrm{N}}.$$

In der Sternschaltung:

$$M_{\mathrm{A}} = \frac{2{,}5}{3}\ M_{\mathrm{N}} = 0{,}83\ M_{\mathrm{N}}.$$

In der Dreieckschaltung:

$$I_{\mathrm{A}\Delta} = 6{,}9 \cdot I_{\mathrm{rM}} = 6 \cdot 11{,}3\ \mathrm{A} = 77{,}97\ \mathrm{A}.$$

In der Sternschaltung:

$$I_{\mathrm{A}\curlyvee} = \frac{1}{3}\, I_{\mathrm{A}\Delta} = \frac{1}{3} \cdot 77{,}97\ \mathrm{A} = 26\ \mathrm{A}.$$

Nennmoment:

$$M_{\mathrm{N}} = \frac{P_{\mathrm{N}}}{2\,\pi\, n_{\mathrm{N}}} = \frac{5{,}5 \cdot 10^{3}\ \mathrm{Nm/s} \cdot 60\ \mathrm{s/min}}{2\,\pi \cdot 1\,450\ \mathrm{min}^{-1}} = 36{,}24\ \mathrm{Nm}.$$

Anzugsmoment:

$$M_{\mathrm{A}} = 2{,}5\ M_{\mathrm{N}} = 2{,}5 \cdot 36{,}24\ \mathrm{Nm} = 90{,}6\ \mathrm{Nm}.$$

Kippmoment:

$$M_{\mathrm{K}} = 3{,}3\ M_{\mathrm{N}} = 3{,}3 \cdot 36{,}24\ \mathrm{Nm} = 119{,}6\ \mathrm{Nm}.$$

Beispiel 2: Berechnung der Motordaten

Ein Drehstrom-Asynchronmotor hat folgende Bemessungsdaten:

$P_{\mathrm{rM}} = 400$ kW, $U_{\mathrm{rM}} = 400$ V, 50 Hz, $\eta = 0{,}88$, $\cos\varphi = 0{,}85$, $n = 1\,455\ \mathrm{min}^{-1}$, vierpolig.

a) Berechnen Sie den Schlupf s bei der Bemessungsdrehzahl!

b) Berechnen Sie den Bemessungsstrom I_{rM}!

c) Berechnen Sie die zugeführte Leistung P_{zu}!

Lösung:

a) $s = \left(1 - \frac{n}{n_s}\right) \cdot 100\,\% = \left(1 - \frac{1\,455}{1\,500}\right) \cdot 100\,\% = 3\,\%,$

b) $I_{rM} = \frac{P_{rM}}{\sqrt{3} \cdot U_{rM} \cdot \eta \cdot \cos\varphi} = \frac{400\text{ kW}}{\sqrt{3} \cdot 400\text{ V} \cdot 0{,}88 \cdot 0{,}85} = 77{,}18\text{ A},$

c) $P_{zu} = \frac{P_{ab}}{\eta} = \frac{400\text{ kW}}{0{,}88} = 454{,}54\text{ kW}.$

3 Einführung

3.1 Normen, Vorschriften, Richtlinien

Bei der Planung und Errichtung von Gebäuden sind neben den spezifischen Vorgaben des Gebäude- und Anlagenbetreibers und des zuständigen Netzbetreibers (NB) zahlreiche Normen, Vorschriften und Richtlinien zu beachten und einzuhalten. Die nachfolgende Aufstellung gibt eine Übersicht über die wesentlichen Normen.

1. DIN VDE 0100 Errichten von Niederspannungsanlagen
2. DIN VDE 0100-710 Errichten von Niederspannungsanlagen – Anforderungen für Betriebsstätten, Räume und Anlagen besonderer Art – Teil 7-710: Medizinisch genutzte Bereiche
3. DIN VDE 0100-718 Errichten von Niederspannungsanlagen – Anforderungen für Betriebsstätten, Räume und Anlagen besonderer Art – Teil 7-718: Bauliche Anlagen für Menschenansammlungen
4. DIN EN 61936-1 (**VDE 0101-1**) Starkstromanlagen mit Nennwechselspannungen über 1 kV
5. DIN EN 60909-0 (**VDE 0102**) Kurzschlussströme in Drehstromnetzen – Teil 0: Berechnung der Ströme
6. DIN VDE 0105-100 Betrieb von elektrischen Anlagen – Teil 100: Allgemeine Festlegungen
7. DIN EN 62305-1 (**VDE 0185-305-1**) Blitzschutz – Teil 1: Allgemeine Grundsätze
8. EltBauVO Verordnungen (der Bundesländer) über den Bau von Betriebsräumen für elektrische Anlagen
9. TAB „Technische Anschlussbedingungen“ des örtlichen Netzbetreibers
10. Die DGUV-Vorschriften als Unfallverhütungsvorschriften
11. Die behördlichen Vorschriften (z. B. Landesbauordnungen) und sonstige Bauauflagen
12. Brandschutzgutachten und Konzepte der Sachverständigen

Die geltenden DIN-VDE-Normen und IEC-Publikationen können auf der Webseite des VDE VERLAGs recherchiert werden (https://www.vde-verlag.de).

Die neue Eingliederung der Normenreihe DIN VDE 0100 ist in **Bild 3.1** dargestellt.

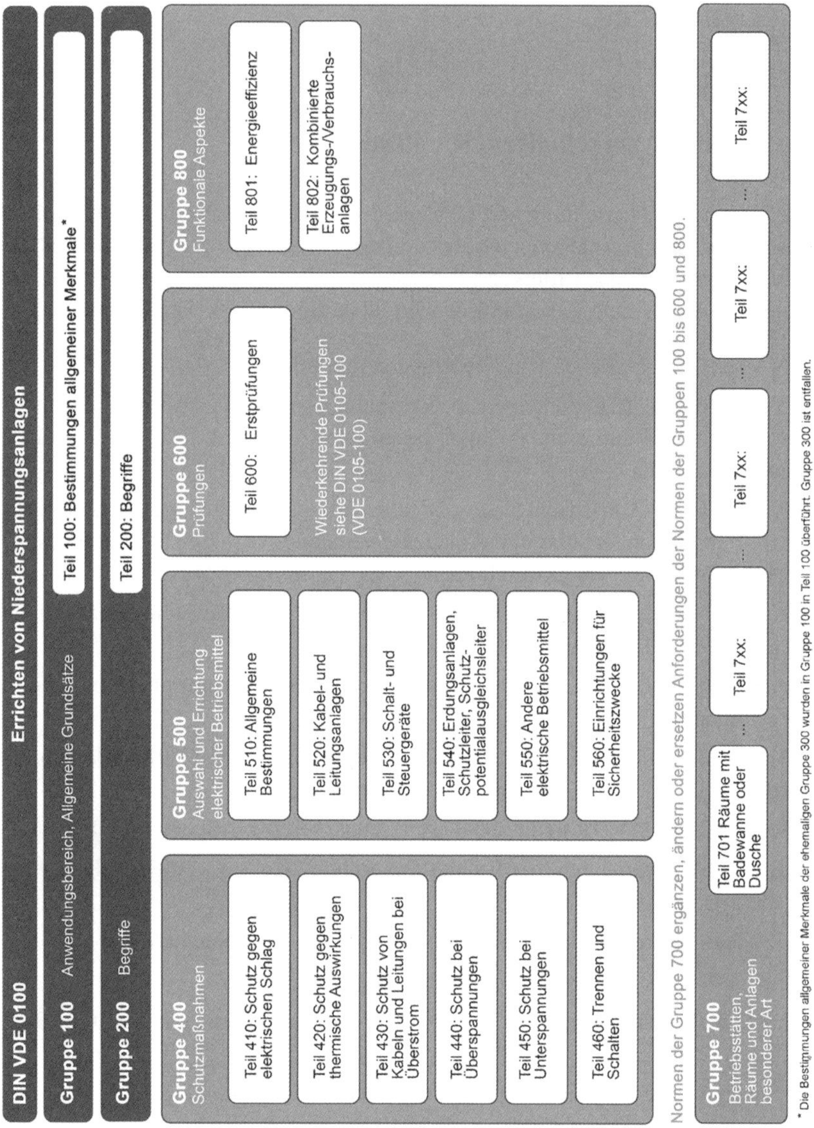

Bild 3.1 Eingliederung des Dokuments in die Struktur der Normenreihe DIN VDE 0100

3.2 Einige Sicherheitshinweise

Wer ist für die Sicherheit verantwortlich?

1. Der Bauherr: Vorbereitung, Überwachung und Ausführung der Baumaßnahmen,
2. der Architekt/Planer: Planung entsprechend behördlicher Vorschriften und Regeln der Technik,
3. der Unternehmer: ordnungsmäßige Ausführung/Lieferung der übernommenen Arbeiten,
4. der Bauleiter: Überwachung der Baumaßnahme gemäß Baugenehmigung sowie
5. der Betreiber: Betrieb und Instandhaltung gemäß DGUV-Vorschriften und anerkannten Regeln der Technik.

Wie lassen sich Unfälle vermeiden?

Die Unfallverhütungsvorschriften (UVV) der gewerblichen Berufsgenossenschaften gelten zwar unmittelbar nur im Verhältnis des gewerblichen, landwirtschaftlichen bzw. öffentlichen Unternehmers zu seiner Berufsgenossenschaft; ein Verstoß gegen technische Anordnungen in den UVVs bei der Elektroinstallation kann aber eine zum Schadenersatz führende Schlechterfüllung des (Werk-)Vertrags sein. Eine Beachtung ist in jedem Fall anzuraten. Nachfolgend einige Auszüge aus der DGUV-Vorschrift 3:

§ 3

(1) Der Unternehmer hat dafür zu sorgen, dass elektrische Anlagen und Betriebsmittel nur von einer Elektrofachkraft oder unter Leitung und Aufsicht einer Elektrofachkraft den elektrotechnischen Regeln entsprechend errichtet, geändert und instand gehalten werden. Der Unternehmer hat ferner dafür zu sorgen, dass die elektrischen Anlagen und Betriebsmittel den elektrotechnischen Regeln entsprechend betrieben werden. […]

§ 5

(1) Der Unternehmer hat dafür zu sorgen, dass die elektrischen Anlagen und Betriebsmittel auf ihren ordnungsgemäßen Zustand geprüft werden

1. *vor der ersten Inbetriebnahme und nach einer Änderung oder Instandsetzung vor der Wiederinbetriebnahme durch eine Elektrofachkraft oder unter Leitung und Aufsicht einer Elektrofachkraft und*
2. *in bestimmten Zeitabständen.*

Die Fristen sind so zu bemessen, dass entstehende Mängel, mit denen gerechnet werden muss, rechtzeitig festgestellt werden.

(2) Bei der Prüfung sind die sich hierauf beziehenden elektrotechnischen Regeln zu beachten.

(3) Auf Verlangen der Berufsgenossenschaft ist ein Prüfbuch mit bestimmten Eintragungen zu führen.

[...]

Elektrische Anlagen und Betriebsmittel müssen nach den Festlegungen dieser Regeln und den allgemein anerkannten Regeln der Technik bereitgestellt und benutzt werden. Abweichungen sind zulässig, wenn die gleiche Sicherheit auf andere Weise gewährleistet ist.

Elektrische Anlagen und Betriebsmittel müssen nach den örtlichen Bedingungen ausgewählt werden. Elektrische Betriebsmittel sind so zu benutzen und elektrische Anlagen so zu betreiben, dass bei bestimmungsgemäßer Verwendung eine Gefährdung vermieden wird.

Fünf Sicherheitsregeln

Bei Arbeiten in und an elektrischen Anlagen gelten zur Vermeidung von Stromunfällen in Deutschland bestimmte Regeln, welche in den **Fünf Sicherheitsregeln** gemäß DIN VDE 0105-100 zusammengefasst sind.

Bei jedem Elektriker werden diese Regeln als bekannt vorausgesetzt.

Vor Beginn der Arbeiten an aktiven Teilen muss der spannungsfreie Zustand hergestellt und während der Arbeiten sichergestellt werden. Die fünf Sicherheitsregeln sind bei Arbeiten an Starkstromanlagen grundsätzlich immer einzuhalten und lebenswichtig.

Fünf Sicherheitsregeln

Vor Beginn der Arbeiten:

1. Freischalten
2. Gegen Wiedereinschalten sichern
3. Spannungsfreiheit feststellen
4. Erden und Kurzschließen
5. Benachbarte unter Spannung stehende Teile abdecken und abschranken

Diese fünf Sicherheitsregeln werden vor den Arbeiten an elektrischen Anlagen in der oben genannten Reihenfolge angewandt. Nach den Arbeiten werden sie in der umgekehrten Reihenfolge wieder aufgehoben.

3.3 Vorgehensweise bei der Projektierung

Die Hauptaufgabe eines Elektroplaners besteht in der Planung von elektrischen Anlagen. Die Planung umfasst die gesamte Elektroinstallation eines Gebäudes für Industrie, Handwerk, Gewerbe und Wohnungsbau. Daneben stellt sich die Aufgabe, die Kunden fachgerecht zu beraten und die von ihnen gestellten Aufgaben selbstständig zu planen und auszuführen.

In diesem Buch werden die Grundlagen der elektrischen Gebäudeausrüstung und -versorgung behandelt. Des Weiteren soll es einen Einblick in die gesetzlichen Normen und Bestimmungen geben und das notwendige Hintergrundwissen für die Planung und Auslegung elektrischer Anlagen im Gebäude liefern.

Wenn das grundlegende Versorgungskonzept für eine elektrische Stromversorgungsanlage feststeht, ist eine Dimensionierung des elektrischen Netzes erforderlich. Unter Dimensionierung ist die Auslegung aller Betriebsmittel und Komponenten zu verstehen, die innerhalb des elektrischen Netzes zum Einsatz kommen sollen.

Einige Grundregeln für die Stromkreisdimensionierung gelten prinzipiell:

1. Schritt: Klärung des Netzsystems (Art der Erdungsanlage),

2. Schritt: Bestimmung der Verbraucherleistung,

3. Schritt: Bestimmung des Betriebsstroms des Stromkreises,

4. Schritt: Bestimmung des Nennstroms der Sicherung, des Leitungsschutzschalters, des Einstellstroms des Auslösers des Leistungsschalters oder Motorschutzschalters,

5. Schritt: Ermittlung der Leiterquerschnitte des Stromkreises,

6. Schritt: Ermittlung der minimalen und maximalen Kurzschlussströme,

7. Schritt: Prüfen der Schutzmaßnahmen zum Schutz gegen elektrischen Schlag (Schutz durch Abschaltung), Nachprüfung der Leitungslänge,

8. Schritt: Überprüfung des Spannungsfalls,

9. Schritt: Überprüfung der Selektivität,

10. Schritt: Berechnung mit einem Softwareprogramm.

Jeder Stromkreis umfasst Schalt- und Schutzeinrichtungen, die am Anfang und/oder am Ende der Verbindungsstrecke zum Einsatz kommen, die Verbindungsstrecke (Kabel/Leitungen oder Stromschienenverbindung) und Verbraucher.

Das Schutzziel kann durch Überlast- und Kurzschlussschutz in Abhängigkeit vom Einbauort der Schutzeinrichtung erreicht werden. Geräte, die am Ende einer Verbindungsstrecke zum Einsatz kommen, übernehmen den Überlastschutz für diese

Strecke, nicht jedoch den Kurzschlussschutz. Der Kurzschlussschutz wird am Anfang des Stromkreises eingesetzt. Jeder Stromkreis besteht aus

1. Einspeisestromkreisen:

   Transformatoren, Generatoren, Einspeisungen von USV,
   neutrale oder allgemeine Einspeisungen;
2. Verbindungen zwischen Verteilern:

   Kabel- bzw. Leitungsverbindungen oder
   Stromschienenverbindungen;
3. Endstromkreisen:
   a) Motorstromkreise,
   b) Steckdosenstromkreise,
   c) Lampenstromkreise,
   d) Stromkreise mit fester/ortsveränderlicher Last.

Eine hohe Personen-, Betriebs- und Anlagensicherheit in der Elektroinstallation ist das primäre Ziel aller Anlagenverantwortlichen in Industrie, Krankenhäusern und Gebäudemanagement.

Das Schutzkonzept für elektrische Installationen muss deshalb

1. die Sicherheit von Anlagen und Personen gewährleisten,
2. die Betriebskontinuität verbessern und
3. zur Leistungsfähigkeit der Anlage beitragen.

Optimal ausgewählte Schutz- und Überwachungseinrichtungen ermöglichen

1. Mensch und Anlage vor Gefährdungen durch elektrischen Strom zu schützen,
2. sofortige Meldung und Reaktion auf kritische Betriebs- und Anlagenzustände,
3. die Reduzierung von Instandhaltungs- und Wartungskosten,
4. die Minimierung von Betriebsunterbrechungen und
5. das Management von Anlagendaten nach eigenen Bedürfnissen.

Planung und Projektierung von Elektroanlagen beinhaltet:

1. Planen:
   - Konzeptfindung,
   - Anforderungen,
   - usw.

2. Dimensionieren:
   - Auswahl der Betriebsmittel,
   - Abstimmung der Betriebsmittel aufeinander,
   - usw.
3. Berechnen:
   - Kurzschlussströme,
   - Spannungsfall,
   - usw.

Stromkreisarten

An die Dimensionierung von Einspeisestromkreisen werden besonders hohe Anforderungen gestellt. Dies beginnt bereits mit der Auslegung der Einspeisequellen. Die Auslegung der Einspeisequellen richtet sich nach den zu erwartenden maximalen Belastungsströmen für das Gesamtnetz, der gewünschten Reserveleistung sowie dem geforderten Grad an Versorgungssicherheit für den Störungsfall (Überlastung/ Kurzschluss).

Die Bestimmung der Lastverhältnisse im Gesamtnetz erfolgt über die Energiebilanzierung. Reserveleistung und Betriebssicherheit im Bereich der Einspeisung werden üblicherweise durch Aufbau entsprechender Redundanzen realisiert, z. B. durch

1. Vorhaltung von zusätzlichen Einspeisequellen (Transformator, Generator, USV-Anlage),
2. Auslegung der Einspeisequellen nach dem Ausfallprinzip, n- oder $(n-1)$-Prinzip: Beim $(n-1)$-Prinzip sind zwei von drei Versorgungseinheiten prinzipiell in der Lage, bei Ausfall der kleinsten Stromversorgungsquellen die Gesamtlast des Netzes störungsfrei weiterzuversorgen,
3. Auslegung der Einspeisequellen, die temporär im Überlastbereich gefahren werden können (z. B. Verwendung von belüfteten Transformatoren).

Die Dimensionierung aller weiteren Komponenten eines Einspeisestromkreises orientiert sich unabhängig von den ermittelten Belastungsströmen an den Nenndaten der Versorgungsquellen, den konzipierten Netzbetriebsarten sowie den damit verbundenen Schaltzuständen im Bereich der Einspeisung.

Die Schalt-/Schutzgeräte und Verbindungsstrecken müssen grundsätzlich so gewählt werden, dass das geplante Leistungsmaximum übertragbar ist.

Des Weiteren müssen je nach Schaltzuständen die unterschiedlichen min./max. Kurzschlussstromverhältnisse im Bereich der Einspeisung bestimmt werden.

Bei der Auslegung der Verbindungsstrecken (Kabel oder Schiene) sind je nach Anzahl der parallel verlegten Systeme und der Verlegeart entsprechende Reduktionsfaktoren zu berücksichtigen.

Zusammenfassung

Die Dimensionierung ist leicht verständlich und mit einfachen Regeln nach DIN VDE 0100 durchführbar. Die Komplexität liegt in der Beschaffung der erforderlichen technischen Daten der eingesetzten Produkte und Systeme, die einerseits in verschiedenen Normen und Vorschriften und andererseits in verschiedenen Produktkatalogen zu finden sind. Ein wesentlicher Aspekt ist die stromkreisübergreifende Beeinflussung der dimensionierten Komponenten aufgrund ihrer technischen Daten, beispielsweise die Mindestabschaltzeiten der Verbraucherstromkreise oder Verteilerstromkreise.

Aus Gründen der Risikominimierung und der Zeitersparnis verwenden viele Planungs- und Ingenieurbüros zur Durchführung von Dimensionierungs- und Überprüfungsvorgängen in elektrischen Netzen generell technisch hochwertige Berechnungsprogramme.

3.4 Bemessung der Hauptleitung

Planer und/oder Errichter legen Querschnitt, Art und Anzahl der Hauptleitungen in Abhängigkeit von der Anzahl der anzuschließenden Kundenanlagen fest. Die vorgesehene Ausstattung der Kundenanlagen mit Verbrauchsgeräten, die zu erwartende Gleichzeitigkeit dieser Geräte im Betrieb sowie die technische Ausführung der Übergabestelle sind bei der Festlegung zu berücksichtigen. Hauptleitungen sind als Drehstromleitungen auszuführen. Die Leitungsquerschnitte sind auf der Grundlage des Diagramms (**Bild 3.2**), jedoch mindestens für eine Belastung von 63 A zu bemessen. Der Leitungsquerschnitt muss dementsprechend mindestens 10 mm^2 Cu betragen. Bei der Bemessung von Kabeln und Leitungen gilt für die zulässige Strombelastbarkeit DIN VDE 0298-4. Bei der Ausführung eines TN-Systems im Gebäude ist aus Gründen der elektromagnetischen Verträglichkeit (EMV) eine Aufteilung des PEN-Leiters im Hausanschlusskasten (HAK) vorteilhaft. Dabei ist die Hauptleitung fünfadrig auszuführen. Hauptstromversorgungssysteme werden als Strahlennetze betrieben. Hauptstromversorgungssysteme bzw. Hauptleitungen sind in allgemein zugänglichen Räumen anzuordnen. Bei Kabelanschlüssen dürfen Hauptleitungen im Kellergeschoss vom Hausanschlusskasten an auf der Wand installiert werden. Von der Kellerdecke ab sind Hauptleitungen in Schächten, Rohren oder unter Putz anzuordnen. Ein Planer einer Gebäudeinstallation muss vor allem beachten oder vornehmen:

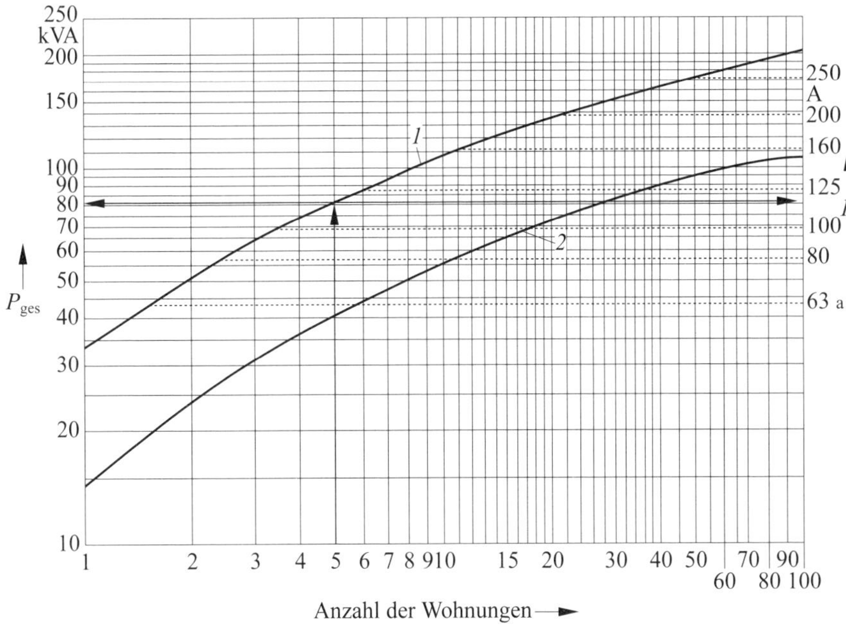

Bild 3.2 Bemessungsgrundlage für Hauptleitungen in Wohngebäuden ohne Elektroheizung, Nennspannung 230/400 V (DIN 18015-1) [2]

1 mit elektrischer Warmwasserbereitung für Bade- oder Duschzwecke

2 ohne elektrischer Warmwasserbereitung für Bade- oder Duschzwecke

I_Z mindestens erforderliche Strombelastbarkeit

P_{ges} Leistung, die sich aus der erforderlichen Strombelastbarkeit und der Nennspannung ergibt

a Mindestabsicherung zur Sicherstellung der Selektivität bei Schmelzsicherungen

Leistungsbedarf

Bei Wohngebäuden sind je nach Anzahl der Wohnungen und deren Ausstattung für die Hauptleitungen Mindestquerschnitte und entsprechende Überstrom-Schutzeinrichtungen festgelegt (**Bild 3.3**).

Strombelastung der Stromkreise

Man unterscheidet verschiedene Stromkreisarten. Bis zum HAK reicht das öffentliche Versorgungsnetz 400/230 V (Bild 3.3). Vom HAK bis zum Zählerplatz liegt das Hauptstromversorgungssystem. Am Zählerplatz liegt meist die Hauptverteilung HV. Von dort ab führen die Verteilungsstromsysteme zu den Unterverteilungen (UV). Unterhalb der UV liegen die Endstromkreise.

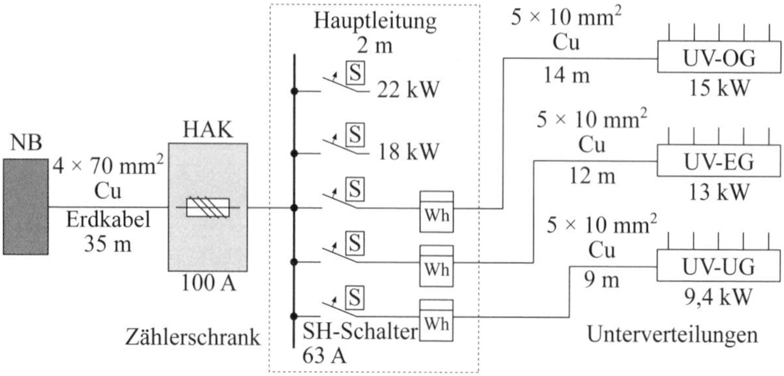

Bild 3.3 Hauptleitungen eines Mehrfamilienhauses

Berechnung bei Hauptleitungen

Als Hauptleitungen bezeichnet man die Leitungen vom HAK bis zum Zähler. Zur Berechnung der Strombelastung der Hauptleitungen ermittelt man zunächst die jeweilige Leistung und daraus die Stromstärke. Dazu geht man von der installierten Leistung der jeweiligen Bereiche aus und berechnet bei Wohnhäusern daraus mithilfe der Gleichzeitigkeitsfaktoren den maximalen Anschlusswert P_{max}. Aus dem Anschlusswert kann man mithilfe der üblichen Leistungsformel für Drehstrom den Betriebsstrom I_b berechnen und daraus mithilfe der Bemessungsstromregel (Nennstromregel) die Bemessungsströme der Überstrom-Schutzeinrichtungen ermitteln. Daraus bestimmt man mithilfe von Tabellen [2] die Leiterquerschnitte.

Beispiel 3a:

Für ein Gebäude mit fünf Stockwerken nach Bild 3.3 mit einer installierten Leistung von 177,2 kW bei $\cos\varphi = 0{,}85$ und einem Gleichzeitigkeitsfaktor von 0,43 ist der Erdkabelquerschnitt für das Hauptstromversorgungssystem zu berechnen.

Lösung:

$$P_{max} = P_{inst} \cdot g = 177{,}2\ \text{kW} \cdot 0{,}43 = 76{,}196\ \text{kW} = \sqrt{3} \cdot U_n \cdot I_B \cdot \cos\varphi,$$

$$I_B = \frac{P_{max}}{\sqrt{3} \cdot U_n \cdot \cos\varphi} = \frac{76{,}196\ \text{kW}}{\sqrt{3} \cdot 400\ \text{V} \cdot 0{,}85} = 129{,}38\ \text{A}.$$

Der Kabelquerschnitt beträgt nach DIN VDE 0276-603 somit 35 mm^2.

Der Leiterquerschnitt von Hauptleitungen muss mindestens 10 mm^2 für eine Belastung mit 63 A sein. Unter Berücksichtigung des Aufzugs oder Motoren im Gebäude kann der Leistungsbedarf über 63 A steigen.

Beispiel 3b:

Das Gebäude nach Bild 3.3 soll mit elektrischem Warmwasserbereiter versorgt werden. Ermitteln Sie die benötigten Daten (Bild 3.2).

Lösung:

Die Leistung wird zu 80 kW abgelesen. Der Bemessungsstrom der Hauptsicherung beträgt 125 A.

3.5 Bemessungsstromstärke von Lasten

Für die Bemessung einer elektrischen Leitung ist die zu erwartende Stromstärke maßgebend. Diese ist oft als Bemessungsstrom angegeben, z. B. auf dem Leistungsschild. Ist die Stromstärke nicht bekannt, berechnet man sie aus der Bemessungsleistung des Verbrauchers. Durch Umstellen der Formeln erhält man für Einphasen- und Dreiphasenwechselstrom die Bemessungsstromstärke. Die Formeln hierfür sind:

Gleichstrom

$$I = \frac{P}{U}.$$

Wechselstrom

$$I = \frac{P}{U_0 \cdot \cos\varphi}.$$

Drehstrom

$$I = \frac{P}{\sqrt{3} \cdot U \cdot \cos\varphi}.$$

Leistung für Motoren

$$P_{zu} = \frac{P_{ab}}{\eta};$$

I	Bemessungsstrom,
U	Spannung des Netzes,
U_0	Spannung gegen Erde,
P	elektrische Bemessungsleistung,
$\cos\varphi$	Wirkfaktor (Leistungsfaktor bei 50 Hz),
P_{ab}	abgegebene Leistung,
η	Wirkungsgrad des Motors.

Bei einem einzelnen Verbrauchsmittel verwendet man als Leistung die Bemessungsleistung. Bei Wärmegeräten, z. B. einem Durchlauferhitzer, ist die angegebene Leistung die elektrische Leistungsaufnahme, und es ist $\cos\varphi = 1$. Bei Motoren ist die Bemessungsleistung die mechanische Leistungsabgabe an der Welle. Aus ihr berechnet man unter Angabe des Wirkungsgrads die elektrische Leistung.

Bei der Ermittlung der maßgebenden Stromstärke ist zu unterscheiden, ob es sich um einen Motor oder um ein sonstiges Verbrauchsmittel handelt.

Beispiel 3c:

Bei einem Glühofen für 3~ (Drehstrom) 400 V ist die Bemessungsleistung 10 kW. Wie groß ist die für die Leitung maßgebende Stromstärke?

Lösung:

$$I = \frac{P}{\sqrt{3} \cdot U \cdot \cos\varphi} = \frac{10\ \text{kW}}{\sqrt{3} \cdot 400\ \text{V} \cdot 1} = 14{,}43\ \text{A}.$$

Beispiel 3d:

In einem landwirtschaftlichen Betrieb ist eine Maschine anzuschließen, die von einem Drehstrommotor 18 kW mit $\cos\varphi = 0{,}8$ angetrieben wird (**Bild 3.4**). Der Wirkungsgrad wird zu 0,85 geschätzt. Für welche Stromstärke ist die Leitung zu bemessen?

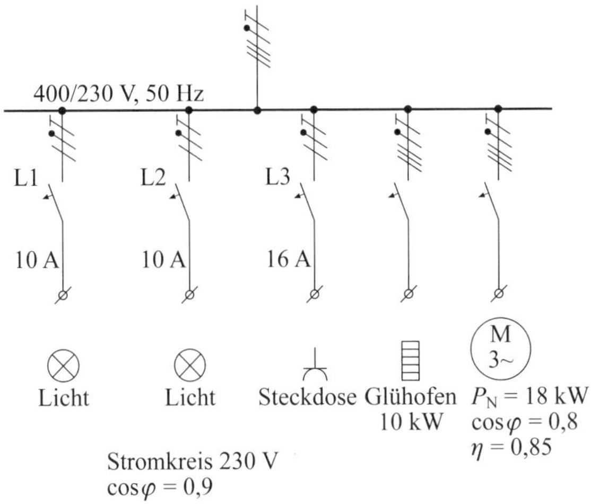

Bild 3.4 Übersichtsschaltplan eines Stromkreisverteilers

Lösung:

$$P_{zu} = \frac{P_{ab}}{\eta} = \frac{18\text{ kW}}{0{,}85} = 21{,}17\text{ kW},$$

$$I = \frac{P_{zu}}{\sqrt{3} \cdot U \cdot \cos\varphi} = \frac{21{,}17\text{ kW}}{\sqrt{3} \cdot 400\text{ V} \cdot 0{,}8} = 38{,}2\text{ A}.$$

Neben dem Leistungsbedarf von Großverbrauchern Motoren, Pumpen muss der Bedarf der einzelnen Funktionsbereiche, z. B. eines Ladengeschäfts, ermittelt werden. Zum Festlegen der Anschlussbedingungen ist es erforderlich, in der Planung die benötigte Leistung möglichst genau abzuschätzen. Damit lässt sich die Energieversorgung besser dimensionieren. Die maximale Leistung einer Anlage kann berechnet werden durch:

$$P_{max} = P_{inst} \cdot g;$$

P_{max} maximal benötigte Leistung der Anlage,

g Gleichzeitigkeitsfaktor,

P_{inst} installierte Leistung der Anlage.

Beispiel 3e:

An einem Unterverteiler (**Bild 3.5**) wurde die installierte Leistung 42 kW und der Gleichzeitigkeitsfaktor 0,39 angenommen. Bestimmen Sie die maximale Leistung, die für die Bemessung der Zuleitung benötigt wird.

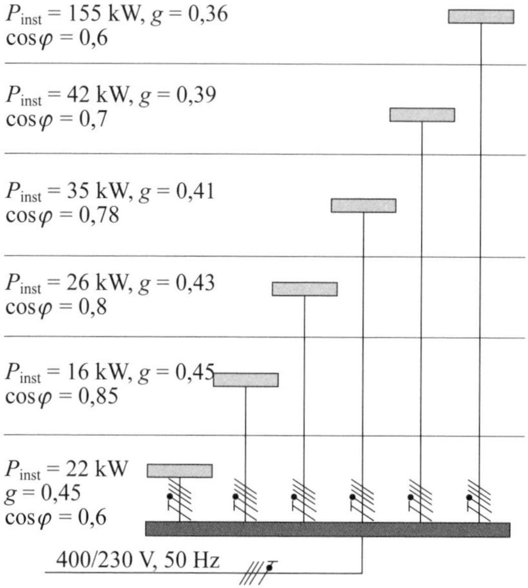

Bild 3.5 Energieversorgung eines Gebäudes

Lösung:

$$P_{max} = P_{inst} \cdot g = 42\ \text{kW} \cdot 0,93 = 16,38\ \text{kW}$$

Neben der Bemessungsleistung von Verbrauchern ist eine andere wichtige Größe die Scheinleistung, die von Kraftwerken oder Transformatoren geliefert wird. Die Scheinleistung S_{max} der Netzeinspeisung lässt sich mit dem berechneten P_{max} und dem mittleren Leistungsfaktor $\cos\varphi$ berechnen.

$$S_{max} = \frac{P_{max}}{\cos\varphi_{mitt}};$$

S_{max} maximale Scheinleistung,

P_{max} maximale Wirkleistung,

$\cos\varphi_{mitt}$ mittlerer Leistungsfaktor.

Der mittlere Leistungsfaktor kann berechnet werden durch:

$$\cos\varphi_{\text{mitt}} = \frac{P_1 \cdot \cos\varphi_1 + P_2 \cdot \cos\varphi_2 + \ldots + P_n \cdot \cos\varphi_n}{P_1 + P_2 + \ldots}.$$

Beispiel 3f:

Die maximale Leistung eines Gebäudes (Bild 3.5) beträgt 114,81 kW und der mittlere Leistungsfaktor wurde mit 0,618 angegeben. Berechnen Sie die maximale Scheinleistung, die der Netzbetreiber liefern muss. Die maximale Scheinleistung ist die Summe aller maximalen Geschossleistungen.

Lösung:

$$P_{\text{max}} = 9{,}9\ \text{kW} + 7{,}2\ \text{kW} + 11{,}18\ \text{kW} + 14{,}35\ \text{kW} + 16{,}38\ \text{kW} + 55{,}8\ \text{kW}$$
$$= 114{,}81\ \text{kW}.$$

Für das Untergeschoss ergibt sich z. B.

$$P_{\text{max-U}} = P_{\text{inst}} \cdot g = 22\ \text{kW} \cdot 0{,}45 = 9{,}9\ \text{kW}.$$

Für S_{max} folgt dann

$$S_{\text{max}} = \frac{P_{\text{max}}}{\cos\varphi_{\text{mitt}}} = \frac{114{,}81\ \text{kW}}{0{,}618} = 185{,}77\ \text{kW}.$$

Der Gleichzeitigkeitsfaktor ist ein Erfahrungswert, der beim örtlichen Netzbetreiber (NB) erfragt oder einschlägigen Tabellen entnommen werden kann (**Tabelle 3.1**).

Anzahl der Wohnungen	g
3 bis 5	0,45
6 bis 10	0,43
11 bis 15	0,41
16 bis 20	0,39
21 bis 25	0,36
Bei höherer Anzahl beim NB erfragen	

Tabelle 3.1 Bestimmung des Gleichzeitigkeitsfaktors g

In **Bild 3.6** ist beispielhaft eine Wohnungsinstallation mit dem Ausstattungswert 2 dargestellt. Die notwendige Anzahl der Steckdosen- und Lichtstromkreise sowie der Betriebsmittel kann, je nach der Wohnungsfläche, verschieden sein.

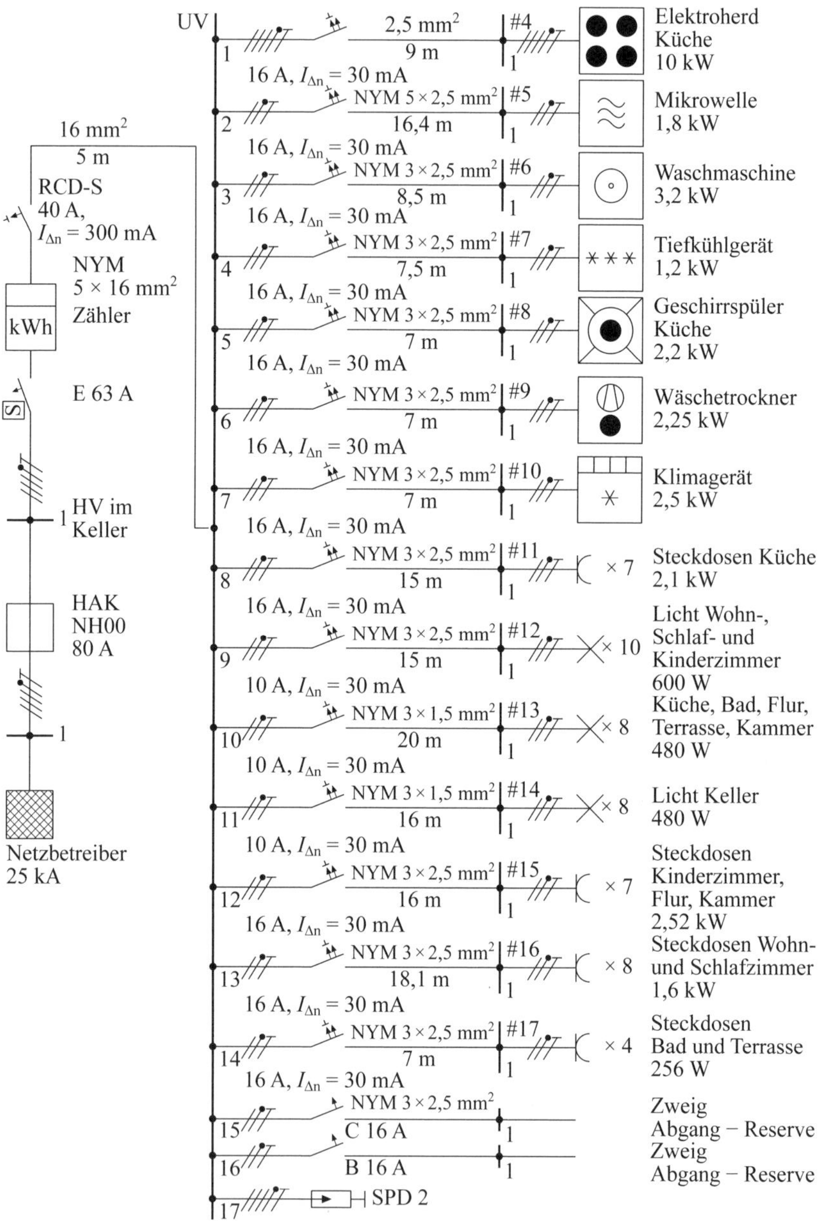

Bild 3.6 Aufteilung der Stromkreise

Bei der Dimensionierung von Leitungen muss man noch die Verlegeart, Umgebungstemperatur und Häufung beachten (siehe auch DIN VDE 0100-520, Beiblatt 2 und DIN VDE 0100-430).

4 Berechnung von Kurzschlussströmen DIN EN 60909-0 (VDE 0102)

4.1 Einführung

Für den Anlagen- und Personenschutz müssen Kurzschlussströme in elektrischen Anlagen berechnet werden. Wo wird diese Berechnung gefordert?

Zitat aus DIN VDE 0100-430:2010-10:

431.5 Schutz gegen Kurzschlussströme

431.5.1 Allgemeines

Die Leiter eines Stromkreises müssen für jede relevante Stelle der elektrischen Anlage durch eine oder mehrere Überstrom-Schutzeinrichtungen vor der Wirkung von Kurzschlussströmen geschützt werden.

Anmerkung 1: Anforderungen an die Position der Schutzeinrichtung sind in DIN VDE 0100-534:2016-10, Abschnitt 534.4.3 enthalten.

Anmerkung 2: Die Verringerung der Kurzschlussfestigkeit des Leiters an einer beliebigen Stelle entlang eines Stromkreises hat Auswirkungen auf die Auswahl und Errichtung von Kurzschlussschutzeinrichtungen.

Anmerkung 3: DIN VDE 0100-430:2010-10, Abschnitt 431.5 berücksichtigt nur den Fall eines Kurzschlusses zwischen Leitern, die zum selben Stromkreis gehören.

431.5.2 Bestimmung voraussichtlicher Kurzschlussströme

Es sind die Ströme an jedem relevanten Punkt der Anlage zu ermitteln.

Die für die Bestimmung der voraussichtlichen Kurzschlussströme an der betreffenden Stelle der Anlage erforderlichen Daten können durch Berechnung, entsprechende Messungen oder durch Anfrage der technischen Daten der Hersteller gewonnen werden.

Die maximalen und minimalen voraussichtlichen Kurzschlussströme an einem Netzeinspeisepunkt sollten beim Versorgungsunternehmen erfragt werden.

Hinweise:
DIN EN 60909-0 (**VDE 0102**) bietet Berechnungsmethoden für Kurzschlussströme in Drehstromnetzen.
DIN EN 60909-0 Beiblatt 1 (**VDE 0102 Beiblatt 1**):2002-11 „Kurzschlussströme in Drehstromnetzen“ zeigt Beispiele für die Berechnung von Kurzschlussströmen auf.
DIN EN 60909-0 Beiblatt 4 (**VDE 0102 Beiblatt 4**):2009-08 „Kurzschlussströme in Drehstromnetzen“ listet Daten elektrischer Betriebsmittel für die Berechnung von Kurzschlussströmen auf.

4.2 Allgemeine Gesichtspunkte für die Ermittlung von Kurzschlussströmen

In diesem Kapitel wird das Verfahren der Kurzschlussstromberechnung vereinfacht dargestellt.

Für die Bemessung und Auswahl der elektrischen Betriebsmittel ist vielfach die Kenntnis über die Höhe der Kurzschlussströme erforderlich.

Der Kurzschlussstrom ist der Strom, der infolge eines Kurzschlusses, das ist eine durch einen Fehler entstandene leitende Verbindung, zum Fließen kommt.

Die Berechnung von Kurzschlussströmen in Drehstromnetzen regelt VDE 0102. Mit der Überarbeitung dieser Norm und der Herausgabe der DIN EN 60909-0 (**VDE 0102**):2016-12, wurden die Hauptabschnitte 1 und 2 (generatorferner und generatornaher Kurzschluss) unter Abschnitt 1 zusammengefasst. Hauptabschnitt 2 entfällt. Ein generatornaher Kurzschluss liegt vor, wenn mindestens ein Generator mit mehr als dem Doppelten seines Bemessungsstroms den Kurzschluss speist oder wenn die am Netz befindlichen Motoren mit mehr als 5 % zum Anfangs-Kurzschlusswechselstrom ohne Motoren beitragen.

Weitere wesentliche Kenndaten sind z. B. folgende:

- Für den Anwendungsbereich von $U_n = 100$ V bis $U_n = 1\,000$ V wurden die Werte für c_{max} und c_{min} für die Berechnung von Kurzschlussströmen neu festgelegt. Der Spannungsfaktor c nach **Tabelle 4.1** berücksichtigt die Spannungsunterschiede im Netz.
- Die Leiterendtemperatur kann mit 80 °C eingesetzt werden.
- Die Kurzschlussleistung S''_{kQ} wird nicht mehr verwendet.
- Diverse andere Änderungen beziehen sich auf die Einführung von Impedanzkorrekturen mit und ohne Stufenschalter des Blocktransformators und zur Einführung eines Impedanzkorrekturfaktors für Netztransformatoren, die Anwendbarkeit auf < 550 kV, den Entfall der Anfangs-Kurzschlusswechselstromleistung.

Nennspannung U_n	**Spannungsfaktor *c* zur Berechnung** **des größten** **Kurzschlussstroms** c_{max}[1)]	 **des kleinsten** c_{min}
Niederspannung 100 V bis 1 000 V (DIN EN 60038 (**VDE 0175-1**):2012-04, Tabelle 1)	1,05[3] 1,10[4]	0,95[3)] 0,9[4)]
Mittelspannung >1 kV bis 35 kV (DIN EN 60038 (**VDE 0175-1**):2012-04, Tabelle 3)	1,10	1,00
Hochspannung[2] > 35 kV (DIN EN 60038 (**VDE 0175-1**):2012-04, Tabelle 4)	1,10[4]	1,00

[1)] $c_{max}\,U_n$ sollte die höchste Spannung U_m für Betriebsmittel in Netzen nicht überschreiten.

[2)] Wenn keine Nennspannung genormt ist, sollte $c_{max}\,U_n = U_m$ oder $c_{max}\,U_n = 0{,}90 \cdot U_m$ genommen werden.

[3)] Für Niederspannungsnetze mit einer Toleranz von +6 %, z. B. für Netze, die von 380 V auf 400 V umbenannt wurden.

[4)] Für Niederspannungsnetze mit einer Toleranz von ±10 %.

Tabelle 4.1 Spannungsfaktor *c* nach DIN EN 60909-0 (**VDE 0102**) [1] [2]

Kurzschlüsse im Niederspannungsnetz werden in der Regel die Generatorströme im Verbundnetz kaum beeinflussen. Somit kann man in der Praxis meist mit generatorfernen Kurzschlüssen rechnen. Nur während der Versorgung aus einem Stromerzeugungsaggregat oder wenn große Motoren am Netz liegen, muss mit generatornahen Kurzschlüssen gerechnet werden.

In Drehstromanlagen unterscheidet man die in **Bild 4.1** dargestellten Kurzschlussarten.

Der dreipolige Kurzschlussstrom ist im Allgemeinen der größte Kurzschlussstrom. Er ist somit für die mechanische Kurzschlussfestigkeit der Anlage bzw. für das Ausschaltvermögen der Überstrom-Schutzeinrichtung maßgeblich. Für die Ansprechsicherheit der Schutzeinrichtung ist der kleinste Kurzschlussstrom von Bedeutung. Dies ist in der Regel der einpolige Kurzschlussstrom (siehe auch Kapitel 4.4).

Bei der Berechnung der größten und kleinsten Kurzschlussströme wird stets der metallische Kurzschluss vorausgesetzt.

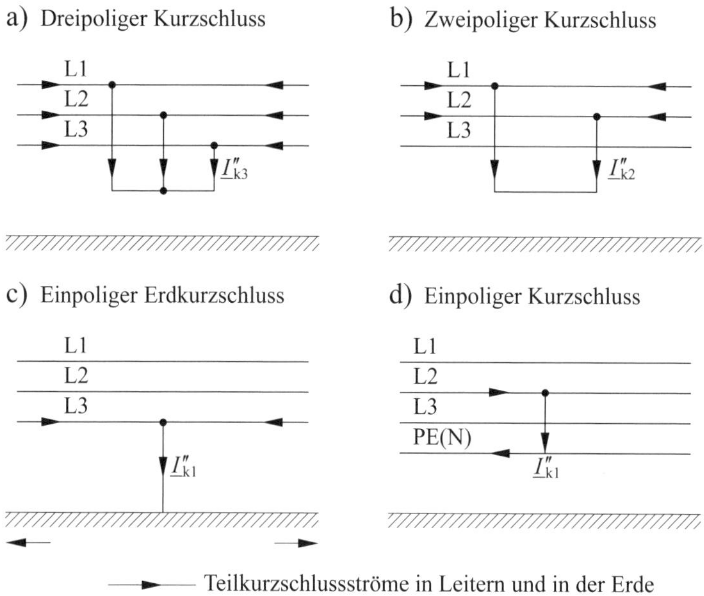

Bild 4.1 Verschiedene Kurzschlussarten

4.3 Generatorferner Kurzschluss

4.3.1 Anfangs-Kurzschlusswechselstrom I''_k

Überstrom-Schutzeinrichtungen verfügen über ein begrenztes Schaltvermögen. An der Einbaustelle dieser Schutzeinrichtungen darf der unbeeinflusste größtmögliche Kurzschlussstrom nicht größer als deren Schaltvermögen sein. Der Nachweis ist durch die Berechnung des größten Kurzschlusswechselstroms, im Weiteren als Kurzschlussstrom I''_k bezeichnet, zu führen.

Dies ist im Allgemeinen der dreipolige Kurzschlussstrom, der nach folgender Gleichung bestimmt werden kann:

$$I''_k = \frac{c \cdot U_n}{\sqrt{3} \cdot Z_k}; \tag{4.1}$$

I''_k Kurzschlussstrom in kA,

U_n Nennspannung der Unterspannungsseite des Transformators in V,

Z_k Kurzschlussimpedanz in mΩ.

Z_k ist die Impedanz der Kurzschlussschleife vom Stromerzeuger bis zur Kurzschlussstelle. In die Berechnung gehen die Impedanzen des Hochspannungsnetzes, die der in das Niederspannungsnetz einspeisenden Transformatoren sowie die des Niederspannungsnetzes selbst ein.

Somit ergibt sich:

$$Z_\mathrm{k} = \sqrt{R_\mathrm{k}^2 + X_\mathrm{k}^2}\,, \tag{4.2}$$

$$R_\mathrm{k} = R_\mathrm{Qt} + R_\mathrm{T} + R_\mathrm{L}\,, \tag{4.3}$$

R_Qt Resistanz der Netzeinspeisung, bezogen auf die Unterspannung,

R_T Wirkwiderstand des Transformators,

R_L Wirkwiderstand des Leitungsnetzes,

$$X_\mathrm{k} = X_\mathrm{Qt} + X_\mathrm{T} + X_\mathrm{L} \tag{4.4}$$

Summe der entsprechenden Reaktanzen.

4.3.1.1 Wirk- und Blindwiderstände des Hochspannungsnetzes, bezogen auf die Unterspannungsseite des Transformators

$$R_\mathrm{Qt} = 0{,}1 \cdot X_\mathrm{Qt}\,, \tag{4.5}$$

$$X_\mathrm{Qt} = 0{,}995 \cdot Z_\mathrm{Qt}\,, \tag{4.6}$$

$$Z_\mathrm{Qt} = \frac{c \cdot U_\mathrm{n}^2}{S''_\mathrm{kQ}}\,, \tag{4.7}$$

S''_kQ Anfangs-Kurzschlusswechselstromleistung, die vom Netzbetreiber angegeben wird, aber nicht mehr Bestandteil der Norm ist.

4.3.1.2 Wirk- und Blindwiderstände von Transformatoren

$$R_\mathrm{T} = \frac{u_\mathrm{Rr}}{100\,\%} \cdot \frac{U_\mathrm{rT}^2}{S_\mathrm{rT}} \quad \text{in m}\Omega\,, \tag{4.8}$$

U_rT Bemessungsspannung der Unterspannungsseite des Transformators in V,

S_rT Bemessungsleistung des Transformators in kVA,

$$X_T = \sqrt{Z_T^2 - R_T^2} \quad \text{in m}\Omega, \tag{4.9}$$

$$Z_T = \frac{u_{kr}}{100\,\%} \cdot \frac{U_{rT}^2}{S_{rT}} \quad \text{in m}\Omega, \tag{4.10}$$

u_{kr} Kurzschlussspannung des Transformators in %,
$u_{Rr} = \frac{P_{krT}}{S_{rT}} \cdot 100\,\%$ ohmscher Spannungsfall in %,
P_{krT} Kurzschlussverluste des Transformators in kW.

Die benötigten Angaben wie S_{rT}, U_{rT}, u_{Rr}, u_{kr}, und P_{krT} können aus dem Leistungsschild des Transformators oder aus den Herstellerangaben entnommen werden.

Für die Transformatoren üblicher Bauart mit Kurzschlussspannungen u_{kr} von 4 % und 6 % lassen sich die Wirk- und Blindwiderstände in Abhängigkeit der Transformatorbemessungsleistung aus dem **Bild 4.2** näherungsweise ermitteln.

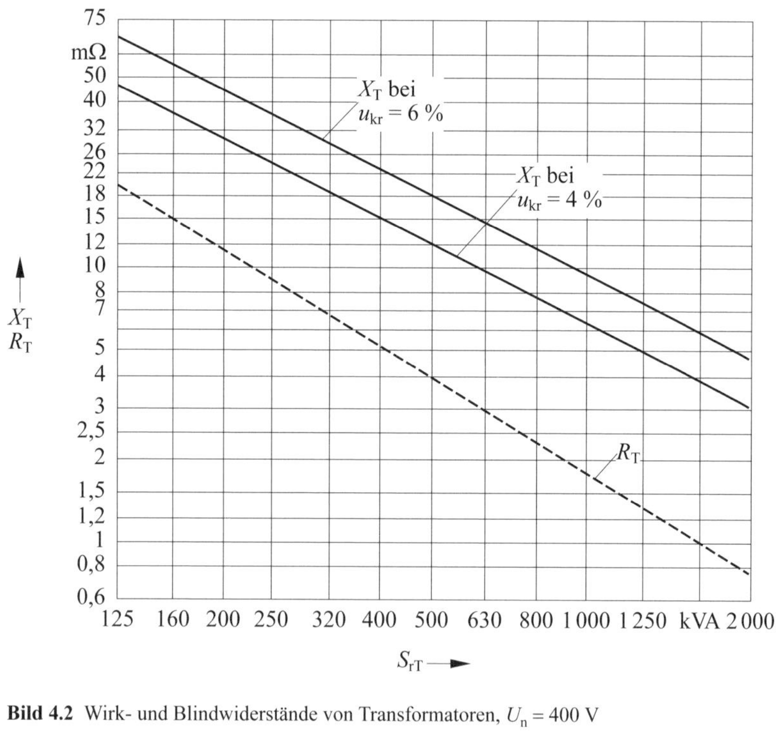

Bild 4.2 Wirk- und Blindwiderstände von Transformatoren, $U_n = 400$ V

Bei mehreren Transformatoren im Parallelbetrieb können für die Berechnung der Wirk- und Blindwiderstände die Nennleistungen der Transformatoren addiert werden:

$$S_{\mathrm{rT}} = S_{\mathrm{rT1}} + S_{\mathrm{rT2}} + \ldots \tag{4.11}$$

Verfügen die parallel geschalteten Transformatoren über unterschiedliche Kurzschlussspannungen, so ist deren Mittelwert zu bilden. Dies geschieht nach folgender Gleichung:

$$u_{\mathrm{km}} = \frac{S_{\mathrm{rT1}} + S_{\mathrm{rT2}} + S_{\mathrm{rT3}} + \ldots}{\frac{S_{\mathrm{rT1}}}{u_{\mathrm{kr1}}} + \frac{S_{\mathrm{rT2}}}{u_{\mathrm{kr2}}} + \frac{S_{\mathrm{rT3}}}{u_{\mathrm{kr3}}} + \ldots}. \tag{4.12}$$

4.3.1.3 Wirk- und Blindwiderstände des Leitungsnetzes

Die Wirkwiderstände für Freileitungen, Kabel, Stromschienen und Leitungen können mithilfe der spezifischen Leitwerte des verwendeten Leitungsmaterials errechnet werden.[3] Für die Berechnung des größten Kurzschlussstroms sind die spezifischen Leitwerte für eine Temperatur von 20 °C zu wählen.

Es gilt für die spezifische Leitfähigkeit:

$\kappa =$ 54 m/Ωmm² für Kupfer, nach DIN EN 60909-0 (**VDE 0102**) oder
56 m/Ωmm² nach DIN 48200-1,

$\kappa =$ 34 m/Ωmm² für Aluminium,

$\kappa =$ 7 m/Ωmm² für Eisen.

Für den Wirkwiderstand einer Leiterstrecke gilt:

$$R_{\mathrm{L}} = \frac{l}{\kappa \cdot S} \quad \text{in}\ \Omega, \tag{4.13}$$

l Leiterlänge in m,

S Leiterquerschnitt in mm².

Für die Blindwiderstandsbeläge x'_{L} (Blindwiderstand pro Meter) kann, unabhängig vom Leiterquerschnitt, bei einer Netzfrequenz von 50 Hz mit folgenden Werten gerechnet werden.

[3] Durch Verarbeitungseinflüsse, z. B. Toleranzen im Drahtdurchmesser, und die frequenzabhängigen Zusatzverluste können die tatsächlichen Widerstandsbeläge um mehrere Prozente von den so errechneten abweichen. In DIN EN 60909-0 (**VDE 0102**) und DIN EN 60228 (**VDE 0295**) sind maximal zulässige Werte festgehalten.

Blindwiderstände können bei Kabelquerschnitten bis 50 mm² Cu bzw. 95 mm² Al vernachlässigt werden, da $R_L \gg X_L$.

$x'_L \approx 0{,}33\ \text{m}\Omega/\text{m}$ für Freileitungen,

$x'_L \approx 0{,}08\ \text{m}\Omega/\text{m}$ für vieradrige Kabel und Leitungen,

$x'_L \approx 0{,}12\ \text{m}\Omega/\text{m}$ für Stromschienen,

$$X_L = x'_L \cdot l, \tag{4.14}$$

l Leiterlänge in m.

Beispiel 4a:

Aus einem 20-kV-Netz mit einer Anfangs-Kurzschlusswechselstromleistung S''_{kQ} von 500 MVA wird ein 20/0,4-kV-Transformator mit einer Bemessungsleistung S_{rT} von 800 kVA, einer Kurzschlussspannung u_{krT} von 4 % und einem ohmschen Spannungsfall u_{Rr} von 1,05 % versorgt.

Zu ermitteln ist der größte dreipolige Kurzschlussstrom I''_{k3} an den Abgangsklemmen des Transformators.

Rechengang:	R in mΩ	X in mΩ
$Z_{Qt} = \frac{c \cdot U_n^2}{S''_{kQ}} = \frac{1{,}1 \cdot (400\ \text{V})^2}{500\ \text{VA} \cdot 10^6} = 0{,}352\ \text{m}\Omega$		
$X_{QT} = 0{,}995 \cdot Z_{Qt} =$		0,35
$R_{Qt} = 0{,}1 \cdot X_{Qt} =$	0,035 22	
$Z_T = \frac{u_{kr}}{100\ \%} \frac{U_n^2}{S_{rT}} = \frac{4\ \%}{100\ \%} \cdot \frac{(400\ \text{V})^2}{800\ \text{VA} \cdot 10^3} = 8\ \text{m}\Omega$		
$R_T = \frac{u_{Rr}}{100\ \%} \frac{U_n^2}{S_{rT}} = \frac{1{,}05\ \%}{100\ \%} \cdot \frac{(400\ \text{V})^2}{800\ \text{VA} \cdot 10^3} =$	2,1	
$X_T = \sqrt{Z_T^2 - R_T^2} = \sqrt{8^2 - 2{,}1^2}\ \text{m}\Omega =$		7,72
Summe:	2,133	8,07

$$Z_\mathrm{k} = \sqrt{R_\mathrm{k}^2 + X_\mathrm{k}^2} = \sqrt{(2{,}132\ \mathrm{m\Omega})^2 + (8{,}07\ \mathrm{m\Omega})^2} = 8{,}34\ \mathrm{m\Omega},$$

$$I''_\mathrm{k3} = \frac{c \cdot U_\mathrm{n}}{\sqrt{3} \cdot Z_\mathrm{k}} = \frac{1{,}1 \cdot 400\ \mathrm{V}}{\sqrt{3} \cdot 8{,}34\ \mathrm{m\Omega}} = 30{,}46\ \mathrm{kA}.$$

Das Beispiel zeigt, dass die Netzinnenimpedanz Z_Qt im Allgemeinen vernachlässigt werden kann. Der größte dreipolige Kurzschlussstrom errechnet sich dann mit 30,46 kA. Da der Fehler noch dazu auf der sicheren Seite liegt, bleibt in den folgenden Beispielen die Netzimpedanz Z_Qt unberücksichtigt.

Beispiel 4b:

Über einen Transformator, $S_\mathrm{rT} = 800$ kVA, $u_\mathrm{kr} = 4$ %, wird eine Niederspannungshauptverteilung versorgt. Der Anlagenaufbau ist folgender Skizze zu entnehmen.

Durch eine Kurzschlussstromberechnung ist nachzuweisen, ob die ausgewählten LS-Schalter ein ausreichendes Schaltvermögen haben.

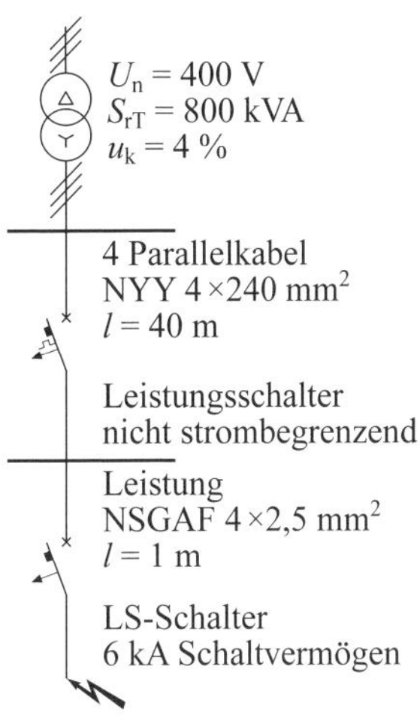

Rechengang:	R in mΩ	X in mΩ
R_T aus Bild 4.2	2,2	
X_T aus Bild 4.2		7,7
$R_\mathrm{L} = \frac{l \cdot 1\,000}{\kappa \cdot S \cdot n} = \frac{40\ \mathrm{m} \cdot 1\,000}{54\ \frac{\mathrm{m}}{\Omega\mathrm{mm}^2} \cdot 240\ \mathrm{mm}^2 \cdot 4} =$	0,77	
$X_\mathrm{L} = \frac{x'_\mathrm{L} \cdot l}{4} = \frac{0{,}08\ \frac{\mathrm{m\Omega}}{\mathrm{m}} \cdot 40\ \mathrm{m}}{4} =$		0,8
$R_\mathrm{L} = \frac{1\ \mathrm{m} \cdot 1\,000}{54\ \frac{\mathrm{m}}{\Omega\mathrm{mm}^2} \cdot 2{,}5\ \mathrm{mm}^2} =$	7,41	
$X_\mathrm{L} = 0{,}08\ \frac{\mathrm{m\Omega}}{\mathrm{m}} \cdot 1 =$		0,08
Summe:	10,38	8,58

$$Z_k = \sqrt{R_k^2 + X_k^2} = \sqrt{(10{,}38\ \text{m}\Omega)^2 + (8{,}58\ \text{m}\Omega)^2} = 13{,}47\ \text{m}\Omega,$$

$$I''_{k3} = \frac{c \cdot U_n}{\sqrt{3} \cdot Z_k} = \frac{1{,}1 \cdot 400\ \text{V}}{\sqrt{3} \cdot 13{,}47\ \text{m}\Omega} = 18{,}86\ \text{kA}.$$

Ergebnis: An der Einbaustelle des LS-Schalters kann im Fehlerfall ein Kurzschlussstrom von 18,86 kA auftreten; dieser ist höher als das Schaltvermögen des LS-Schalters (6 kA). Dem LS-Schalter muss deshalb eine strombegrenzende Schutzeinrichtung vorgeschaltet werden.

4.3.2 Stoßkurzschlussstrom i_p

Um die mechanische Kurzschlussfestigkeit von Anlagenkomponenten überprüfen zu können, muss man den maximal möglichen Augenblickswert des Stroms nach Eintritt eines Kurzschlusses kennen. Das Quadrat dieses Werts ist für die dynamische Beanspruchung der Anlagenkomponenten im Kurzschlussfall verantwortlich.

Der maximal mögliche Augenblickswert des Stroms nach Eintritt eines Kurzschlusses wird als Stoßkurzschlussstrom i_p, früher I_s, bezeichnet.

Er wird nach der Gleichung

$$i_p = \kappa \cdot \sqrt{2} \cdot I''_k \tag{4.15}$$

berechnet.

Der Faktor κ ist abhängig vom Verhältnis R/X des Kurzschluss-Stromkreises (**Bild 4.3**). Wenn das Verhältnis R/X nicht bekannt ist, kann in der Praxis $i_p = 2{,}5 \cdot I''_k$ gesetzt werden.

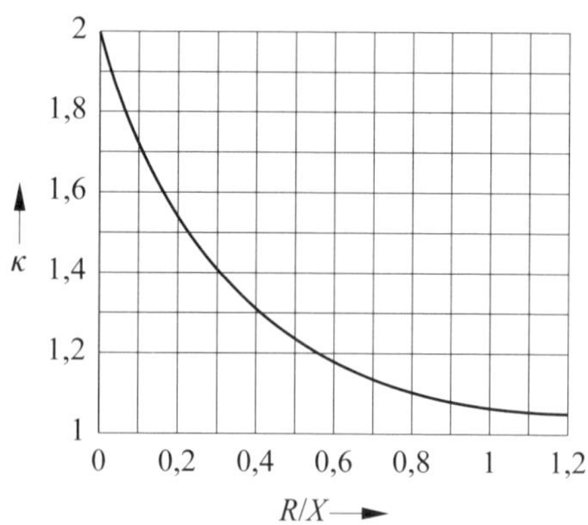

Bild 4.3 Faktor κ, abhängig vom Verhältnis R/X

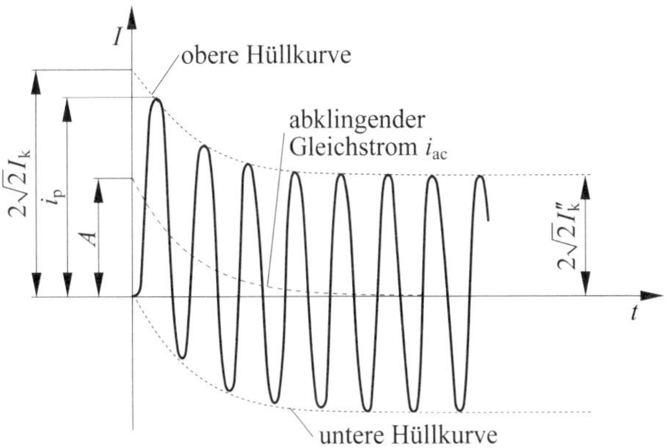

Bild 4.4 Verlauf des Kurzschlussstroms (generatorferner Kurzschluss)

I_k'', der Kurzschlusswechselstrom, ist nach Kapitel 4.3.1 zu ermitteln. Der Verlauf des Kurzschlussstroms ist in **Bild 4.4** zu sehen. Dem symmetrischen Wechselstromglied überlagert ist aufgrund der Induktivität des Netzes und der durch den Kurzschluss bedingten Stromänderung ein Gleichstromglied.

Beispiel 4c:

Eine fabrikfertige Schaltanlage ist laut Typenschild bis zu einem Stoßkurzschlussstrom von 80 kA kurzschlussfest. Die Schaltanlage wird über drei Transformatoren gespeist. Der Anlagenaufbau kann nachfolgender Skizze entnommen werden.

Es ist der rechnerische Nachweis über die Kurzschlussfestigkeit der Schaltanlage zu führen.

Rechengang:

Transformatoren T1–T3

Summe S_n = 500 kVA + 500 kVA + 400 kVA = 1 400 kVA,

$$u_{km} = \frac{S_{rT1} + S_{rT2} + S_{rT3}}{\frac{S_{rT1}}{u_{Kr1}} + \frac{S_{rT2}}{u_{Kr2}} + \frac{S_{rT3}}{u_{Kr3}}} = \frac{1\,400 \text{ kVA}}{\frac{500 \text{ kVA}}{6} + \frac{400 \text{ kVA}}{4} + \frac{400 \text{ kVA}}{4}} = 4{,}54\,\%,$$

$$u_{Rm} \approx \frac{u_{Rr1} + u_{Rr2} + u_{Rr3}}{3} = \frac{(1{,}1 + 1{,}09 + 1{,}15)\,\%}{3} = 1{,}11\,\%, \tag{4.16}$$

$$Z_T = \frac{u_{km}}{100\,\%} \cdot \frac{U_{rT}^2}{S_{rT}} = \frac{4{,}54\,\%}{100\,\%} \frac{(400 \text{ V})^2}{1\,400 \text{ kVA}} = 5{,}19 \text{ m}\Omega,$$

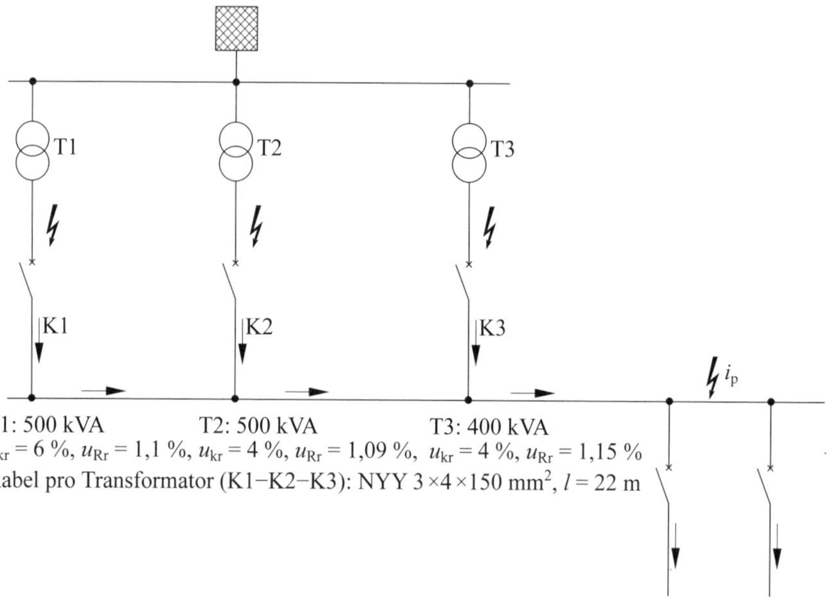

T1: 500 kVA T2: 500 kVA T3: 400 kVA
$u_{kr} = 6\ \%$, $u_{Rr} = 1{,}1\ \%$, $u_{kr} = 4\ \%$, $u_{Rr} = 1{,}09\ \%$, $u_{kr} = 4\ \%$, $u_{Rr} = 1{,}15\ \%$
Kabel pro Transformator (K1–K2–K3): NYY 3 × 4 × 150 mm², $l = 22$ m

	R in mΩ	X in mΩ
$R_T = \frac{u_{km}}{100\ \%}\frac{U_n^2}{S_{rT}} = \frac{1{,}11\ \%}{100\ \%}\frac{(400\ \text{V})^2}{1\,400\ \text{kVA}} =$	1,27	
$X_T = \sqrt{Z_T^2 - R_T^2} = \sqrt{(5{,}19\ \text{m}\Omega)^2 - (1{,}27\ \text{m}\Omega)^2} =$		5,03
Kabel K1–K3		
$R_L = \frac{l \cdot 1\,000}{\kappa \cdot S \cdot n}$ in mΩ		
$R_L = \frac{22\ \text{m} \cdot 1\,000}{54\ \frac{\text{m}}{\Omega\text{m}^2} \cdot 150\ \text{mm}^2 \cdot 3} =$	0,91	
$X_L = x_L' \cdot \frac{l}{n} = 0{,}08\ \frac{\text{m}\Omega}{\text{m}} \cdot \frac{22\ \text{m}}{3} =$		0,59
Summe:	$R_k = 2{,}18$,	$X_k = 5{,}62$

$$Z_{kr} = \sqrt{R_k^2 + X_k^2} = \sqrt{(2{,}18\ \text{m}\Omega)^2 + (5{,}62\ \text{m}\Omega)^2} = 6\ \text{m}\Omega,$$

$$I''_{k3} = \frac{c \cdot U_n}{\sqrt{3} \cdot Z_k} = \frac{1{,}1 \cdot 400\ \text{V}}{\sqrt{3} \cdot 6\ \text{m}\Omega} = 42{,}34\ \text{kA},$$

$i_p = \kappa \cdot \sqrt{2} \cdot I_k$ $\quad$ κ ist eine Funktion von R/X aus Bild 4.3

$$R/X = 2{,}18/5{,}62 = 0{,}39 \rightarrow \kappa = 1{,}33,$$

$$i_p = 1{,}33 \cdot \sqrt{2} \cdot 42{,}34\ \text{kA} = 79{,}63\ \text{kA}.$$

Ergebnis: Die Schaltanlage ist für den maximal zu erwartenden Stoßkurzschlussstrom kurzschlussfest.

4.4 Kleinster Kurzschlussstrom I''_{k1}

4.4.1 Allgemeine Gesichtspunkte für die Ermittlung des kleinsten Kurzschlussstroms

Die Kenntnis über den kleinsten Kurzschlussstrom ist erforderlich,

a) um die Ansprechsicherheit der Überstrom-Schutzeinrichtung für die Schutzmaßnahme Schutz durch Abschaltung und
b) um den Schutz bei Kurzschluss von Kabeln und Leitungen nachzuweisen.

Beim *Schutz durch Abschaltung* durch Überstrom-Schutzeinrichtungen im TN-Netz muss bei einem einpoligen Kurzschluss zwischen einem Außenleiter und dem Schutzleiter die vorgeschaltete Überstrom-Schutzeinrichtung innerhalb einer Zeit von 0,2 s bis 5 s ansprechen, um eine mögliche gefährliche Berührungsspannung abzuschalten.

Dies bedeutet, dass der am Leitungsende mögliche kleinste Kurzschlussstrom gleich oder größer sein muss als der Abschaltstrom I_a der vorgeschalteten Schutzeinrichtungen bei 0,2 s bis 5 s (s. Tabelle 6.1)

$$I''_{k1\,min} \geq I_a.$$

Für den *Schutz bei Kurzschluss* von Kabeln und Leitungen muss gewährleistet sein, dass die vorgeschaltete Überstrom-Schutzeinrichtung den Fehler abschaltet, bevor das Kabel bzw. die Leitung aufgrund einer Kurzschlussstrombelastung über die höchstzulässige Temperatur erwärmt wird.

Die *höchstzulässige Temperatur* der Leitung wird erreicht in der Zeit t, die von der Leiterkonstante (Materialbeiwert) k, dem Leiterquerschnitt S und dem Kurzschlussstrom I abhängig ist und die nach der Gleichung

$$t = \left(k \frac{S}{I} \right)^2 \tag{4.17}$$

ermittelt werden kann.

Während die Leiterkonstante k und der Leiterquerschnitt S im Allgemeinen bekannt sind, muss der Kurzschlussstrom I in der Regel durch ein geeignetes Rechenverfahren ermittelt werden.

Je höher der Kurzschlussstrom, umso eher sind bei gleicher Anlagenkonzeption die Bedingungen für den Schutz bei Kurzschluss erfüllt. Deshalb genügt es üblicherweise auch hierfür, den kleinsten einpoligen Kurzschlussstrom zu ermitteln (siehe auch Kapitel 11).

Im Folgenden wird eine Methode für die Berechnung des kleinsten einpoligen Kurzschlussstroms vorgestellt, in der einige Vereinfachungen gegenüber DIN EN 60909-0 **(VDE 0102)** (Berechnung von Kurzschlussströmen in Drehstromnetzen) vorgenommen wurden. Der durch die Vereinfachung bedingte Fehler ist normalerweise vernachlässigbar. Da der Fehler zudem immer auf der sicheren Seite liegt, d. h., der berechnete Kurzschlussstrom ist geringfügig kleiner als der tatsächliche Kurzschlussstrom, kann diese Methode unbedenklich angewandt werden.

4.4.2 Berechnung des kleinsten einpoligen Kurzschlussstroms I''_{k1}

Der kleinste einpolige Kurzschlussstrom wird benötigt, um die Schutzmaßnahmen „Schutz durch Abschaltung“ bei Endstromkreisen zu prüfen.

$$I''_{k1\,min} = \frac{c_{min} \cdot U_n}{\sqrt{3} \cdot Z_S}, \tag{4.18}$$

$I''_{k1\,min}$ kleinster einpoliger Kurzschlussstrom in A,
c Faktor 0,9 bei Nennspannung bis 1 000 V,
U_n Nennspannung zwischen den Außenleitern,
Z_S Schleifenimpedanz in Ω bei Leiterendtemperatur 80 °C … 160 °C.

Bei der Berechnung des Kurzschlussstroms wird stets der metallische Kurzschluss vorausgesetzt. Zusätzliche Einflüsse, vor allem Spannungsabweichungen, Kontaktwiderstände und dergleichen, können zu einer Verminderung der Kurzschlussströme führen.

Schleifenimpedanz Z_S (Kurzschlussimpedanz)

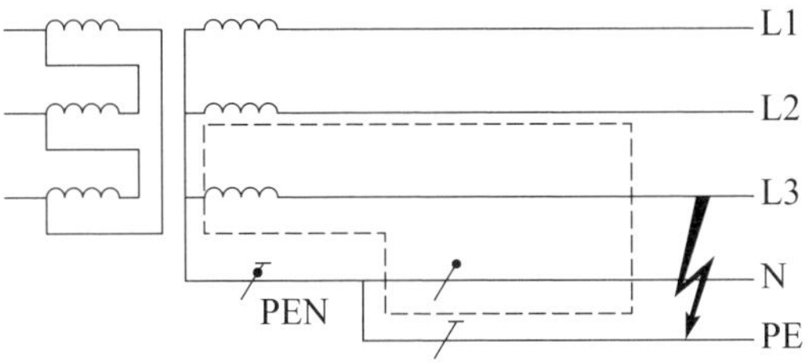

$$Z_S \le Z_T + Z_L + Z_{PE} + Z_{PEN}, \tag{4.19}$$

$$Z_S = \sqrt{R_k^2 + X_k^2} = \sqrt{(R_T + R_L + R_{PE} + R_{PEN})^2 + (X_T + X_L + X_{PE} + X_{PEN})^2}\,.$$

Die Wirk- und Blindwiderstände der Transformatoren (R_T, X_T) sind nach Kapitel 4.3.1.2 zu ermitteln bzw. aus Bild 4.2 zu entnehmen.

Für die Wirkwiderstände des Leitungsnetzes gilt:

$$R_L = 1{,}24 \cdot \frac{l_S}{\kappa \cdot S} \quad \text{in } \Omega; \tag{4.20}$$

l_S Länge der Leiterschleife in m,

S Leiterquerschnitt in mm^2,

κ spezifischer Leitwert bei 20 °C für Cu 54 m/Ωmm^2 und für Al 34 m/Ωmm^2.

Der Faktor 1,24 gilt für eine Leitertemperatur des Kupfers bzw. Aluminiums von 80 °C. Für die Berechnung des kleinsten Kurzschlussstroms ist nach DIN EN 60909 (**VDE 0102**) von dieser Temperatur auszugehen: 1,24 = 1 + 0,004 K^{-1} (80 °C – 20 °C).

Bei länger eingestellten/zugelassenen Abschaltzeiten können hier auch die 160 °C zum Tragen kommen. Dann kommt der Faktor 1,56 zum Einsatz: 1,56 = 1 + 0,004 K^{-1} (160 °C – 20 °C).

Die Blindwiderstände des Leitungsnetzes können aus Kapitel 4.3.1.3 entnommen werden.

Beispiel 4d:

Aus folgender Skizze ist die Stromversorgung eines Motors zu ersehen. Es ist der rechnerische Nachweis zu erbringen, ob am Ende des Motorstromkreises der erforderliche Abschaltstrom der 80-A-gL-Sicherung von 452 A fließt, siehe Tabelle 6.1.

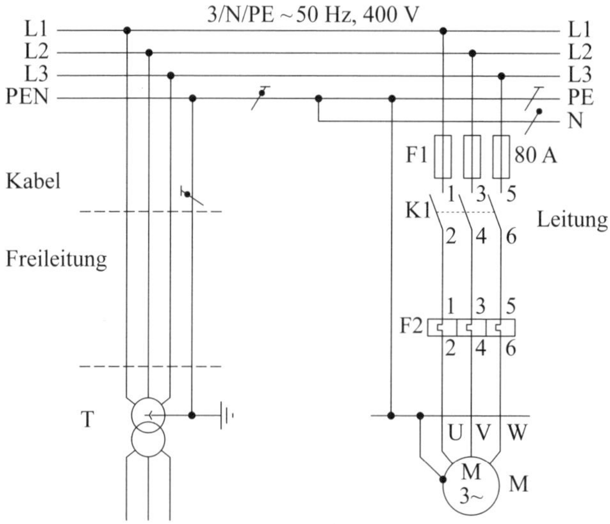

1: Transformator 20 kV/400 V

$S_{\mathrm{rT}} = 320$ kVA; $u_{\mathrm{kr}} = 4$ %

Aus Bild 4.2 $R_{\mathrm{T}} = 0{,}0067\ \Omega$, $X_{\mathrm{T}} = 0{,}019\ \Omega$

2: Freileitung 4 × 70 mm² Al

$l = 250$ m

$$R_{\mathrm{L}} = 1{,}24 \cdot \frac{l}{\kappa \cdot S} = 1{,}24 \frac{250\ \mathrm{m}}{34 \frac{\mathrm{m}}{\Omega\,\mathrm{mm}^2} \cdot 70\ \mathrm{mm}^2}, \qquad R_{\mathrm{L}} = 0{,}1303\ \Omega,$$

$$R_{\mathrm{PEN}} = 1{,}24 \cdot \frac{l}{\kappa \cdot S} = 1{,}24 \frac{250\ \mathrm{m}}{34 \frac{\mathrm{m}}{\Omega\,\mathrm{mm}^2} \cdot 70\ \mathrm{mm}^2}, \qquad R_{\mathrm{PEN}} = 0{,}1303\ \Omega,$$

$X_{\mathrm{L}} = x' \cdot l$; $x' \approx 0{,}33\ \mathrm{m}\Omega/\mathrm{m}$; nach Gl. (4.14)

$X_{\mathrm{L}} = 0{,}33\ \mathrm{m}\Omega/\mathrm{m} \cdot 250\ \mathrm{m}, \qquad X_{\mathrm{L}} = 0{,}0825\ \Omega,$

$X_{\mathrm{PEN}} = 0{,}33\ \mathrm{m}\Omega/\mathrm{m} \cdot 250\ \mathrm{m}, \qquad X_{\mathrm{PEN}} = 0{,}0825\ \Omega.$

3: Kabel NYCWY 3 × 35/16 mm² Cu

$l \quad = 20\ \text{m},$

$$R_\text{L} = 1{,}24 \cdot \frac{l}{\kappa \cdot S} = 1{,}24 \frac{20\ \text{m}}{54 \frac{\text{m}}{\Omega\,\text{mm}^2} \cdot 35\ \text{mm}^2} \qquad R_\text{L} = 0{,}013\,1\ \Omega,$$

$$R_\text{PEN} = 1{,}24 \cdot \frac{l}{\kappa \cdot S} = 1{,}24 \frac{20\ \text{m}}{54 \frac{\text{m}}{\Omega\,\text{mm}^2} \cdot 16\ \text{mm}^2} \qquad R_\text{PEN} = 0{,}028\,7\ \Omega,$$

$X_\text{L} = x' \cdot l; \quad x' \approx 0{,}08\ \text{m}\Omega/\text{m}$; nach Gl. (4.14)

$X_\text{L} = 0{,}08\ \text{m}\Omega/\text{m} \cdot 20\ \text{m}, \qquad X_\text{L} = 0{,}001\,6\ \Omega,$

$X_\text{PEN} = 0{,}08\ \text{m}\Omega/\text{m} \cdot 20\ \text{m}, \qquad X_\text{PEN} = 0{,}001\,6\ \Omega.$

4: Leitung NYM 4 × 16 mm² Cu

$l \quad = 40\ \text{m},$

$$R_\text{L} = 1{,}24 \cdot \frac{l}{\kappa \cdot S} = 1{,}24 \frac{40\ \text{m}}{54 \frac{\text{m}}{\Omega\,\text{mm}^2} \cdot 16\ \text{mm}^2}, \qquad R_\text{L} = 0{,}057\,4\ \Omega,$$

$$R_\text{PE} = 1{,}24 \cdot \frac{l}{\kappa \cdot S} = 1{,}24 \frac{40\ \text{m}}{54 \frac{\text{m}}{\Omega\,\text{mm}^2} \cdot 16\ \text{mm}^2}, \qquad R_\text{PE} = 0{,}057\,4\ \Omega,$$

$X_\text{L} = x' \cdot l; \quad x' \approx 0{,}08\ \text{m}\Omega/\text{m}$; nach Gl. (4.14)

$X_\text{L} = 0{,}08\ \text{m}\Omega/\text{m} \cdot 40\ \text{m}, \qquad X_\text{L} = 0{,}003\,2\ \Omega$

$X_\text{PE} = 0{,}08\ \text{m}\Omega/\text{m} \cdot 40\ \text{m}, \qquad X_\text{PE} = 0{,}003\,2\ \Omega$

Summe: $R_\text{k} = 0{,}42\ \Omega, \quad X_\text{k} = 0{,}19\ \Omega$

$$Z_\text{k} = \sqrt{R_\text{k}^2 + X_\text{k}^2} = \sqrt{0{,}42^2 + 0{,}19^2} = 0{,}46\ \Omega,$$

$$I_\text{F} = \frac{c \cdot U_\text{n}}{\sqrt{3} \cdot Z_\text{k}} = \frac{0{,}9 \cdot 400\ \text{V}}{\sqrt{3} \cdot 0{,}46\ \Omega} = 451{,}84\ \text{A}.$$

Hinweis:

1. Nach der älteren, zwischenzeitlich zurückgezogenen, DIN VDE 0102:1990-01 wären die Abschaltbedingungen gegeben.
2. Unter Beachtung der ausgewiesenen Änderungen unter Kapitel 4.2 (160 °C) führt es zwar zur Abschaltung, aber nicht innerhalb der 5 s. Es sollte auf jeden Fall eine kleinere Sicherung zum Einsatz kommen, z. B. 63 A (Tabelle 6.1).

Beispiel 4e:

An einer Verteilung ist die Netzimpedanz wie folgt angegeben:

$Z_V = 300\ \text{m}\Omega;\quad \varphi = 15°.$

An die Verteilung wird eine 80 m lange NYM-Leitung 5 × 10 mm² Cu angeschlossen.

Wie groß ist der kleinste einpolige Kurzschlussstrom am Ende der Leitung?

Wirk- und Blindwiderstände an der Verteilung:

$$R = Z_V \cdot \cos\varphi = 0{,}3\ \Omega \cdot \cos 15° = 0{,}3\ \Omega \cdot 0{,}965\,9 = \qquad 0{,}29\ \Omega$$

$$X = Z_V \cdot \sin\varphi = 0{,}3\ \Omega \cdot \sin 15° = 0{,}3\ \Omega \cdot 0{,}258\,8 = \qquad 0{,}078\ \Omega.$$

Leitungswiderstände:

$$R_{L+PE} = 1{,}24 \cdot \frac{l}{\kappa \cdot S} = 1{,}24 \frac{2 \cdot 80\ \text{m}}{54 \frac{\text{m}}{\Omega\,\text{mm}^2} \cdot 10\ \text{mm}^2} = 0{,}37\ \Omega,$$

$$X_{L+PE} = 2 \cdot x' \cdot l;\quad x' = 0{,}08\ \text{m}\Omega/\text{m},$$

$$X_{L+PE} = 2 \cdot 0{,}08\ \text{m}\Omega/\text{m} \cdot 80\ \text{m} = \qquad 0{,}013\ \Omega$$

Summe: $R_k = 0{,}66\ \Omega,\quad X_k = 0{,}091\ \Omega$

$$Z_k = \sqrt{R_k^2 + X_k^2} = \sqrt{(0{,}66\ \Omega)^2 + (0{,}091\ \Omega)^2} = 0{,}666\ \Omega,$$

$$I_F = \frac{c \cdot U_n}{\sqrt{3} \cdot Z_k} = \frac{0{,}9 \cdot 400\ \text{V}}{\sqrt{3} \cdot 0{,}666\ \Omega} = 312\ \text{A}.$$

Bemerkung: Vorliegendes Beispiel lässt sich unter weiterer Vereinfachung mit genügender Genauigkeit auch wie folgt lösen:

Die Blindwiderstände der Leitung von 10 mm² werden vernachlässigt, da bis 50 mm² gilt: $R \gg X$. Die Wirkwiderstände der Leitung werden arithmetisch zur Netzimpedanz Z_V addiert.

$$Z_k = Z_V + R_{L+PE} = 0{,}3\ \Omega + 0{,}37\ \Omega = 0{,}67\ \Omega, \tag{4.21}$$

$$I_F = \frac{c \cdot U_n}{\sqrt{3} \cdot Z_k} = \frac{0{,}9 \cdot 400\ \text{V}}{\sqrt{3} \cdot 0{,}67\ \Omega} = 310{,}21\ \text{A}.$$

Wie man sieht, können diese Vereinfachungen bei zu erwartenden Kurzschlussströmen dieser Größenordnung ohne Weiteres angewandt werden. Der durch die Vereinfachungen bedingte Fehler liegt im Allgemeinen auf der sicheren Seite.

Beispiel 4f:

Für einen über einen Steuertransformator betriebenen geerdeten Hilfsstromkreis ist der kleinste einpolige Kurzschlussstrom zu bestimmen.

Der Steuertransformator, 230/110 V, 1 000 VA, ist an einer Verteilung, Z_V = 200 mΩ, angeschlossen. Der weitere Anlagenaufbau ist der Skizze zu entnehmen.

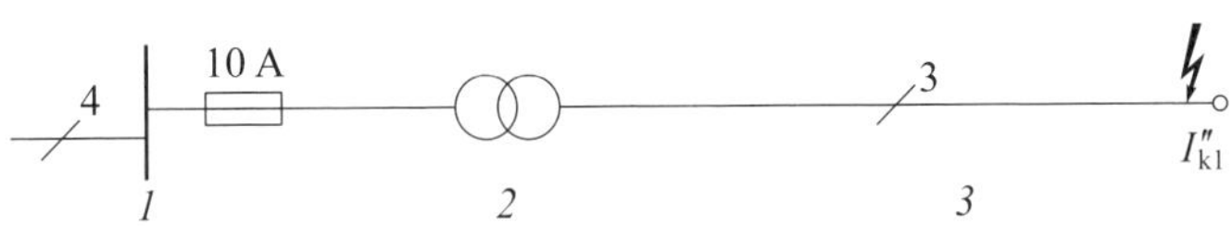

1: Niederspannungsverteilung

230/400 V, $Z_V = 0{,}2\ \Omega$.

2: Steuertransformator 230/110 V

$S_{rT} = 1\,000$ VA, $u_{kr} = 3{,}2$ %, $u_{Rr} = 3$ %.

3: Leitungen NYM 3 × 1,5 mm² Cu

$l = 20$ m.

Rechengang:

$$I''_{k1} = \frac{c \cdot U_{rT}}{Z_k},$$

c Faktor 0,9,

U_{rT} Sekundärspannung am Transformator 110 V.

$$Z_\mathrm{k} = Z_\mathrm{V2} + Z_\mathrm{T} + Z_\mathrm{L} \quad \text{bezogen auf 110 V,} \tag{4.22}$$

$$Z_\mathrm{k} = Z_\mathrm{V2} + Z_\mathrm{T} + R_\mathrm{L}\,; \quad R_\mathrm{L} = R_\mathrm{L1} + R_\mathrm{PE}\,, \tag{4.23}$$

$$Z_\mathrm{V2} = Z_\mathrm{V}\left(\frac{U_2}{U_1}\right)^2 = 0{,}2\,\Omega\left(\frac{110\ \mathrm{V}}{230\ \mathrm{V}}\right)^2 = 0{,}046\,\Omega\,, \tag{4.24}$$

$$Z_\mathrm{T} = \frac{u_\mathrm{kr}}{100}\,\frac{U_\mathrm{rT}^2}{{}_\mathrm{rT}} = \frac{3{,}2}{100}\,\frac{(110\ \mathrm{V})^2}{1\,000\ \mathrm{VA}} = 0{,}39\,\Omega\,,$$

$$R_\mathrm{L} = 1{,}24\,\frac{l_\mathrm{S}}{\kappa \cdot S} = 1{,}24\,\frac{2 \cdot 20\ \mathrm{m}}{54\,\frac{\mathrm{m}}{\Omega\,\mathrm{mm}^2} \cdot 1{,}5\ \mathrm{mm}^2} = 0{,}61\,\Omega\,,$$

$$Z_\mathrm{k} \approx Z_\mathrm{V2} + Z_\mathrm{T} + R_\mathrm{L} = 0{,}05\,\Omega + 0{,}39\,\Omega + 0{,}61\,\Omega = 1{,}05\,\Omega\,,$$

$$I_\mathrm{F} = \frac{c \cdot U_\mathrm{rT}}{Z_\mathrm{k}} = \frac{0{,}9 \cdot 110\ \mathrm{V}}{1{,}05\,\Omega} = 94{,}28\ \mathrm{A}\,.$$

Ergebnis: Im Fehlerfall fließt auf der Primärseite des Steuertransformators ein Kurzschlussstrom von $94{,}28\ \mathrm{A} \cdot U_2/U_1 = 46\ \mathrm{A}$.

Der Abschaltstrom I_a der 10-A-gL-Sicherung bei 5 s ist 46 A (s. Tabelle 6.1). Da dieser Strom im Fehlerfall überschritten wird, ist der Schutz durch Abschaltung durch die auf der Primärseite des Steuertransformators angeordnete Überstrom-Schutzeinrichtung gewährleistet.

Bemerkung: Aus **Bild 4.5** können die Kurzschlussspannungen u_kr in % herkömmlicher Steuertransformatoren entnommen werden (Quelle: Eaton).

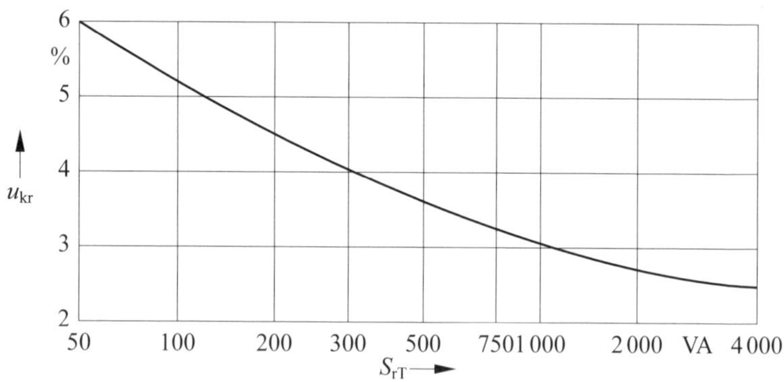

Bild 4.5 Kurzschlussspannung von Kleintransformatoren

4.5 Generatornahe Kurzschlüsse in Niederspannungsnetzen

Typische Anwendungsgebiete, in denen mit generatornahen Kurzschlüssen gerechnet werden muss, sind z. B.:

- Notstromnetze mit Speisung aus einem Ersatzstromaggregat, wie sie sehr oft für öffentliche Gebäude von den Genehmigungsbehörden gefordert werden.
- Blockheizkraftwerke (BHKW), die immer öfter Anwendung in der Industrie und in Verwaltungsgebäuden finden, um einerseits die notwendige Heiz- bzw. Kälteleistung zur Verfügung zu stellen und um andererseits notwendige Sicherheitseinrichtungen (z. B. Feuerlöschpumpen) bei Netzausfall zu versorgen.

Das Kennzeichen des generatornahen Kurzschlussstroms ist die nicht konstante Spannung, die im Verlauf des Kurzschlusses von der Nennspannung auf den durch Spannungsregler beeinflussten Wert absinkt. Es gilt: Der Anfangs-Kurzschlusswechselstrom I_k'' ist größer als der Ausschaltwechselstrom I_a und dieser ist größer als der Dauerkurzschlussstrom I_k: $I_k'' > I_a > I_k$. Wie bereits erwähnt, liegt ein generatornaher Kurzschluss dann vor, wenn mindestens ein Generator mit mehr als dem Zweifachen seines Bemessungsstroms den Kurzschluss speist oder wenn die am Netz befindlichen Motoren mehr als 5 % zum Anfangs-Kurzschlusswechselstrom ohne Motoren beitragen.

Während der ersten 100 ms bis 200 ms nach Eintritt eines Kurzschlusses laufen im Generator komplizierte Ausgleichsvorgänge zwischen Ständer-, Läufer- und Erregerwicklung ab. Mathematisch werden diese Vorgänge mit zeitlich veränderlichen Reaktanzwerten beschrieben. Dies sind die subtransiente Reaktanz x_d'', die transiente Reaktanz x_d' und die Synchronreaktanz x_d, einschließlich der zugehörigen Zeitkonstanten t_d'' und t_d'. Für die Berechnung der zweipoligen und einpoligen Kurzschlussströme sind noch die Gegenreaktanz x_2 und die Nullreaktanz x_0 erforderlich. Bei Niederspannungsgeneratoren kann der Wirkwiderstand nicht mehr vernachlässigt werden. Aus diesem Grund und zur Ermittlung des Stoßkurzschlussstroms ist die Kenntnis des Wirkwiderstands r_g notwendig.

Der Kurzschlussstrom beginnt mit einem relativ hohen Wert, der – abhängig von der subtransienten Reaktanz x_d'' – meistens zwischen dem acht- bis zwölffachen des Generatorbemessungsstroms liegt. Er klingt innerhalb von 100 ms bis 250 ms auf den von der Synchronreaktanz bestimmten Dauerkurzschlussstrom ab. Dieser Dauerkurzschlussstrom würde unter dem Generatorbemessungsstrom liegen, wenn nicht durch den Spannungsregler ein Wert bewirkt würde, der bei dem ca. dreifachen des Generatorbemessungsstroms liegt.

Im Folgenden werden vereinfachte Verfahren zur Ermittlung von dreipoligen und einpoligen Kurzschlussströmen in Niederspannungsnetzen vorgestellt.

Anfangs-Kurzschlusswechselstrom

Die Formeln zur Berechnung der Anfangs-Kurzschlusswechselströme bei Generatorklemmenkurzschlüssen lauten:

Dreipoliger Anfangs-Kurzschlusswechselstrom:

$$I''_{k3} = \frac{c \cdot U_n}{\sqrt{3} \cdot \sqrt{R_g^2 \cdot X_d''^2}}.$$

Zweipoliger Anfangs-Kurzschlusswechselstrom:

$$I''_{k2} = \frac{c \cdot U_n}{\sqrt{\left(2 \cdot R_g\right)^2 + \left(X''_d + X_2\right)^2}}.$$

Einpoliger Anfangs-Kurzschlusswechselstrom:

$$I''_{k1} = \frac{c \cdot \sqrt{3} \cdot U_n}{\sqrt{\left(3 \cdot R_g\right)^2 + \left(X''_d + X_2 + X_0\right)^2}}.$$

Dauerkurzschlussstrom

Die Dauerkurzschlussströme im Niederspannungsnetz sind abhängig von der Erregereinrichtung. Die Werte sind vom Generatorhersteller zu erfragen. Sofern keine Herstellerangaben vorliegen, können für eine überschlägige Berechnung die folgenden Anhaltswerte verwendet werden:

Subtransiente Reaktanz $x''_d = 9\,\% \dots 18\,\%$,

Gegenreaktanz $x_2 = 10\,\% \dots 20\,\%$,

Nullreaktanz $x_0 = 3\,\% \dots 8\,\%$,

Wirkwiderstand $r_g \approx 0{,}15 \cdot x''_d$,

dreipoliger Dauerkurzschlussstrom $I_k \approx 3 \cdot I_n$,

zweipoliger Dauerkurzschlussstrom $I_{k2} \approx 1{,}2 \cdot I_k$,

einpoliger Dauerkurzschlussstrom $I_{k1} \approx 1{,}6(1{,}8) \cdot I_k$.

Die kleineren Reaktanzwerte beziehen sich dabei auf Notstromaggregate, die größeren Reaktanzwerte auf Dauerläufer (z. B. BHKW).

Um abzuschätzen, ob ein Kurzschluss generatorfern oder generatornah ist, wird folgende vereinfachte Überlegung angestellt:

Der überwiegende Anteil am Gesamtblindwiderstand in der Kurzschlussbahn wird von der Generatorreaktanz bestimmt, während bei den Wirkwiderständen die Leitungswiderstände vorherrschen. Dies trifft insbesondere zu bei kleinen Querschnitten. Da Kurzschlüsse am Ende von Leitungen mit kleineren Querschnitten in der Regel generatorferne Kurzschlüsse sind, kann für die Abschätzung, ob ein generatorferner oder generatornaher Kurzschluss vorliegt, folgende Überschlagsrechnung verwendet werden:

$$R_\text{L} \geq \frac{U^2}{S_\text{rG}} \sqrt{0{,}25 - \left(x''_\text{d}\right)};$$

U Außenleiterspannung in V,

S_rG Generatorscheinleistung in kVA,

x''_d subtransiente Reaktanz in %/100.

Beispiel 4g:

Ein Notstromaggregat soll zur konstanten Belastung während des monatlichen Probelaufs parallel mit dem NB-Netz gefahren werden. Der NB fordert in den technischen Anschlussbedingungen, dass bei Überschreiten des – vom Aggregat gelieferten – Stoßkurzschlussstroms von mehr als 700 A im 10-kV-Netz ein Überstromrichtungsrelais eingebaut werden muss. Für eine erste Abschätzung soll der Stoßkurzschlussstrom des Generators überschlägig ermittelt werden.

Generatordaten, dem Leistungsschild entnommen:

$$S_\text{rG} = 630\ \text{kVA}, \quad U = 400\ \text{V}, \quad I = 909\ \text{A}, \quad n_0 = 1\,500\ \text{min}^{-1}.$$

Generatordaten, vom Hersteller abgefragt:

$$x''_\text{d} = 12\ \%, \quad x_2 = 13{,}5\ \%, \quad x_0 = 5\ \%, \quad R_\text{g} = 9\ \text{m}\Omega, \quad I_\text{k} = 2\,800\ \text{A}, \quad I_\text{k1} = 5\,100\ \text{A}.$$

Ermittlung der Reaktanzwerte:

$$X''_\text{d} = \frac{x''_\text{d}}{100\ \%} \cdot \frac{U_\text{n}^2}{S_\text{rG}} = \frac{12\ \%}{100\ \%} \cdot \frac{(400\ \text{V})^2}{630 \cdot 10^3\ \text{VA}} = 0{,}030\,5\ \Omega.$$

Berechnung des Anfangs-Kurzschlusswechselstroms:

$$I''_\text{k3} = \frac{c \cdot U_\text{n}}{\sqrt{3} \cdot \sqrt{R_\text{g}^2 + X''^2_\text{d}}} = \frac{1{,}1 \cdot 400\ \text{V}}{\sqrt{3} \cdot \sqrt{(0{,}009\ \Omega)^2 + (0{,}030\,5\ \Omega)^2}} = 7\,988{,}45\ \text{A}.$$

Berechnung des Stoßkurzschlussstroms:

$$i_\mathrm{p} = \kappa \cdot \sqrt{2} \cdot I''_\mathrm{k}; \quad \frac{R}{X} = \frac{0{,}009\ \Omega}{0{,}030\,5\ \Omega} = 0{,}29: \quad \kappa = 1{,}42 \quad \text{(Bild 4.3)},$$

$$i_\mathrm{p} = 1{,}42 \cdot \sqrt{2} \cdot 7\,262\ \mathrm{A} = 16{,}04\ \mathrm{kA},$$

$$I_\mathrm{k10kV} = \frac{I_\mathrm{k400V}}{25} = \frac{16{,}04\ \mathrm{kA}}{25} = 640\ \mathrm{A}.$$

Ergebnis: Der Stoßkurzschlussstrom liegt unter dem maximal zulässigen Wert. Es sind keine zusätzlichen Maßnahmen erforderlich.

Beispiel 4h:

Für das zuvor beschriebene Aggregat sollen die Anfangs-Kurzschlusswechselströme bei zweipoligem und einpoligem Klemmenkurzschluss ermittelt werden.

Ermitteln der Reaktanzwerte:

$$X_2 = \frac{x_2}{100\,\%} \cdot \frac{U_\mathrm{n}^2}{S_\mathrm{rG}} = \frac{13{,}5\,\%}{100\,\%} \cdot \frac{(400\ \mathrm{V})^2}{630 \cdot 10^3\ \mathrm{VA}} = 0{,}034\,3\ \Omega,$$

$$X_0 = \frac{x_0}{100\,\%} \cdot \frac{U_\mathrm{n}^2}{S_\mathrm{rG}} = \frac{5\,\%}{100\,\%} \cdot \frac{(400\ \mathrm{V})^2}{630 \cdot 10^3\ \mathrm{VA}} = 0{,}012\,7\ \Omega.$$

Berechnung der Anfangs-Kurzschlusswechselströme:

$$I''_\mathrm{k2} = \frac{c \cdot U_\mathrm{n}}{\sqrt{(2 \cdot R_\mathrm{g})^2 + (X''_\mathrm{d} + X_2)^2}}$$

$$= \frac{1 \cdot (400\ \mathrm{V})}{\sqrt{(2 \cdot 0{,}009\ \Omega)^2 + (0{,}030\,5\ \Omega + 0{,}034\,3\ \Omega)^2}} = 5\,948\ \mathrm{A},$$

$$I''_\mathrm{k1} = \frac{c \cdot \sqrt{3} \cdot U_\mathrm{n}}{\sqrt{(3 \cdot R_\mathrm{g})^2 + (X''_\mathrm{d} + X_2 + X_0)^2}}$$

$$= \frac{1 \cdot \sqrt{3} \cdot 400\ \mathrm{V}}{\sqrt{(3 \cdot 0{,}009\ \Omega)^2 + (0{,}030\,5\ \Omega + 0{,}034\,3\ \Omega + 0{,}012\,7\ \Omega)^2}} = 8\,442\ \mathrm{A}.$$

Ergebnis: Der einpolige Anfangs-Kurzschlusswechselstrom liegt bei diesem Beispiel um ca. 16 % über dem dreipoligen Wert. Der Grund hierfür liegt in der sehr kleinen Nullreaktanz des Generators, vergleichbar etwa der Nullreaktanz eines Transformators in Zickzack-Schaltung.

Das bisher angewandte Rechenverfahren nennt man Rechnen mit symmetrischen Komponenten. Um die weiteren Berechnungsschritte nicht zu verkomplizieren, werden für die Berechnung von unsymmetrischen Fehlern einige Vereinfachungen vorgenommen.

Aus den berechneten Klemmenkurzschlussströmen werden Ersatzimpedanzen gebildet.

Ersatzimpedanz dreipolig: $$Z_{\mathrm{G}} = \frac{U}{\sqrt{3} \cdot I''_{\mathrm{k}}} = \frac{400\ \mathrm{V}}{\sqrt{3} \cdot I_{\mathrm{k}}},$$

Ersatzimpedanz zweipolig: $$Z_{\mathrm{G2}} = \frac{U}{I''_{\mathrm{k2}}} = \frac{400\ \mathrm{V}}{I''_{\mathrm{k2}}},$$

Ersatzimpedanz einpolig: $$Z_{\mathrm{G1}} = \frac{U}{\sqrt{3} \cdot I''_{\mathrm{k1}}} = \frac{400\ \mathrm{V}}{\sqrt{3} \cdot I''_{\mathrm{k1}}}.$$

Diese Ersatzimpedanzen werden zu den Leitungsreaktanzen bzw. Transformatorreaktanzen arithmetisch addiert.

Beispiel 4i:

Der Generator aus den vorgenannten Beispielen versorgt bei Netzausfall über zwei 250 m lange Parallelkabel NYCWY $2 \times (3 \times 120/70)\ \mathrm{mm}^2$ eine Schaltanlage für Raumlufttechnik. Die Kabel sind über eine gemeinsame Leitungsschutzsicherung 400 A gG abgesichert. Die Netzform ist TN-C. Es soll überprüft werden, ob der Schutz gegen gefährliche Körperströme gewährleistet ist.

Um den Schutz gegen gefährliche Körperströme zu gewährleisten, muss bei einem Körperschluss am Ende der Leitung ein Kurzschlussstrom zum Fließen kommen, der die 400-A-Sicherung in weniger als 5 s auslöst.

Ermittlung der Ersatzreaktanz:

$$Z_{\mathrm{G1}} = \frac{c \cdot U}{\sqrt{3} \cdot I''_{\mathrm{k1}}} = \frac{0{,}9 \cdot 400\ \mathrm{V}}{\sqrt{3} \cdot 8\,442\ \mathrm{A}} = 0{,}024\,6\ \Omega.$$

Bestimmung der Leitungsimpedanzen:

$$R_\mathrm{L} = 1{,}24 \cdot \frac{l}{\kappa \cdot S} = 1{,}24 \cdot \frac{250\ \mathrm{m}}{54\ \frac{\mathrm{m}}{\Omega\,\mathrm{mm}^2} \cdot 120\ \mathrm{mm}^2} = 0{,}047\,8\ \Omega,$$

$$R_\mathrm{PEN} = 1{,}24 \cdot \frac{l}{\kappa \cdot S} = 1{,}24 \cdot \frac{250\ \mathrm{m}}{54\ \frac{\mathrm{m}}{\Omega\,\mathrm{mm}^2} \cdot 70\ \mathrm{mm}^2} = 0{,}082\,0\ \Omega,$$

$$X_\mathrm{L} \approx X_\mathrm{PEN} \approx 0{,}08\ \frac{\mathrm{m}\Omega}{\mathrm{m}} \cdot 250\ \mathrm{m} \approx 0{,}020\,0\ \Omega,$$

$$Z_\mathrm{k} = \sqrt{\left(\frac{R_\mathrm{L} + R_\mathrm{PEN}}{2}\right)^2 + \left(Z_\mathrm{G} + \frac{X_\mathrm{L} + X_\mathrm{PEN}}{2}\right)^2}$$

$$= \sqrt{\left(\frac{0{,}047\,8\ \Omega + 0{,}082\ \Omega}{2}\right)^2 + \left(0{,}024\,6\ \Omega + \frac{0{,}02\ \Omega + 0{,}02\ \Omega}{2}\right)^2}.$$

(Parallelkabel)

$$Z_\mathrm{k} = 0{,}034\ \Omega,$$

$$I_\mathrm{k1} = \frac{c \cdot U}{\sqrt{3} \cdot Z_\mathrm{k}} = \frac{0{,}9 \cdot 400\ \mathrm{V}}{\sqrt{3} \cdot 0{,}034\ \Omega} = 6\,113{,}12\ \mathrm{A}.$$

Die Ausschaltzeit einer Leitungsschutzsicherung $I_\mathrm{n} = 400$ A gG beträgt bei 6 113,12 A 0,1 s.

Ergebnis: Der Schutz gegen gefährliche Körperströme ist gegeben.

Beispiel 4j:

Die Stromversorgung eines Verwaltungsgebäudes ist gemäß nachstehender Skizze ausgeführt (Ausschnitt). Im ungestörten Betrieb erfolgt die Versorgung über zwei parallel geschaltete Transformatoren mit einer Scheinleistung von je 630 kVA. Bei Störungen in der NB-Einspeisung übernimmt ein automatisch anlaufendes Ersatzstromaggregat die Versorgung von betriebswichtigen Verbrauchern, die an einer Notschiene angeschlossen sind. In der Klimaverteilung RLT erfolgt bei Ersatzstrombetrieb durch die Gebäudeleittechnik eine Leistungsreduzierung. Die Netzform ist das TN-S-System.

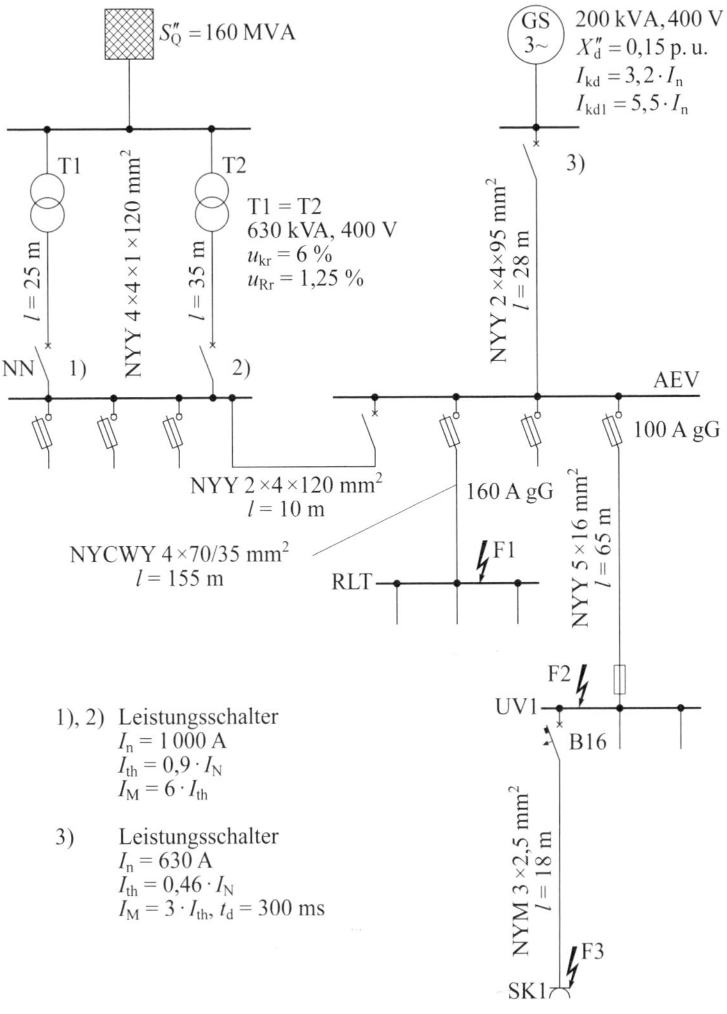

Es sind die Schutzmaßnahmen gegen gefährliche Körperströme zu untersuchen.

1. Berechnung der einpoligen Kurzschlussströme bei Netzbetrieb

Die kleinsten einpoligen Kurzschlussströme ergeben sich bei Betrieb nur eines Transformators. Wegen der längeren Zuleitung wird Transformator T2 gewählt.

Bestimmung der Impedanzen

Vorgelagertes Netz:

$$Z_Q \cong X_Q \cong \frac{U^2}{S''_{kQ}} = \frac{(400\ \text{V})^2}{160\ \text{VA} \cdot 10^6}; \quad x_Q = 1\ \text{m}\Omega.$$

Transformator:

$$Z_T = \frac{6\ \%}{100\ \%} \cdot \frac{(400\ \text{V})^2}{630\ \text{kVA}} = 15{,}2\ \text{m}\Omega,$$

$$R_T = \frac{1{,}25\ \%}{100\ \%} \cdot \frac{(400\ \text{V})^2}{630\ \text{kVA}} = 3{,}2\ \text{m}\Omega,$$

$$X_T = \sqrt{Z_T^2 - R_T^2} = \sqrt{(15{,}2\ \text{m}\Omega)^2 - (3{,}2\ \text{m}\Omega)^2} = 14{,}9\ \text{m}\Omega.$$

Leitungen:

Anmerkung: Bei den Einzeladerkabeln wird näherungsweise mit den gleichen Werten wie bei Mehraderkabeln gerechnet.

Transformator – NSHV-NN, $l = 35$ m:

$$R_L = 1{,}24 \cdot \frac{35\ \text{m}}{54\ \frac{\text{m}}{\Omega\,\text{mm}^2} \cdot 120\ \text{mm}^2 \cdot 4} = 1{,}7\ \text{m}\Omega,$$

$$R_{PEN} = 1{,}24 \cdot \frac{35\ \text{m}}{54\ \frac{\text{m}}{\Omega\,\text{mm}^2} \cdot 120\ \text{mm}^2 \cdot 4} = 1{,}7\ \text{m}\Omega,$$

$$X_L \cong X_{PEN} \cong \frac{0{,}08\ \frac{\text{m}\Omega}{\text{m}} \cdot 35\ \text{m}}{4} = 0{,}7\ \text{m}\Omega.$$

NSHV-NN – AEV, $l = 10$ m:

$$R_{\mathrm{L}} = 1{,}24 \cdot \frac{10\ \mathrm{m}}{54\ \frac{\mathrm{m}}{\Omega\,\mathrm{mm}^2} \cdot 120\ \mathrm{mm}^2 \cdot 2} = 0{,}96\ \mathrm{m}\Omega,$$

$$R_{\mathrm{PEN}} = 1{,}24 \cdot \frac{10\ \mathrm{m}}{54\ \frac{\mathrm{m}}{\Omega\,\mathrm{mm}^2} \cdot 120\ \mathrm{mm}^2 \cdot 2} = 0{,}96\ \mathrm{m}\Omega,$$

$$X_{\mathrm{L}} \cong X_{\mathrm{PEN}} \cong \frac{0{,}08\ \frac{\mathrm{m}\Omega}{\mathrm{m}} \cdot 10\ \mathrm{m}}{2} = 0{,}4\ \mathrm{m}\Omega.$$

AEV – RLT, $l = 155$ m:

$$R_{\mathrm{L}} = 1{,}24 \cdot \frac{155\ \mathrm{m}}{54\ \frac{\mathrm{m}}{\Omega\,\mathrm{mm}^2} \cdot 70\ \mathrm{mm}^2 \cdot 2} = 50{,}8\ \mathrm{m}\Omega,$$

$$R_{\mathrm{PE}} = 1{,}24 \cdot \frac{155\ \mathrm{m}}{54\ \frac{\mathrm{m}}{\Omega\,\mathrm{mm}^2} \cdot 35\ \mathrm{mm}^2} = 101{,}7\ \mathrm{m}\Omega,$$

$$X_{\mathrm{L}} \cong X_{\mathrm{PE}} \cong 0{,}08\ \frac{\mathrm{m}\Omega}{\mathrm{m}} \cdot 155\ \mathrm{m} = 12{,}4\ \mathrm{m}\Omega.$$

AEV – UV 1, $l = 65$ m:

$$R_{\mathrm{L}} = 1{,}24 \cdot \frac{65\ \mathrm{m}}{54\ \frac{\mathrm{m}}{\Omega\,\mathrm{mm}^2} \cdot 16\ \mathrm{mm}^2} = 93{,}3\ \mathrm{m}\Omega,$$

$$R_{\mathrm{PE}} = 1{,}24 \cdot \frac{65\ \mathrm{m}}{54\ \frac{\mathrm{m}}{\Omega\,\mathrm{mm}^2} \cdot 16\ \mathrm{mm}^2} = 93{,}3\ \mathrm{m}\Omega,$$

$$X_{\mathrm{L}} \cong X_{\mathrm{PE}} \cong 0{,}08\ \frac{\mathrm{m}\Omega}{\mathrm{m}} \cdot 65\ \mathrm{m} = 5{,}2\ \mathrm{m}\Omega.$$

UV 1 – SK 1, $l = 18$ m:

$$R_\mathrm{L} = 1{,}24 \cdot \frac{18\ \mathrm{m}}{54\ \dfrac{\mathrm{m}}{\Omega\,\mathrm{mm}^2} \cdot 2{,}5\ \mathrm{mm}^2} = 165\ \mathrm{m}\Omega,$$

$$R_\mathrm{PE} = 1{,}24 \cdot \frac{18\ \mathrm{m}}{54\ \dfrac{\mathrm{m}}{\Omega\,\mathrm{mm}^2} \cdot 2{,}5\ \mathrm{mm}^2} = 165\ \mathrm{m}\Omega,$$

$$X_\mathrm{L} \cong X_\mathrm{PE} \cong 0{,}08\ \frac{\mathrm{m}\Omega}{\mathrm{m}} \cdot 18\ \mathrm{m} = 1{,}4\ \mathrm{m}\Omega.$$

Berechnung der Kurzschlussströme

Fehlerstelle F1 (RLT):

$$R_\mathrm{k} = (3{,}2 + 1{,}7 + 1{,}7 + 0{,}96 + 0{,}96 + 50{,}8 + 101{,}7)\ \mathrm{m}\Omega = 161\ \mathrm{m}\Omega,$$

$$X_\mathrm{k} = (1{,}0 + 14{,}9 + 0{,}7 + 0{,}7 + 0{,}4 + 0{,}4 + 12{,}4 + 12{,}4)\ \mathrm{m}\Omega = 42{,}9\ \mathrm{m}\Omega,$$

$$Z_\mathrm{k} = \sqrt{(161\ \mathrm{m}\Omega)^2 + (42{,}9\ \mathrm{m}\Omega)^2} = 166{,}6\ \mathrm{m}\Omega,$$

$$I''_\mathrm{k22} = \frac{0{,}9 \cdot 400\ \mathrm{V}}{\sqrt{3} \cdot 166{,}6\ \mathrm{m}\Omega} = 1\,247{,}61\ \mathrm{A}.$$

Fehlerstelle F2 (UV 1):

$$R_\mathrm{k} = (3{,}2 + 1{,}7 + 1{,}7 + 0{,}96 + 0{,}96 + 93{,}3 + 93{,}3)\ \mathrm{m}\Omega = 195{,}1\ \mathrm{m}\Omega,$$

$$X_\mathrm{k} = (1{,}0 + 14{,}9 + 0{,}7 + 0{,}7 + 0{,}4 + 0{,}4 + 5{,}2 + 5{,}2)\ \mathrm{m}\Omega = 28{,}5\ \mathrm{m}\Omega,$$

$$Z_\mathrm{k} = \sqrt{(195{,}1\ \mathrm{m}\Omega)^2 + (28{,}5\ \mathrm{m}\Omega)^2} = 197{,}2\ \mathrm{m}\Omega,$$

$$I''_\mathrm{k22} = \frac{0{,}9 \cdot 400\ \mathrm{V}}{\sqrt{3} \cdot 197{,}2\ \mathrm{m}\Omega} = 1{,}05\ \mathrm{kA}.$$

Fehlerstelle F3 (SK 1):

$$R_k = R_{k\,F2} + (165 + 165)\ \text{m}\Omega = 525{,}1\ \text{m}\Omega,$$

$$X_k = X_{k\,F2} + (1{,}4 + 1{,}4)\ \text{m}\Omega = 31{,}3\ \text{m}\Omega,$$

$$Z_k = \sqrt{(525{,}1\ \text{m}\Omega)^2 + (31{,}3\ \text{m}\Omega)^2} = 526\ \text{m}\Omega,$$

$$I''_{k22} = \frac{0{,}9 \cdot 400\ \text{V}}{\sqrt{3} \cdot 526\ \text{m}\Omega} = 395{,}14\ \text{A}.$$

2. Berechnung der einpoligen Kurzschlussströme bei Generatorbetrieb

Die kleinsten einpoligen Kurzschlussströme ergeben sich im stationären Zustand. Es genügt deshalb die Berechnung der Dauerkurzschlussströme.

Bestimmung der Impedanz

Generator:

$$I_r = \frac{200\ \text{VA} \cdot 10^3}{\sqrt{3} \cdot 400\ \text{V}} = 289\ \text{A}; \quad I''_{k1} = (5{,}5 \cdot I_r) = 1\,588\ \text{A},$$

$$Z_{G1} \cong X_{G1} = \frac{0{,}95 \cdot 400\ \text{V}}{\sqrt{3} \cdot 1\,588\ \text{A}} = 138\ \text{m}\Omega.$$

Leitung Generator – AEV, $l = 28$ m:

$$R_L = 1{,}24 \cdot \frac{28\ \text{m}}{54\ \frac{\text{m}}{\Omega\,\text{mm}^2} \cdot 95\ \text{mm}^2 \cdot 2} = 3{,}4\ \text{m}\Omega,$$

$$R_{PEN} = 1{,}24 \cdot \frac{28\ \text{m}}{54\ \frac{\text{m}}{\Omega\,\text{mm}^2} \cdot 95\ \text{mm}^2 \cdot 2} = 3{,}4\ \text{m}\Omega,$$

$$X_L \cong X_{PE} \cong \frac{0{,}08\ \frac{\text{m}\Omega}{\text{m}} \cdot 28\ \text{m}}{2} = 1{,}1\ \text{m}\Omega.$$

Berechnung der Kurzschlussströme

Ermittlung Leitungsimpedanz, ab der der generatornahe in den generatorfernen Kurzschluss übergeht:

Es gilt: $R_\mathrm{L} \geq \frac{U^2}{S_\mathrm{G}} \sqrt{0,25 - \left(x''_\mathrm{d}\right)^2}$,

$$R_\mathrm{L} \geq \frac{(400\ \mathrm{V})^2}{200\ \mathrm{kVA}} \sqrt{0,25 - (0,15)^2} = 382\ \mathrm{m\Omega}.$$

Fehlerstelle F1 (RLT):

$$R_\mathrm{k} = (3,4 + 3,4 + 50,8 + 101,7)\ \mathrm{m\Omega} = 159,3\ \mathrm{m\Omega},$$

$$X_\mathrm{k} = (138 + 1,1 + 1,1 + 12,4 + 12,4)\ \mathrm{m\Omega} = 165\ \mathrm{m\Omega},$$

$$Z_\mathrm{k} = \sqrt{(159,3\ \mathrm{m\Omega})^2 + (165\ \mathrm{m\Omega})^2} = 166,6\ \mathrm{m\Omega},$$

$$I''_\mathrm{k22} = \frac{0,9 \cdot 400\ \mathrm{V}}{\sqrt{3} \cdot 229\ \mathrm{m\Omega}} = 907,62\ \mathrm{A}.$$

Fehlerstelle F2 (UV 1):

$$R_\mathrm{k} = (3,4 + 3,4 + 93,3 + 93,3)\ \mathrm{m\Omega} = 193,4\ \mathrm{m\Omega},$$

$$X_\mathrm{k} = (138 + 1,1 + 1,1 + 5,2 + 5,2)\ \mathrm{m\Omega} = 150,6\ \mathrm{m\Omega},$$

$$Z_\mathrm{k} = \sqrt{(193,4\ \mathrm{m\Omega})^2 + (150,6\ \mathrm{m\Omega})^2} = 245\ \mathrm{m\Omega},$$

$$I''_\mathrm{k22} = \frac{0,9 \cdot 400\ \mathrm{V}}{\sqrt{3} \cdot 245\ \mathrm{m\Omega}} = 848,35\ \mathrm{A}.$$

Fehlerstelle F3 (SK 1):

$$R_\mathrm{k} = R_\mathrm{k\,F2} + (165 + 165)\ \mathrm{m\Omega} = 523,4\ \mathrm{m\Omega},$$

$$X_\mathrm{k} = X_\mathrm{k\,F2} + (1,4 + 1,4)\ \mathrm{m\Omega} = 153,4\ \mathrm{m\Omega},$$

$R_\mathrm{k} \geq 382\ \mathrm{m\Omega} \;\Rightarrow\;$ Kurzschluss ist generatorfern; es gilt: $I''_\mathrm{k} = I_\mathrm{a} = I_\mathrm{k}$.

Berechnung der Generatorersatzimpedanz:

einpoliger Klemmenkurzschlussstrom (lt. Herstellerangabe): 2 100 A

$$Z_{\mathrm{G1}} \cong X_{\mathrm{G1}} = \frac{U}{\sqrt{3} \cdot I_{\mathrm{k1}}} = \frac{400\ \mathrm{V}}{\sqrt{3} \cdot 2\,100\ \mathrm{A}} = 110\ \mathrm{m\Omega},$$

$$R_{\mathrm{k}} = R_{\mathrm{k\,F2}} + (165 + 165)\ \mathrm{m\Omega} = 523{,}4\ \mathrm{m\Omega},$$

$$X_{\mathrm{k}} = (110 + 1{,}1 + 1{,}1 + 5{,}2 + 5{,}2 + 1{,}4 + 1{,}4)\ \mathrm{m\Omega} = 125\ \mathrm{m\Omega},$$

$$Z_{\mathrm{k}} = \sqrt{(523{,}4\ \mathrm{m\Omega})^2 + (125\ \mathrm{m\Omega})^2} = 538\ \mathrm{m\Omega},$$

$$I''_{\mathrm{k22}} = \frac{0{,}9 \cdot 400\ \mathrm{V}}{\sqrt{3} \cdot 538\ \mathrm{m\Omega}} = 386{,}33\ \mathrm{A}.$$

Zusammenstellung der Ergebnisse:

Fehlerstelle	**Netzbetrieb**	**Generator-betrieb**	**Abweichung (Netzbetrieb 100 %)**	**Erforderlicher Kurzschlussstrom**
RLT (160 A gG)	1 317 A	907,62 A	–27 %	1 000 A
UV 1 (100 A gG)	1 113 A	848,35 A	–20 %	575 A
SK 1 (B 16)	417 A	386,33 A	–2,2 %	80 A

Man erkennt, dass bei Generatorbetrieb die kritischen Fehlerstellen nicht am Ende langer Leitungen liegen, sondern im Steigleitungsnetz. Besonders kritisch sind Abgänge mit großen Sicherungsnennströmen.

Im vorliegenden Beispiel ist der Schutz gegen gefährliche Körperströme für die Verteilung RLT nicht durch den Sicherungsabgang gegeben, sondern durch den Generatorschalter.

5 Spannungsfall auf elektrischen Kabeln und Leitungen DIN VDE 0100-520, DIN 18015-1

5.1 Grundsätze für die Ermittlung des Spannungsfalls

Der maximal zulässige Spannungsfall ist abhängig von der Art der Einspeisung der elektrischen Anlage. Es wird unterschieden zwischen

- einer Versorgung durch ein öffentliches Energieversorgungsnetz (Netzbetreiber). Im Allgemeinen gilt hier der Spannungsfall ab dem Hausanschlusskasten (HAK) nach DIN VDE 0100-520 von 4 % und nach DIN 18015-1 von HAK bis zum Zählerplatz 0,5 % und ab dem Zählerplatz bis zum Verbraucher 3 %. Es ist vorgesehen bei DIN 18015-1 den maximal zulässigen Spannungsfall auf 3,5 % zu erhöhen;
- einer Versorgung durch ein privates Energieversorgungsnetz.

Das private Energieversorgungsnetz beginnt ab dem Netzanschlusspunkt (NAP), d. h. ab dem Punkt, ab dem die Kundenanlage über den Netzanschluss an das Netz der allgemeinen Versorgung angeschlossen ist. Das private Energieversorgungsnetz kann z. B. Industrie, PV-Anlage, BHKW, Brennstoffzelle, Netztransformatoren als Energiequellen enthalten. Der Spannungsfall sollte im gesamten Niederspannungsnetz nach DIN VDE 0100-520:2023-06, Anhang G, 8 % nicht übersteigen. Die Aufteilung erfolgt in privatrechtlicher Vereinbarung.

Bei der Bemessung von Kabeln und Leitungen ist der für die daran angeschlossenen Betriebsmittel zulässige Spannungsfall zu berücksichtigen. Nach DIN VDE 0100-520:2023-06, Anhang G, Tabelle G.52.1 soll der Spannungsfall berechnet werden. Als Verbraucheranlage gilt die Gesamtheit aller elektrischen Betriebsmittel hinter dem Hausanschlusskasten oder, wo dieser nicht benötigt wird, hinter den Ausgangsklemmen der letzten Verteilung vor den Verbrauchsmitteln.

Für Wohngebäude gilt die in der DIN 18015-1 getroffene Festlegung. Danach soll der Spannungsfall in der elektrischen Anlage hinter der Messeinrichtung (Zählerplatz) 3 % nicht überschreiten.

Zusätzlich fordert die Netzanschlussverordnung (NAV), dass der Spannungsfall in den Leitungen vom Hausanschluss bis zu den Zählern 0,5 % nicht überschreiten darf.

Wenn keine anderen Festlegungen existieren, sollte der Spannungsfall ab Hausanschlusskasten (HAK) bis zum Anschlusspunkt eines elektrischen Verbrauchsmittels (Steckdose oder Klemme für Festanschluss) nach DIN VDE 0100-520:2023-06, Abschnitt 525 nicht größer als 4 % der Nennspannung des Netzes sein.

Anmerkung 1: Abweichende Werte sind zulässig für Motoren während des Anlaufs und Verbrauchsmittel mit hohen Einschaltströmen. Kurzzeitige Effekte wie transiente Überspannungen und Überspannungen bei gestörtem Betrieb dürfen vernachlässigt werden.

Bei der Berechnung des Spannungsfalls ist die Leitertemperatur zu berücksichtigen, die sich am Leiter bei normalen Betriebsbedingungen ergibt. Die dauernd zulässige Betriebstemperatur der meist verwendeten PVC-Leitungen beträgt 70 °C. In der Regel werden die Leiter mit etwas niedrigeren Temperaturen betrieben, sodass sich, wenn keine genaueren Angaben vorliegen, eine Berechnung mit einer Leitertemperatur von 50 °C empfiehlt. Es gilt:

$$R_{50} = \left[1 + 0{,}004\ \mathrm{K}^{-1}\left(50\ °\mathrm{C} - 20\ °\mathrm{C}\right)\right] \cdot R_{20} = 1{,}12 \cdot R_{20}.$$

Bei den folgenden Berechnungsmethoden wurde grundsätzlich eine Leitertemperatur von 50 °C zugrunde gelegt.

5.2 Spannungsfall bei Gleichstrom

Der Spannungsfall auf der Leitung errechnet sich aus dem Leiterwiderstand, multipliziert mit dem Strom, der den Leiter durchfließt:

$$\Delta U = R_{50} \cdot I \quad \text{in V};$$

$$\Delta u = 100\,\frac{\Delta U}{U_\mathrm{n}} \quad \text{in \%};$$

$$R_{50} = 1{,}12 \cdot R_{20} = 1{,}12 \cdot \frac{2 \cdot l}{\kappa \cdot S} = \frac{2{,}24 \cdot l}{\kappa \cdot S} \quad \text{in } \Omega. \tag{5.1}$$

l Länge der Leiterschleife in m,

l einfache Leitungslänge in m,

S Leiterquerschnitt in mm^2,

I Nennstrom des Verbrauchers oder der Überstrom-Schutzeinrichtung in A,

U_n Nennspannung in V.

$$\Delta U = \frac{2{,}24\, l \cdot I}{\kappa \cdot S} \quad \text{in V;}$$

$$\Delta u = \frac{224 \cdot l \cdot I}{\kappa \cdot S \cdot U_{\mathrm{n}}} \quad \text{in \%;} \tag{5.2}$$

$$l = \frac{\Delta u \cdot \kappa \cdot S \cdot U_{\mathrm{n}}}{224 \cdot I} \quad \text{in m.}$$

Beispiel 5a:

Wie hoch ist der Spannungsfall in % auf einer Stromkrcisleitung für eine Sicherheitsbeleuchtung, die mit 24 V Gleichstrom betrieben wird? Der Anlagenaufbau ist aus der Skizze zu entnehmen.

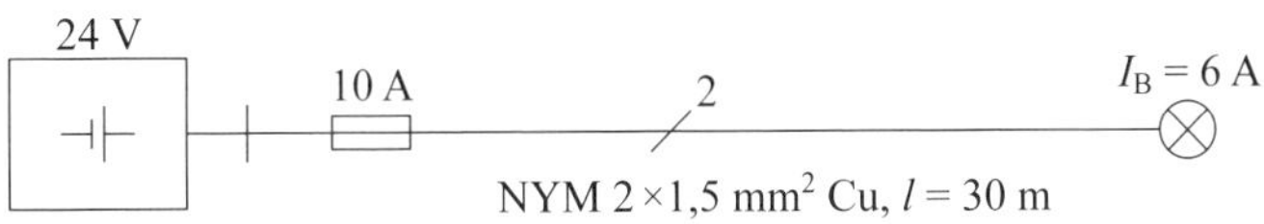

Rechengang:

$$\Delta u = \frac{224 \cdot l \cdot I_{\mathrm{B}}}{\kappa \cdot S \cdot U_{\mathrm{n}}} = \frac{224 \cdot 30\ \mathrm{m} \cdot 6\ \mathrm{A}}{54\ \frac{\mathrm{m}}{\Omega\, \mathrm{mm}^2} \cdot 1{,}5\ \mathrm{mm}^2 \cdot 24\ \mathrm{V}} = 20{,}7\ \%.$$

Ergebnis: Das Beispiel zeigt, dass bei kleineren Nennspannungen sehr schnell der in DIN VDE 0100-520 vorgegebene Spannungsfall von 4 % überschritten wird. Bei größeren Leitungslängen empfiehlt sich deshalb eine höhere Nennspannung.

Beispiel 5b:

Gegeben ist eine 25-m-Leitung aus Kupfer. Der Verbraucherstrom beträgt 5 A. Durch eine 25 m lange Leitung aus Kupfer fließt ein Gleichstrom von 5 A. Wie groß ist der Spannungsfall bei einem Querschnitt von 1,5 mm^2 und wie viel Prozent sind das von der Nennspannung 12 V?

Gegeben:

$l = 25$ m,

$$\kappa = 56\ \frac{\mathrm{m}}{\Omega\, \mathrm{mm}^2},$$

$I = 5$ A,

$U = 12$ V

Gesucht:

ΔU in V und %

Lösung:

$$\Delta U = \frac{2 \cdot l \cdot I}{\kappa \cdot A}$$

$$\Delta U = \frac{2 \cdot 25 \text{ m} \cdot 5 \text{ A}}{56 \frac{\text{m}}{\Omega \text{mm}^2} \cdot 1{,}5 \text{ mm}^2}$$

$\Delta U = 2{,}97$ V

$$\Delta u\ \% = \frac{2{,}97 \text{ V} \cdot 100}{12 \text{ V}} = 24{,}75\ \%$$

Beispiel 5c:

Über eine 25 m lange Kupferleitung soll eine Leistung von 500 W übertragen werden. Die Leistungsverluste sollen 5 % nicht übersteigen. Wie groß muss der Querschnitt gewählt werden, wenn die Nennspannung 24 V beträgt?

Gegeben:

$l = 25$ m,

$$\kappa = 56 \frac{\text{m}}{\Omega \text{mm}^2},$$

$U = 24$ V,

$P = 500$ W,

$P_V = 5$ % von 500 W = 25 W

Gesucht:

A

Lösung:

$$P_V = \frac{2 \cdot l \cdot I^2}{\kappa \cdot A} \quad \text{oder} \quad A = \frac{2 \cdot l \cdot I^2}{\kappa \cdot P_V}$$

$$I = \frac{P}{U} = \frac{500\ \text{W}}{24\ \text{V}} = 20{,}83\ \text{A}$$

$$A = \frac{2 \cdot 25 \cdot (20{,}83\ \text{A})^2}{56 \frac{\text{m}}{\Omega\,\text{mm}^2}}$$

$A = 15{,}5\ \text{mm}^2$, gewählt: $A = 16\ \text{mm}^2$

5.3 Spannungsfall bei Wechselstrom

Wechselstromverbraucher werden meist über Kabel und Leitungen $\leq 50\ \text{mm}^2$ Cu versorgt. Unter diesen Voraussetzungen kann der Blindwiderstand der Kabel und Leitungen vernachlässigt werden, was den folgenden Formeln zugrunde liegt.

Ist zudem der $\cos\varphi$ der Stromverbraucher gleich 1 (rein ohmsche Verbraucher) oder ist der $\cos\varphi$ der Stromverbraucher nicht bekannt, so können die gleichen Formeln wie unter 5.2 (Spannungsfall bei Gleichstrom) für die Ermittlung des Spannungsfalls angewandt werden.

Andernfalls gilt:

$$\Delta U = R_{50} \cdot I \cdot \cos\varphi = \frac{2{,}24 \cdot l \cdot I \cdot \cos\varphi}{\kappa \cdot S} \quad \text{in V}, \tag{5.3}$$

$$\Delta u = 100 \frac{\Delta U}{U_n} = \frac{224 \cdot l \cdot I \cdot \cos\varphi}{\kappa \cdot S \cdot U_n} \quad \text{in \%}, \tag{5.4}$$

$$l = \frac{\Delta u \cdot \kappa \cdot S \cdot U_n}{224 \cdot I \cdot \cos\varphi} \quad \text{in m}.$$

Beispiel 5d:

Ein 230 V Wechselstrommotor mit einem Nennstrom von 16 A und einem $\cos\varphi$ von 0,8 wird über eine 30 m lange Leitung, NYM 3 × 1,5 mm² Cu, versorgt.

Wie groß ist der Spannungsfall auf dieser Leitung?

Rechengang:

$$\Delta U = \frac{2{,}24 \cdot l \cdot I \cdot \cos\varphi}{\kappa \cdot S} = \frac{2{,}24 \cdot 30\ \text{m} \cdot 16\ \text{A} \cdot 0{,}8}{54\ \frac{\text{m}}{\Omega\,\text{mm}^2} \cdot 1{,}5\ \text{mm}^2} = 10{,}62\ \text{V},$$

$$\Delta u = 100\,\frac{\Delta U}{U_\text{n}} = 100\,\frac{10{,}62\ \text{V}}{230\ \text{V}} = 4{,}62\ \%.$$

Ergebnis: Der von DIN VDE 0100-520 vorgegebene Richtwert von maximal 4 % wird im vorliegenden Beispiel geringfügig überschritten. Es empfiehlt sich deshalb, den Leiterquerschnitt um eine Stufe höher zu wählen.

Beispiel 5e:

Ein Elektroherd, 230 V, mit einer Anschlussleistung von 4,6 kW wird über eine Leitung, NIFY 3 × 2,5 mm² Cu, versorgt.

Wie lang darf diese Leitung maximal sein, um den nach DIN 18015 zulässigen Spannungsfall von 3 % nicht zu überschreiten und somit ab Stromkreisverteiler in der Wohnung noch etwa 2,5 % zur Verfügung stehen?

Rechengang:

$$I = \frac{P}{U \cdot \cos\varphi} = \frac{4\,600\ \text{W}}{230\ \text{V} \cdot 1} = 20\ \text{A},$$

$$l = \frac{\Delta u \cdot \kappa \cdot S \cdot U_\text{n}}{224 \cdot I \cdot \cos\varphi} = \frac{2{,}5 \cdot 54\ \frac{\text{m}}{\Omega\,\text{mm}^2} \cdot 2{,}5\ \text{mm}^2 \cdot 230\ \text{V}}{224 \cdot 20\ \text{A} \cdot 1} = 17{,}3\ \text{m}.$$

Wie stark müsste der Leiterquerschnitt eines Kupferleiters sein, um bei einer erforderlichen Leitungslänge von 25 m den zulässigen Spannungsfall nicht zu überschreiten?

Rechengang:

$$S = \frac{224 \cdot l \cdot I \cdot \cos\varphi}{u \cdot \kappa \cdot U_{\mathrm{n}}} = \frac{224 \cdot 25\ \mathrm{m} \cdot 20\ \mathrm{A} \cdot 1}{2{,}5 \cdot 54\ \frac{\mathrm{m}}{\Omega\,\mathrm{mm}^2} \cdot 230\ \mathrm{V}} = 3{,}6\ \mathrm{mm}^2\ \mathrm{Cu}\,.$$

Ergebnis: Zu wählen ist der nächst höhere Normquerschnitt, dies wäre 4 mm^2 Cu.

Beispiel 5f:

Eine Wohnung bezieht über ein 150-m-Kabel 3 kW Leistung. Welchen Querschnitt muss die Zuleitung haben, wenn der Spannungsfall 4 % nicht überschreiten soll?

Gegeben:

$U = 230$ V,

$\Delta U = 4$ % von 230 V = 9,2 V,

$P = 3$ kW = 3 000 W,

$l = 150$ m,

$$\kappa = 56\ \frac{\mathrm{m}}{\Omega\,\mathrm{mm}^2}$$

Lösung:

$$A = \frac{2 \cdot l \cdot P}{\kappa \cdot A} = \frac{2 \cdot 150\ \mathrm{m} \cdot 3\,000\ \mathrm{W}}{56\ \frac{\mathrm{m}}{\Omega\,\mathrm{mm}^2} \cdot 9{,}2\ \mathrm{V} \cdot 230\ \mathrm{V}} = 7{,}6\ \mathrm{mm}^2, \quad \text{gewählt } A = 10\ \mathrm{mm}^2$$

Beispiel 5g:

Durch eine 45 m lange Verlängerungsleitung von 2,5 mm^2 wird ein Motor gespeist. Er nimmt an 230 V/50 Hz einen Strom von 11,3 A auf, bei einem $\cos\varphi$ von 0,7. Wie groß ist der Spannungsfall?

Gegeben:

$U = 230$ V/50 Hz,

$A = 2{,}5\ \text{mm}^2$,

$I = 11{,}3$ A,

$\cos\varphi = 0{,}7$,

$\kappa = 56 \dfrac{\text{m}}{\Omega\,\text{mm}^2}$,

$l = 45$ m

Lösung:

$$U_\text{V} = \frac{2 \cdot l \cdot I \cdot \cos\varphi}{\kappa \cdot A}$$

$$\Delta U = \frac{2 \cdot 45\ \text{m} \cdot 11{,}3\ \text{A} \cdot 0{,}7}{56 \dfrac{\text{m}}{\Omega\,\text{mm}^2} \cdot 2{,}5\ \text{mm}^2} = 5\ \text{V}$$

mit $\cos\varphi = 1$ (z. B. Heizgerät) beträgt der Spannungsfall

$$U_\text{V} = \frac{2 \cdot 45\ \text{m} \cdot 11{,}3\ \text{A} \cdot 1}{56 \dfrac{\text{m}}{\Omega\,\text{mm}^2}} = 7{,}26\ \text{V}$$

Ergebnis:

Der Spannungsfall ΔU steigt, je größer der $\cos\varphi$ wird. Er ist am größten bei ohmscher Last und praktisch null bei reiner Blindlast.

Beispiel 5h:

Ein 230-V-Wechselstrommotor wird durch eine 200 m lange Leitung aus Kupfer angeschlossen. Wie groß sind die Verluste auf der 1,5-mm²-Leitung, wenn die Leistung des Motors 2 kW bei $\eta = 0{,}85$ und $\cos\varphi = 0{,}8$ beträgt?

Gegeben:

$U = 230$ V,

$A = 4\ \text{mm}^2$,

$l = 250$ m,

$P = 2{,}2$ kW,

$\kappa = 56\ \frac{\text{m}}{\Omega\,\text{mm}^2}$,

$\eta = 0{,}85$,

$\varphi = 0{,}81$

Lösung:

Auf Motoren steht immer als Nennleistung die abgegebene Leistung. Für die Leistungsberechnung wird aber die zugeführte Leistung benötigt.

$$P_{\text{zu}} = \frac{P_{\text{ab}}}{\eta} = \frac{2\,200\ \text{W}}{0{,}85} = 2\,588{,}23\ \text{W}$$

$$P_{\text{V}} = \frac{2 \cdot l \cdot P^2}{\kappa \cdot A \cdot U^2 \cdot \cos\varphi^2}$$

$$P_{\text{V}} = \frac{2 \cdot 200\ \text{m} \cdot (2\,588{,}23\ \text{W})^2}{56\ \frac{\text{m}}{\Omega\,\text{mm}^2} \cdot 4\ \text{mm}^2 \cdot (230\ \text{V})^2 \cdot 0{,}81^2} = 344{,}66\ \text{W}$$

$$P_{\text{V}}\ (\%) = \frac{344{,}66\ \text{W} \cdot 100\ \%}{2\,588{,}23\ \text{W}} = 13{,}31\ \%$$

Spannungsfall:

$$\Delta U = \frac{2 \cdot l \cdot P}{\kappa \cdot A \cdot U} = \frac{2 \cdot 250\ \text{m} \cdot 2\,588{,}23\ \text{W}}{56\ \frac{\text{m}}{\Omega\,\text{mm}^2} \cdot 4\ \text{mm}^2 \cdot 230\ \text{V}} = 25{,}11\ \text{V}$$

Der Spannungsfall ist zu groß. Der Querschnitt muss erhöht werden.

Beispiel 5i:

Der Spannungsfall für Beispiel 1 soll 4 % nicht überschreiten. Welcher Querschnitt muss verlegt werden, und wie groß ist dann der Leitungsverlust auf der Leitung?

Lösung:

$$A = \frac{2 \cdot l \cdot P}{\kappa \cdot U_\text{V} \cdot U} \cdot U_\text{V} = 4\ \%\ \text{von}\ 230\ \text{V} = 9{,}2\ \text{V}$$

$$A = \frac{2 \cdot 250\ \text{m} \cdot 2\,716\ \text{W}}{56 \frac{\text{m}}{\Omega\,\text{mm}^2} \cdot 9{,}2\ \text{mm}^2 \cdot 230\ \text{V}} = 11{,}4\ \text{mm}^2$$

$$A = 16\ \underline{\text{mm}^2}$$

$$P_\text{V} = \frac{2 \cdot l \cdot P^2}{\kappa \cdot A \cdot U^2 \cdot (\cos\varphi)^2} = \frac{2 \cdot 250\ \text{m} \cdot (2\,716\ \text{W})^2}{56\ \frac{\text{m}}{\Omega\,\text{mm}^2} \cdot 16\ \text{mm}^2 \cdot (230\ \text{V})^2 \cdot 0{,}81^2} = 118{,}6\ \text{W}$$

$$\frac{118{,}6\ \text{W} \cdot 100\ \%}{2\,716\ \text{W}} = \underline{4{,}3\ \%}$$

5.4 Spannungsfall bei Drehstrom

Vorausgesetzt wird symmetrische Belastung im Drehstromnetz; d. h., der Neutralleiter ist stromlos.

Für den Spannungsfall im Drehstromnetz ist somit nur mit der einfachen Leitungslänge zu rechnen.

Da sich der Spannungsfall von der Außenleiterspannung (im Allgemeinen 400 V) berechnet, ist gegenüber bei Wechselstrom der Wert mit dem Faktor $\sqrt{3}$ zu multiplizieren.

Zudem ist in der Formel der induktive Blindwiderstand X der Kabel und Leitungen berücksichtigt. Bei Kabel- und Leitungsquerschnitten von weniger als 50 mm^2 Cu oder 95 mm^2 Al kann der Blindwiderstand, wie bereits unter Kapitel 5.3 beschrieben, vernachlässigt werden. Bei Freileitungen, die einen höheren induktiven Blindwiderstand haben, muss der Blindwiderstand immer berücksichtigt werden.

Der induktive Blindwiderstandsbelag x' beträgt unabhängig vom Querschnitt (wenn keine Daten vorliegen) bei

- Kabeln und Leitungen $\approx$ 0,08 mΩ/m,
- Freileitungen $\approx$ 0,33 mΩ/m.

Es gilt:

$$\Delta U = \sqrt{3} \cdot I \left(R_{50} \cdot \cos\varphi + x' \cdot l \cdot \sin\varphi \right) \quad \text{in V},$$

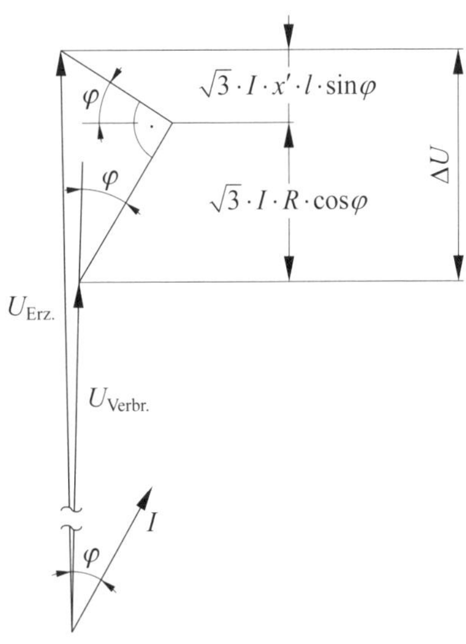

$$\Delta U = \sqrt{3} \cdot I \cdot l \left(\frac{1{,}12}{\kappa \cdot S} \cdot \cos\varphi + x' \cdot \sin\varphi \right) \quad \text{in V}, \tag{5.5}$$

$$\Delta u = 100 \cdot \frac{\Delta U}{U_\text{n}} = \frac{\sqrt{3} \cdot I \cdot l}{U_\text{n}} \left(\frac{1{,}12}{\kappa \cdot S} \cdot \cos\varphi + x' \cdot \sin\varphi \right) \quad \text{in \%}. \tag{5.6}$$

Bei Kabeln mit $S < 50\ \text{mm}^2$ oder bei einem $\cos\varphi = 1$ gilt:

$$\Delta U = \frac{1{,}12 \cdot \sqrt{3} \cdot l \cdot I \cdot \cos\varphi}{\kappa \cdot S} \quad \text{in V}, \tag{5.7}$$

$$\Delta u = 100 \cdot \frac{1{,}12 \cdot \sqrt{3} \cdot l \cdot I \cdot \cos\varphi}{\kappa \cdot S \cdot U_\text{n}} \quad \text{in \%}, \tag{5.8}$$

$$l = \frac{u \cdot \kappa \cdot S \cdot U_\text{n}}{112 \cdot \sqrt{3} \cdot I \cdot \cos\varphi} \quad \text{in m},$$

$$S = \frac{112 \cdot \sqrt{3} \cdot l \cdot I \cdot \cos\varphi}{u \cdot \kappa \cdot U_\text{n}} \quad \text{in mm}^2.$$

Beispiel 5k:

Wie hoch ist der Spannungsfall auf einer Freileitung, 400 V, 200 m lang, $4 \times 50\ \text{mm}^2$ Al, bei einem Strom von 100 A, $\cos\varphi = 0{,}9$?

Rechengang:

$$\kappa_\text{Al} = 34\ \frac{\text{m}}{\Omega\,\text{mm}^2}; \quad x' \text{ für Freileitung} = 0{,}33\ \text{m}\Omega/\text{m},$$

$$\cos\varphi = 0{,}9 \quad \rightarrow \quad \sin\varphi = 0{,}44,$$

$$u = \frac{\sqrt{3} \cdot I \cdot l}{U_\text{n}} \left(\frac{1{,}12}{\kappa \cdot S} \cdot \cos\varphi + x' \cdot \sin\varphi \right),$$

$$u = \frac{\sqrt{3} \cdot 100\ \text{A} \cdot 200\ \text{m}}{400\ \text{V}} \cdot \left(\frac{1{,}12}{34\ \frac{\text{m}}{\Omega\,\text{mm}^2} \cdot 50\ \text{mm}^2} \cdot 0{,}9 + \frac{0{,}33}{1\,000} \cdot 0{,}44 \right) \cdot 100\ \% = 6{,}4\ \%.$$

Beispiel 5l:

Es ist zu überprüfen, ob der Spannungsfall zwischen Hausanschlusskasten und Steckdose, bei dem skizzierten Anlagenaufbau, den in DIN VDE 0100-520 vorgegebenen Wert von 4 % nicht übersteigt.

Annahme: $\cos\varphi = 1$

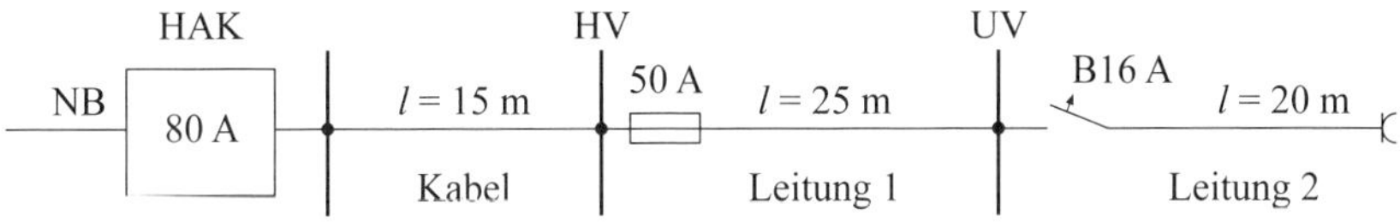

Kabel: NYY-J 4×25 mm² Cu
Leitung 1: NYM-J 4×10 mm² Cu
Leitung 2: NYM-J $3 \times 1{,}5$ mm² Cu

Rechengang:

Kabel zwischen HA und HV

$$\Delta U_1 = \frac{1{,}12 \cdot \sqrt{3} \cdot l_1 \cdot I_1 \cdot \cos\varphi}{\kappa \cdot S_1} = \frac{1{,}12 \cdot \sqrt{3} \cdot 15\ \text{m} \cdot 80\ \text{A} \cdot 1}{54\ \frac{\text{m}}{\Omega\,\text{mm}^2} \cdot 25\ \text{mm}^2} = 1{,}7\ \text{V}.$$

Leitung zwischen HV und UV

$$\Delta U_2 = \frac{1{,}12 \cdot \sqrt{3} \cdot 25\ \text{m} \cdot 50\ \text{A} \cdot 1}{54\ \frac{\text{m}}{\Omega\,\text{mm}^2} \cdot 10\ \text{mm}^2} = 4{,}5\ \text{V}.$$

Leitung zwischen UV und Steckdose

$$\Delta U_3 = \frac{2{,}24 \cdot 20\ \text{m} \cdot 16\ \text{A} \cdot 1}{54\ \frac{\text{m}}{\Omega\,\text{mm}^2} \cdot 1{,}5\ \text{mm}^2} = 8{,}8\ \text{V}.$$

Gesamter Spannungsfall

$$\begin{aligned} u &= 100\ \% \frac{\Delta U_1 + \Delta U_2}{U_{\text{n3}\sim}} + 100\ \% \frac{\Delta U_3}{U_{\text{n}\sim}} \\ &= 100\ \% \frac{1{,}7\ \text{V} + 4{,}5\ \text{V}}{400\ \text{V}} + 100\ \% \frac{8{,}8\ \text{V}}{230\ \text{V}} = 5{,}38\ \%. \end{aligned} \tag{5.9}$$

Ergebnis: Die Forderung von DIN VDE 0100-520 wird nicht erfüllt.

Die Steckdose müsste über einen Querschnitt von 2,5 mm² Cu angeschlossen werden, um einen Spannungsfall von ≤ 4 % zu garantieren.

Drehstromnetze bestehen aus drei Wechselstromnetzen, die gegenüber 120° phasenverschoben sind und einen gemeinsamen Neutralleiter haben. Die Berechnung erfolgt symmetrisch.

Beispiel 5m:

Ein 18,5-kW-Motor soll über eine 45 m lange Kupferleitung (NYM) an ein 400-V-Netz angeschlossen werden. Der Motor hat einen Wirkungsgrad von 88 %, einen $\cos\varphi = 0{,}84$, und der Spannungsverlust soll 5 % nicht übersteigen. Welcher Querschnitt ist zu verlegen?

Gegeben:

$P_{ab} = 18{,}5$ kW,

$l = 45$ m,

$\eta = 0{,}88$,

$\cos\varphi = 0{,}84$,

$U = 400$ V,

$U_V = 5$ % von 400 V = 20 V

Lösung:

$$A = \frac{l \cdot P_{zu}}{\kappa \cdot U_V \cdot U}$$

$$A = \frac{45\ \text{m} \cdot 21 \cdot 10^3\ \text{W}}{56\ \frac{\text{m}}{\Omega\,\text{mm}^2} \cdot 20\ \text{V} \cdot 400\ \text{V}} = 23{,}62\ \text{mm}^2$$

$$A = 25\ \text{mm}^2$$

Leitungsverlust bei Drehstrom

Beispiel 5n:

Die 400 m lange Kupferleitung zu einem Wasserwerk wird mit 250 kW bei einem $\cos\varphi$ von 0,85 belastet. Der Spannungsfall soll 4 % nicht übersteigen.

a) Welcher Querschnitt muss verlegt werden?

b) Wie groß ist der Leitungsverlust auf der Leitung in W und in Prozent?

Gegeben:

$P_{zu} = 250\ \text{kW} = 50 \cdot 10^3\ \text{W}$,

$l = 400\ \text{m}$,

$\cos\varphi = 0{,}85$,

$U = 400\ \text{V}$,

$U_V = 4\ \%\ \text{von}\ 400\ \text{V} = 16\ \text{V}$

Gesucht:

1. $A_{verlegt} = ??\ \text{mm}^2$
2. $P_V = ??\ \text{W};\ P_V = ??\ \%$

Lösung:

a) $A = \dfrac{l \cdot P_{zu}}{\kappa \cdot U_V \cdot U}$

$$A = \frac{400\ \text{m} \cdot 250 \cdot 10^3\ \text{W}}{56\ \dfrac{\text{m}}{\Omega\,\text{mm}^2} \cdot 16\ \text{V} \cdot 400\ \text{V}} = 279\ \text{mm}^2$$

$A_{verlegt} = \underline{300\ \text{mm}^2}$

b) $P_V = \dfrac{l}{\kappa \cdot A} \cdot \left(\dfrac{P}{U \cdot \cos\varphi}\right)^2$

$$P_V = \frac{400\ \text{m}}{56\ \dfrac{\text{m}}{\Omega\,\text{mm}^2} \cdot 300\ \text{mm}^2} \cdot \left(\frac{250 \cdot 10^3\ \text{W}}{400\ \text{V} \cdot 0{,}85}\right)^2 = 12{,}872\ \text{kW}$$

6 Schutz durch Abschaltung DIN VDE 0100-410

DIN VDE 0100-410 nennt als wichtigste Schutzmaßnahme für den Schutz bei indirektem Berühren den *Schutz durch Abschaltung*. Dabei soll durch automatische Abschaltung nach Auftreten eines Fehlers verhindert werden, dass eine gefährliche Berührungsspannung zu lange fortbesteht. Die zwei in der Praxis am häufigsten anzutreffenden Schutzmaßnahmen, und zwar das TN-System (**Bild 6.1**) mit Überstrom-Schutzeinrichtung und das TT-Netz (**Bild 6.2**) mit Fehlerstrom-Schutzeinrichtung erfordern einen rechnerischen oder/und messtechnischen Nachweis über die Abschaltbedingungen.

6.1 TN-System mit Überstrom-Schutzeinrichtung

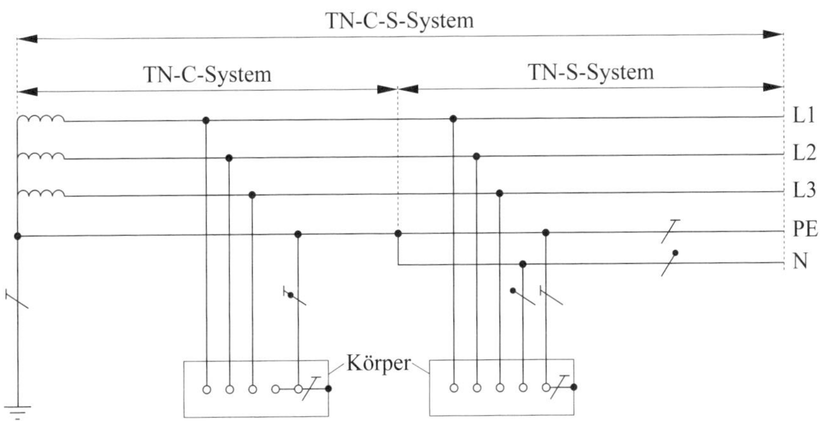

Bild 6.1 Übersicht eines TN-Systems

Die Kennwerte der Überstrom-Schutzeinrichtung und Stromkreisimpedanzen sind so aufeinander abzustimmen, dass folgende Bedingung eingehalten wird:

$$Z_S \leq \frac{U_0}{I_a}.$$

Dabei ist

Z_S die Impedanz der Fehlerschleife, bestehend aus der Stromquelle, dem Außenleiter bis zum Fehlerort, dem Schutzleiter zwischen dem Fehlerort und der Stromquelle,

I_a der Strom, der das automatische Abschalten der Schutzeinrichtung innerhalb der gegebenen Zeit bewirkt (Tabelle 41.1 nach DIN VDE 0100-410); bei einer Fehlerstrom-Schutzeinrichtung ist $I_a = I_{\Delta n}$ (Bemessungsdifferenzstrom des RCD) einzusetzen,

U_0 die Spannung gegen Erde (230 V).

Bei Auftreten eines widerstandslosen Fehlers zwischen einem Außenleiter und einem Schutzleiter bzw. PEN-Leiter oder damit verbundenen Körper muss die Überstrom-Schutzeinrichtung innerhalb folgender Zeiten automatisch abschalten:

0,2 s: in 400-V-Stromkreisen bis 32 A Nennstrom mit Steckdosen und in Stromkreisen, die ortsveränderliche Betriebsmittel der Schutzklasse I enthalten, die während des Betriebs üblicherweise dauernd in der Hand gehalten oder umfasst werden.

0,1 s: in Stromkreisen > 400 V,

0,4 s: in Stromkreisen mit 230 V,

5 s: in Verteilungsstromkreisen.

Der Strom, der das automatische Abschalten innerhalb von 0,2 s, 0,4 s bzw. 5 s bewirkt, wird als Abschaltstrom I_a bezeichnet; er kann aus **Tabelle 6.1** entnommen werden.

Für *Leitungsschutzschalter* Typ B nach DIN EN 60898-1 (**VDE 0641-11**) gilt:

$$I_a(< 0{,}2\,\text{s}) = 5 \cdot I_n. \tag{6.1}$$

Für *Leitungsschutzschalter* Typ C nach DIN EN 60898-1 (**VDE 0641-11**) gilt:

$$I_a(< 0{,}2\,\text{s}) = 10 \cdot I_n.$$

Für *Leitungsschutzschalter* Typ K nach DIN EN 60947-2 (**VDE 0660-101**) gilt:

$$I_a(< 0{,}2\,\text{s}) = 15 \cdot I_n. \tag{6.2}$$

Für *Leitungsschutzschalter* Typ D nach DIN EN 60947-2 (**VDE 0660-101**) gilt:

$$I_a(< 0{,}2\,\text{s}) = 20 \cdot I_n. \tag{6.3}$$

I_m ist der dem Leistungsschalter zugeordnete thermische Ansprechwert.

Bemessungsströme der Überstrom-Schutzeinrichtungen											
I_n	6	10	16	20	25	35	50	63	80	100	160
Niederspannungssicherungen der Betriebsklasse gL nach DIN VDE 0636											
Abschaltströme in A											
I_a (0,2 s)	60	100	148	192	250	372	578	750	990	1 310	2 080
I_a (0,4 s)	48	80	140	180	210	300	450	600	800	1 000	1 850
I_a (5 s)	28	46	70	85	118	173	260	350	452	573	995
Schleifenwiderstände in Ω											
Z_S (0,2 s)	3,7	2,2	1,5	1,2	0,9	0,6	0,4	0,3	0,22	0,17	0,11
Z_S (5 s)	7,8	4,7	3,2	2,6	1,9	1,3	0,8	0,6	0,5	0,4	0,22
Leitungsschutzschalter nach DIN EN 60898-1 (**VDE 0641-11**), B-Charakteristik											
Abschaltstrom $I_a = 5 \cdot$ Bemessungsstrom des SPD											
I_a	30	50	80	100	125	175	250	315	400	500	800
Z_S	7,3	4,4	2,8	2,2	1,8	1,3	0,886	0,55	0,44	0,28	
Leitungsschutzschalter nach DIN EN 60898-1 (**VDE 0641-11**), C-Charakteristik Leistungsschalter nach DIN EN 60947-2 (**VDE 0660-101**) bei entsprechender Einstellung											
Abschaltstrom $I_a = 10 \cdot$ Bemessungsstrom des SPD											
I_a	60	100	160	200	250	350	500	630	800	1 000	1 600
Z_S	3,6	2,2	1,4	1,1	0,88	0,63	0,45	0,35	0,27	0,22	0,14
Leitungsschutzschalter nach DIN EN 60898-1 (**VDE 0641-11**), K-Charakteristik Motorstarter nach DIN EN 60947-4-1 (**VDE 0660-102**)											
Abschaltstrom $I_a = 15 \cdot$ Bemessungsstrom des SPD											
I_a	90	150	240	300	375	525	750	945	1 200	1 500	2 400
Z_S	2,4	1,5	0,9	0,7	0,6	0,4	0,29	0,23	0,18	0,15	0,09

Tabelle 6.1 Zusammenfassung der Überstrom-Schutzeinrichtungen, Abschaltstrom I_a und der Schleifenwiderstände im TN-System [2]

Um die Abschaltbedingungen einzuhalten, muss gewährleistet sein, dass der nach Kapitel 4.4.2 zu berechnende Fehlerstrom I_F mindestens so groß ist, wie der Abschaltstrom I_a der vorgeschalteten Überstrom-Schutzeinrichtung:

$$I_F \geq I_a; \quad (I_F = I_{k1\,min}) \tag{6.4}$$

Beispiel 6a (siehe auch Beispiele 4d und 4e):

An eine Verteilung, an der eine Schleifenimpendanz von $Z_V = 0{,}4\ \Omega$ für das vorgeschaltete Netz angegeben ist, wird über eine 50 m lange NYM-Leitung $5 \times 1{,}5\ \text{mm}^2$ Cu ein Heizgerät (Endstromkreis) fest angeschlossen. Der Stromkreis wird über gL-Sicherungen 16 A geschützt.

Man überprüfe, ob die Abschaltbedingung erfüllt ist.

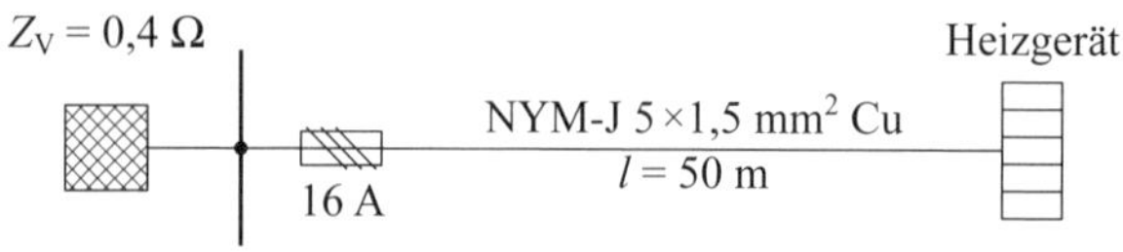

Lösung:

Abschaltzeit für fest angeschlossene Betriebsmittel ≤ 5 s.

Abschaltstrom I_a einer 16-A-gL-Sicherung für 5 s = 70 A.

Forderung $I_F \geq I_a \geq 70\ \text{A}$.

Rechengang (vereinfachte Berechnungsmethode) für Z_S, die Impedanz der Fehlerschleife bei 80 °C:

$$Z_S = Z_V + R_{L+PE}, \qquad \text{nach Gl. (4.21)}$$

$$R_{L+PE} = 1{,}24\,\frac{2 \cdot l}{\kappa \cdot S} = 1{,}24\,\frac{2 \cdot 50\ \text{m}}{54\,\frac{\text{m}}{\Omega\,\text{mm}^2} \cdot 1{,}5\ \text{mm}^2} = 1{,}53\ \Omega,$$

$$Z_S = Z_V + R_{L+PE} = 0{,}4\ \Omega + 1{,}53\ \Omega = 1{,}93\ \Omega,$$

$$I_F = \frac{c \cdot U_n}{\sqrt{3} \cdot Z_S} = \frac{0{,}9 \cdot 400\ \text{V}}{\sqrt{3} \cdot 1{,}93\ \Omega} = 107{,}7\ \text{A}. \qquad \text{nach Gl. (4.18)}$$

Ergebnis: Der kleinste Kurzschlussstrom I_F ist größer als der erforderliche Abschaltstrom I_a für 5 s. Die Abschaltbedingung für ein fest angeschlossenes Betriebsmittel ist somit erfüllt.

Würde anstatt des fest angeschlossenen Heizgeräts eine Steckdose angeschlossen werden, so müsste die Abschaltbedingung für eine Abschaltzeit von ≤ 0,4 s eingehalten werden. Der Abschaltstrom einer 16-A-gL-Sicherung für 0,4 s beträgt 109 A. In diesem Fall würde im vorliegenden Beispiel der kleinste Kurzschlussstrom I_F mit 107,7 A kleiner als der Abschaltstrom I_a (109 A) sein. Die Abschaltbedingung wäre somit bei einer angeschlossenen Steckdose nicht erfüllt.

Beispiel 6b:

Die größte gemessene Kurzschlussimpedanz Z_{km} zwischen Außenleiter und Schutzleiter eines Steckdosenstromkreises, $I_n = 16$ A, beträgt 0,8 Ω.

Ist der Schutz durch Abschaltung durch einen LS-Schalter Typ B, $I_n = 16$ A, gewährleistet?

$$U_0 = 230 \text{ V},$$

$$Z_S = Z_{km} \cdot f = 0{,}8\ \Omega \cdot 1{,}5^4 = 1{,}2\ \Omega, \qquad \text{nach Gl. (14.13)}$$

$$I_F = \frac{c \cdot U_0}{Z_S} = 0{,}9 \cdot \frac{230 \text{ V}}{1{,}2\ \Omega} = 172{,}5 \text{ A},$$

$$I_a = 5 \cdot I_n = 5 \cdot 16 \text{ A} = 80 \text{ A}. \qquad \text{nach Gl. (6.1)}$$

172,5 A > 80 A: Der Schutz durch Abschaltung ist gegeben.

6.2 TN-System mit Fehlerstrom-Schutzeinrichtung

Die Abschaltbedingung ist erfüllt, wenn im Fehlerfall der Nennfehlerstrom der vorgeschalteten Fehlerstrom-Schutzeinrichtung zum Fließen kommt; d. h., der Nennfehlerstrom $I_{\Delta n}$ der Fehlerstrom-Schutzeinrichtung ist zugleich der Abschaltstrom I_a.

Die Nennfehlerströme der Fehlerstrom-Schutzeinrichtungen liegen üblicherweise bei ≤ 0,5 A. Dieser Strom wird im Fehlerfall bei einer Starkstromanlage immer erreicht werden. Ein rechnerischer Nachweis ist deshalb im Allgemeinen nicht erforderlich.

[4] Die 1,5 sind ein Sicherheitsfaktor und schließen eine höhere Leitertemperatur als 80 °C und Messfehler mit ein.

6.3 TT-System mit Fehlerstrom-Schutzeinrichtung

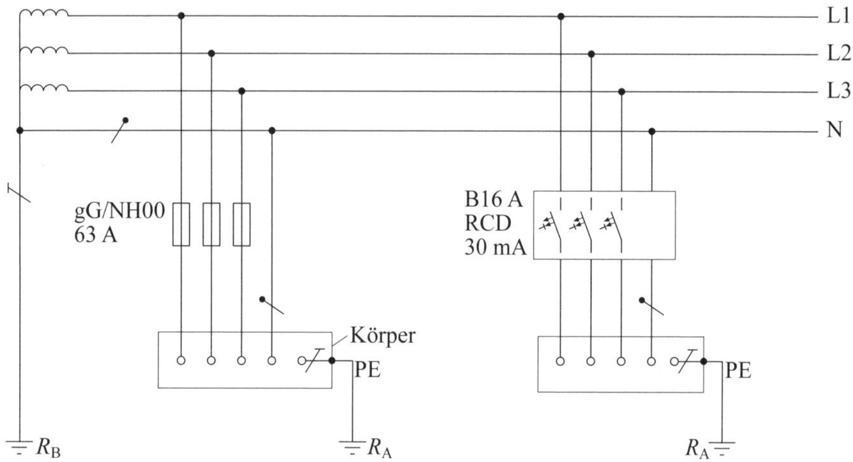

Bild 6.2 TT-System mit Fehlerstrom-Schutzeinrichtung

Beim TT-Netz mit Fehlerstrom-Schutzeinrichtung ist die Abschaltbedingung erfüllt, wenn der Erdungswiderstand R_A, an den die Körper der zu schützenden Betriebsmittel anzuschließen sind, kleiner oder gleich ist, als die dauernd zulässige Berührungsspannung U_T (T: Touch) dividiert durch den Nennfehlerstrom $I_{\Delta n}$ der Fehlerstrom-Schutzeinrichtung:

$$R_A \leq \frac{U_T}{I_{\Delta n}}, \quad I_F \approx \frac{U_0}{R_A + R_B}. \tag{6.5}$$

U_D die dauernd zulässige Berührungsspannung, beträgt im Allgemeinen 50 V.

$I_{\Delta n}$ der Nennfehlerstrom der Fehlerstrom-Schutzeinrichtung, wird vom Hersteller des Schutzschalters angegeben. Derzeit werden Schalter mit folgenden Nennfehlerströmen gebaut: 0,01 A, 0,03 A, 0,1 A, 0,3 A, 0,5 A und 1 A.

Beispiel 6c:

Für den Tierbereich eines landwirtschaftlichen Anwesens ist ein Schutzerder zu erstellen. Wie hoch darf der Erdungswiderstand maximal sein, bei Verwendung von Fehlerstrom-Schutzeinrichtungen $I_{\Delta n} = 30$ mA?

Lösung:

U_T im Tierbereich landwirtschaftlicher Anwesen ist 50 A,

$$R_A \leq \frac{U_T}{I_{\Delta n}} = \frac{50\ V}{0{,}03\ A} = 1\,666{,}66\ \Omega.$$

Abschaltzeiten für TT-Systeme:

0,4 s für 230-V-Stromkreise,
0,07 s für 400-V-Stromkreise,
1 s für Verteilstromkreise.

6.4 Empfehlungen von Fehlerstrom- und Überstrom-Schutzeinrichtungen

1. Für alle Lichtstromkreise B10-A-Leitungsschutzschalter, mit einem Leitungsquerschnitt von 3 × 1,5 mm^2.
2. In Schulen, z. B. in Fluren, Computerräumen, Versuchsständen und für Reinigungsgeräte, können C16-A-Leitungsschutzschalter installiert werden. Die maximale Leitungslänge und Schutzmaßnahmen müssen geprüft werden.
3. Für besondere Stromkreise, z. B. Geschirrspüler, Waschmaschine und Wäschetrockner: Leitungsschutzschalter B16 A mit einem Leitungsquerschnitt von 3 × 2,5 mm^2.
4. Die Anzahl der RCD (Fehlerstrom-Schutzschalter) nach der Wohnfläche ist Ermessenssache des Planers.
5. Licht- und Steckdosenstromkreise im TN- und TT-System müssen mit RCD/30 mA installiert werden.
6. Kombinierte RCD/LS-Schalter ermöglichen einen Personen-, Brand- und Leitungsschutz. Sie können im Wohnungsbau für jeden Raum vorgesehen werden. Dabei müssen die Verbraucher auf unerwünschte Abschaltungen und Ableitströme und die RCD auf Überlast geprüft werden.
7. In Betriebsstätten, Räume und Anlagen besonderer Art muss der Einsatz der RCD für Personenschutz (RCD/30 mA) sowie für Sach- und Brandschutz (RCD/300 mA) besonders geprüft werden.
8. In der Praxis werden Licht- und Steckdosenstromkreise mit B16 A abgesichert und einem Leitungsquerschnitt von 3 × 1,5 mm^2 installiert. **Diese Vorgehensweise ist nicht zu empfehlen.**

Bild 6.3 und **Bild 6.4** zeigen Installationsbeispiele und die geforderten Abschaltzeiten nach DIN VDE 0100-410.

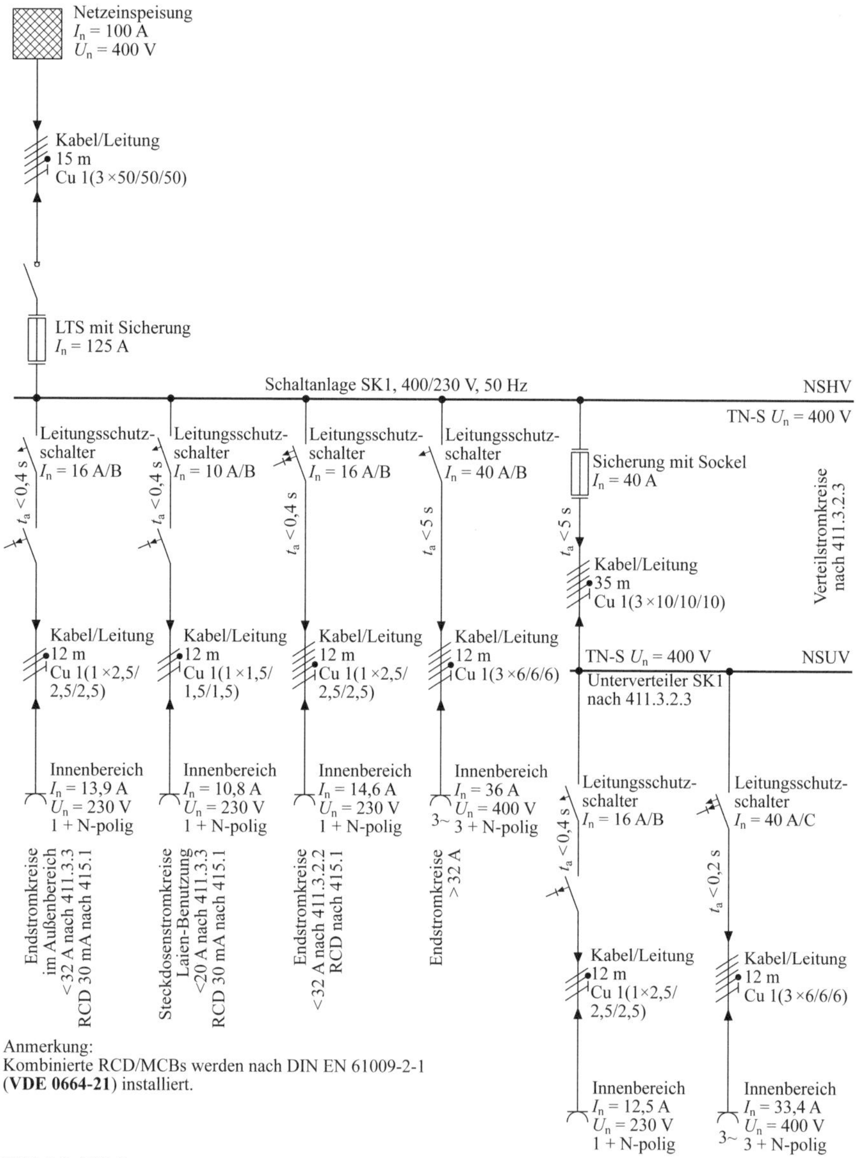

Anmerkung:
Kombinierte RCD/MCBs werden nach DIN EN 61009-2-1 (**VDE 0664-21**) installiert.

Bild 6.3 TN-System

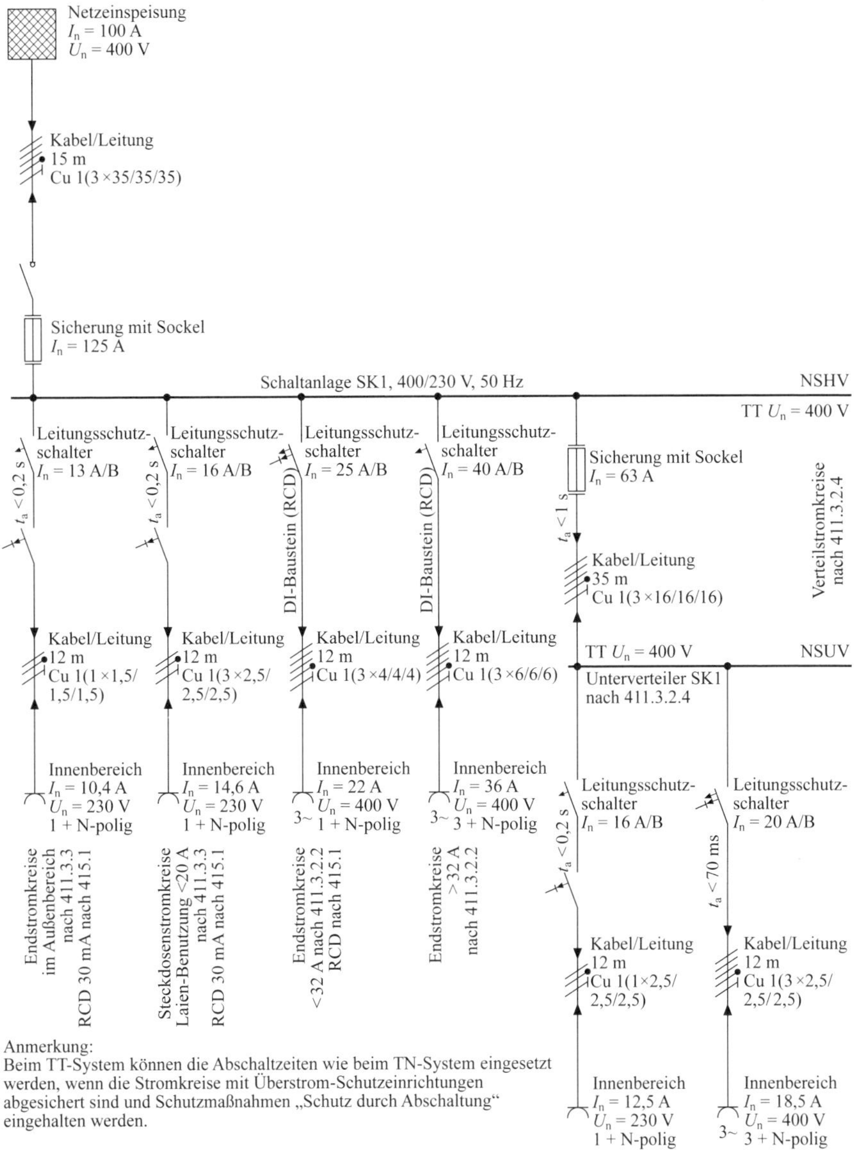

Anmerkung:
Beim TT-System können die Abschaltzeiten wie beim TN-System eingesetzt werden, wenn die Stromkreise mit Überstrom-Schutzeinrichtungen abgesichert sind und Schutzmaßnahmen „Schutz durch Abschaltung" eingehalten werden.

Bild 6.4 TT-System

7 Erdungsanlagen für Gebäude
DIN 18014

In diesem Kapitel wird die überarbeitete Erdungsnorm DIN 18014:2023-06 „Erdungsanlagen für Gebäude“ kurz zusammengefasst [5].

Diese Norm legt Anforderungen an die Planung, Ausführung und Dokumentation von Erdungsanlagen mit oder ohne kombinierter Potentialausgleichsanlage für Gebäude fest. Außerdem enthält sie keine Forderung nach Errichtung von Erdungsanlagen für neu zu errichtende Gebäude.

7.1 Änderungen

Gegenüber DIN 18014:2014-03 (zurückgezogen) wurden folgende Änderungen vorgenommen:

- Titel der Norm geändert.
- Mit neuen Themen umfangreich, inhaltliche und redaktionell überarbeitet.
- Zusätzliche Informationen zu Betonfundamenten mit geringerer Erdfühligkeit gegeben.
- Kriterien für die Gleichwertigkeit verschiedener Ausführungen von Erdungsanlagen dargestellt.
- Bedingungen, unter denen eine kombinierte Potentialausgleichsanlage nicht zwingend errichtet werden muss, erklärt.
- Weitere Arten von Erdern ergänzt.
- Aussagen zur Strombelastbarkeit von Erdungsanlagen gemacht.
- Weitere Bilder und Zeichnungen aktualisiert.
- Zusätzliche Informationen zu üblichen Werten des spezifischen Erdwiderstandes gegeben.
- Anwendungsbereich mit Hinweis auf bauliche Anlage angepasst.
- Vorgaben für Planung, Errichtung, Überprüfung auf Übereinstimmung und Dokumentation modifiziert.
- Wert für Durchgangsmessung angepasst und ergänzt.
- Neues Formblatt zur Planung einer Erdungsanlage ergänzt.

- Neuer Anhang G zur Bestimmung des Ausbreitungswiderstandes eingefügt.
- Zusätzlich aufgenommene Hinweise zu CFK-Beton gemacht.
- Neuer Anhang E mit zusätzlichen Informationen zu Fundamenten mit erhöhtem Erdübergangswiderstand eingefügt.
- Neuer Anhang F mit Informationen zu üblichen Werten des Erdwiderstands eingefügt.

7.2 Funktionen von Erdungsanlagen

Erdungsanlagen in elektrischen Netzen haben die Aufgabe, Mensch und Lebewesen vor hohen Berührungs- und Schrittspannungen zu schützen. Die Wahl der Systeme nach Art der Erdverbindungen bestimmt die Höhe der Fehlerströme. Der Hauptschutzpotentialausgleich beseitigt alle Potentialunterschiede zwischen Körper und berührbaren leitfähigen Teilen des elektrischen Betriebsmittels.

Die Erdungsanlage nach DIN 18014 muss dauerhaft einen ausreichenden elektrischen Kontakt zur Erde herstellen. Dabei ist die vom Auftraggeber bzw. Anschlussnehmer vorgegebene Lebensdauer des Gebäudes zu berücksichtigen.

Erdungsanlagen nach diesem Dokument sind die Basis für:

a) die Erfüllung von Schutzmaßnahmen in der elektrischen Anlage;
b) das Führen von Erdfehlerströmen und Schutzleiterströmen zur Erde;
c) die Ausführung von Funktionserdung und -potentialausgleich, wenn erforderlich;
d) die Potentialsteuerung innerhalb des Gebäudes und das niederimpedante Einbeziehen von Betriebsmitteln in den Potentialausgleich, bei transienten und dauerhaft vorhandenen hochfrequenten Störgrößen, wenn erforderlich;
e) das Führen von Ausgleichsströmen, besonders bei Mehrfacheinspeisungen auf ein gemeinsames Erdungssystem, wenn erforderlich;
f) die Reduzierung von Potentialunterschieden zwischen Erder, äußeren und inneren Teilen, die mit dem Schutzleiter verbunden sind, wenn erforderlich.

7.3 Planung und Errichtung von Erdungsanlagen

Die Errichtung und Planung der Erdungsanlage muss durch eine Blitzschutz- oder Elektrofachkraft mit den entsprechenden Kenntnissen für die vorgesehene Erdungsanlage erfolgen. Die Erdungsanlage ist durch die Verbindung mit einer Haupterdungsschiene aufgrund ihrer Funktion Bestandteil der elektrischen Anlage.

Bei elektrischen Anlagen im Geltungsbereich der Niederspannungsanschlussverordnung (NAV) [35] muss nach dem Errichten der Erdungsanlage das Anschließen des Erdungsleiters an die Haupterdungsschiene durch ein bei einem Netzbetreiber eingetragenes Elektroinstallationsunternehmen erfolgen. Entsprechende Regelungen finden sich in § 13 NAV. Voraussetzung dafür ist eine ordnungsgemäße Überprüfung und Dokumentation der Erdungsanlage.

Die niederimpedante Verbindung anderer Anlagen, z. B. Antennenanlage, Telekommunikationsanlage mit der Haupterdungsschiene oder einem Anschlusspunkt kann durch den Errichter der jeweiligen Anlage erfolgen.

7.4 Erdungswiderstand

Der Erdungswiderstand hängt vom spezifischen Erdungswiderstand ρ_E und von den geometrischen Abmessungen der Erdungsanlage ab.

Die Mittelwerte der spezifischen Erdungswiderstände ρ_E lassen sich folgendermaßen abschätzen:

Moorboden	30 Ωm,
Lehm, Ton, Ackerboden	100 Ωm,
feuchter Sand	200 Ωm,
feuchter Kies	500 Ωm,
trockener Sand und trockener Kies	1 000 Ωm,
steiniger Boden	3 000 Ωm.

Ist der spezifische Erdungswiderstand bekannt, so lässt sich der Erdungswiderstand R_E nach folgenden Formeln bestimmen.

7.4.1 Oberflächenerder

Für Oberflächenerder, zu diesen zählen auch Fundamenterder, gilt für den Erdungswiderstand R_E:

$$R_E = \frac{\rho_E}{\pi \cdot l} \cdot \ln \frac{2l}{d}; \quad (\ln x = 2{,}302 \cdot l_x); \tag{7.1}$$

ρ_E spezifischer Erdungswiderstand in Ωm,

l Länge des Erders in m,

d Durchmesser des Erderrundmaterials bzw. halbe Breite des Banderders in m.

Beispiel 7a:

Ein Fundamenterder, Bandstahl 30 mm × 3,5 mm, hat eine Länge von 40 m. Das Gebäudefundament liegt im feuchten Kies, welcher einen spezifischen Erdungswiderstand von etwa 500 Ωm aufweist. Welcher Erdungswiderstand ist zu erwarten?

Lösung:

$$R_E = \frac{\rho_E}{\pi \cdot l} \cdot \ln \frac{2l}{d} = \frac{500\ \Omega\text{m}}{\pi \cdot 40\ \text{m}} \cdot \ln \frac{2 \cdot 40\ \text{m}}{0{,}03\ \text{m}/2} = 34{,}2\ \Omega.$$

Bemerkung: Die Gl. (7.1) wurde aufgestellt für die Einbettung von Rund- oder Flacheisen im Erdreich. Bei der Einbettung dieser Materialien in Beton sind günstigere Werte zu erwarten. Eine näherungsweise Bestimmung des Erdungswiderstands solcher Erder ist durch folgende vereinfachte Formel möglich:

$$R_E \approx \frac{3 \cdot \rho_E}{l}, \quad \text{bei } l > 10\ \text{m} \quad \text{und} \quad R_E \approx \frac{2 \cdot \rho_E}{l}, \quad \text{bei } l \leq 10\ \text{m}. \quad \text{(7.2a) u. (7.2b)}$$

Das Beispiel 7a, mit dieser vereinfachten Gleichung berechnet, ergibt einen Wert von 37,5 Ω.

7.4.2 Tiefenerder

Tiefenerder (**Bild 7.1**) haben den Vorteil, dass sie in größeren Tiefen in Erdschichten liegen, deren spezifischer Widerstand im Allgemeinen geringer ist als in oberflächennahen Bereichen. Für die Ermittlung der Mindestlänge des Erders kann ein spezifischer Erdwiderstand von 1 000 Ωm eingesetzt werden. Die Mindestzahl der

Stab-/Tiefenerder ist abhängig von der Grundfläche des Fundaments nach **Tabelle 7.1** auszuwählen.

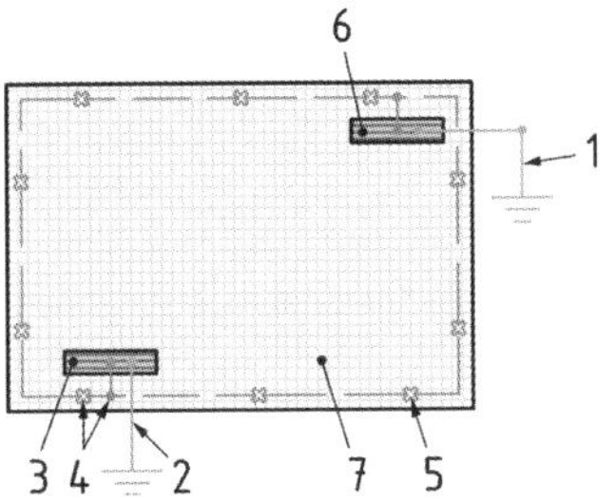

Legende
1 Stab-/Tiefenerder,
2 Erdungsleiter,
3 Haupterdungsschiene (HES),
4 elektrisch leitende Verbindung,
5 kombinierte Potentialausgleichsanlage,
6 Anschlusspunkt,
7 Bewehrung

Bild 7.1 Stab-/Tiefenerder mit kombinierter Potentialausgleichsanlage bei einem Fundament mit erhöhtem Erdübergangswiderstand und einer Grundfläche des Fundaments ≤ 200 m^2 (DIN 18014:2023-06, Bild 7 Draufsicht)

Grundfläche des Fundaments *A* in m^2	***n* (Mindestzahl) Stab-/Tiefenerder mit Mindestlänge 5 m**
$A \leq 200$	2
$200 < A \leq 400$	4
$A > 400$	4 + 1 je 100 m^2

Tabelle 7.1 Mindestanzahl von Stab-/Tiefenerdern in Abhängigkeit von der Grundfläche des Fundaments

Für Tiefenerder gilt:

$$R_\mathrm{E} = \frac{\rho_\mathrm{E}}{2\pi \cdot l} \cdot \ln \frac{4l}{d}; \tag{7.3}$$

ρ_E spezifischer Erdungswiderstand in Ωm,

l Länge des Tiefenerders in m,

d Durchmesser des Tiefenerders in m.

Hinweis: Bei der Ausführung der Tiefenerder wird davon ausgegangen, dass der Anschlusskopf des Tiefenerders ≥ 0,7 m unter der Erdoberfläche liegt, d. h. „l“ ist die effektiv wirksame Länge, und dass die Abstände mehrerer Tiefenerder untereinander ≥ der Länge der Tiefenerder sind.

Beispiel 7b:

In einem Lehmboden, $\rho_E = 100\ \Omega\text{m}$, wird ein Tiefenerder, 6 m lang, $d = 20$ mm, geschlagen. Welcher Erdungswiderstand ist damit zu erzielen?

$$R_E = \frac{\rho_E}{2\pi \cdot l} \cdot \ln \frac{4l}{d} = \frac{100\ \Omega\text{m}}{2\pi \cdot 6\ \text{m}} \cdot \ln \frac{4 \cdot 6\ \text{m}}{0{,}02\ \text{m}} = 18{,}8\ \Omega.$$

Der Erdungswiderstand von Tiefenerdern kann näherungsweise auch durch folgende vereinfachte Formel bestimmt werden:

$$R_E = \frac{1{,}2 \cdot \rho_E}{l}, \tag{7.4}$$

$$R_E = \frac{1{,}2 \cdot 100\ \Omega\text{m}}{6\ \text{m}} = 20\ \Omega.$$

Beispiel 7c:

Gemessen wird ein Erdungswiderstand R_{Em} von 50 Ω. Die Abschaltbedingungen sind zu überprüfen, bei Verwendung einer Fehlerstrom-Schutzeinrichtung mit einem Nennfehlerstrom $I_{\Delta n}$ von 0,5 A und einer zulässigen Berührungsspannung U_L von 50 V.

$$R_E = R_{Em} \cdot f = 50\ \Omega \cdot 1{,}5 = 75\ \Omega, \qquad \text{nach Gl. (14.5)}$$

$$U_T = I_{\Delta n} \cdot R_A = 0{,}5\ \text{A} \cdot 75\ \Omega = 37{,}5\ \text{V}.$$

$U_L \geq U_T$; 50 V > 37,5 V: Die berechnete maximale Berührungsspannung U_T ist mit 37,5 V kleiner als die dauernd zulässige Berührungsspannung. Die Abschaltbedingungen sind somit erfüllt.

7.4.3 Fundamenterder

Zu errichten sind Fundamenterder nach DIN 18014 mit weiteren Hinweisen auf deren Einsatz nach DIN VDE 0100-200, DIN VDE 0100-540 und DIN EN 62305-3 (**VDE 0185-305-3**) [5] [6] [7] [8].

Auf die Forderung nach Fundamenterden wird insbesondere hingewiesen in DIN 18015, den TAB der EVU bzw. der NB (Netzbetreiber). Danach sind für Neubauten grundsätzlich Fundamenterder zu errichten (**Bild 7.2**). Die Fundamenterder sind als geschlossene Ringe auszubilden. Wenn die Gebäudegrundflächen größer werden, die Gebäudekanten länger als 20 m, so sind Querverbindungen zur Maschenbildung im Fundament einzubringen. Es darf nach den gleichen Formeln wie für Ring- oder Maschenerdern gerechnet werden, wie wenn der Erder in dem Erdreich verlegt wird, was an dem Fundament anliegt. Die hygroskopischen Eigenschaften des Betons, die Legetiefe, im Allgemeinen > 0,7 m, gewährleisten eine Kontinuität und meist (bessere) niedrigere als die errechneten Werte [20].

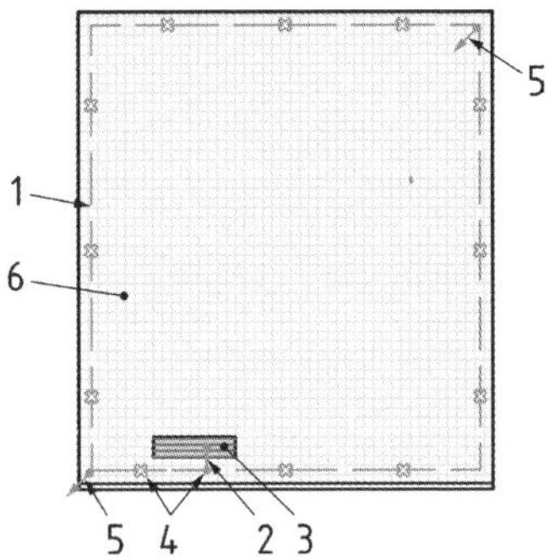

Legende
1 Fundamenterder,
2 Erdungsleiter,
3 Haupterdungsschiene (HES),
4 elektrisch leitende Verbindung,
5 Anschlusspunkt,
6 Bewehrung

Bild 7.2 Fundamenterder ohne Vermaschung (Fundament ≤ 20 m × 20 m)
(DIN 18014:2023-06, Bild 9a Draufsicht)

Für Maschenerder [9] gilt:

$$R_\mathrm{E} = \frac{\rho_\mathrm{E}}{2D}. \tag{7.5}$$

Für Ringerder gilt:

$$R_\mathrm{E} = \frac{2\rho_\mathrm{E}}{3D}; \tag{7.6}$$

ρ_E spezifischer Erdungswiderstand in Ωm,

D Durchmesser der Ersatzkreisfläche, einer in m^2 umschlossenen Fläche A eines Ring- oder Maschenerders,
$D = 1{,}13\sqrt{A}$.

Beispiel 7d:

Bei einem Neubau mit einer Kantenlänge von gut 20 m × 40 m kommt ein Fundamenterder zur Anwendung. Sofern nicht durch statisch bedingte Bewehrung 10 mm starke Rundeisen vorhanden und untereinander verschweißt, verschraubt oder verkeilt sind, wird im Randbereich ein Ring gebildet. Die natürlichen Querverbindungen müssen Maschen ≤ 20 m bilden, oder sie sind herzustellen. Das Fundament steht auf feuchtem Sand mit einem Erdungswiderstand von etwa 200 Ωm.

Welcher Erdungswiderstand wird sich einstellen?

Lösung:

$$R_\mathrm{E} = \frac{\rho_\mathrm{E}}{2D} = \frac{200\ \Omega\mathrm{m}}{2 \cdot 1{,}13 \cdot \sqrt{800\ \mathrm{m}^2}} = 3{,}13\ \Omega.$$

Durch elektrisch leitende Einbeziehung möglicher Bewehrungseisen wird sich der Erdungswiderstand weiter verringern.

7.5 Arten von Erdern

Die Norm DIN 18014 nennt fünf Erderarten, die einzeln oder kombiniert ausgeführt werden können:

1. Ringerder,
2. Stab-/Tiefenerder,
3. Strahlenerder,
4. Fundamenterder,
5. Kombination dieser Erder

7.6 Ausführung von Erdungsanlagen

Direkt im Erdreich verlegte Erder sind im frostfreien Bereich erdfühlig zu errichten. Frostfrei bedeutet, abhängig von der geografischen Lage, eine Mindestverlegetiefe im Bereich von 50 cm bis 1 m. Unter **Erdfühligkeit** wird der ausreichende elektrische Kontakt eines Erders mit dem Untergrund verstanden, dessen spezifischer Erdwiderstand einen Wert von 1 000 Ωm nicht überschreitet.

Erdungsanlagen in elektrischen Netzen haben die Aufgabe, Mensch und Lebewesen vor hohen Berührungs- und Schrittspannungen zu schützen. Die Wahl der Systeme nach Art der Erdverbindungen bestimmt die Höhe der Fehlerströme. Der Hauptschutzpotentialausgleich beseitigt alle Potentialunterschiede zwischen Körper und berührbaren leitfähigen Teilen des elektrischen Betriebsmittels.

Die Erdung nach DIN 18014 dient der

- Erhöhung der Wirksamkeit des Hauptpotentialausgleichs nach DIN VDE 0100-410;
- Schutzerdung in TT-Systemen;
- Potentialausgleichssteuerung in Gebäuden;
- elektromagnetischen Verträglichkeit (EMV);
- Einhaltung der **Spannungswaage** zur Sicherstellung der niederohmigen Erdung des Neutralleiters (oder des PEN) als Voraussetzung für den Verzicht des Schaltens eines Neutralleiters in Deutschland.

DIN 18014 berücksichtigt die Planung und Ausführung einer Erdungsanlage nach den bauphysikalischen Gegebenheiten. Da sich die Bautechnik ständig weiterentwickelt, muss sich auch die „ganzheitlich zu betrachtende Erdungsanlage“ weiterentwickeln und anpassen. Hier, wie auch in den Niederspannungsnetzen, die je nach Behandlung des Neutral- oder PEN-Leiters durch Spannungsverschleppungen ebenfalls gefährliche Potentiale annehmen können, ist die Erdung das wichtigste Mittel, um Personengefährdungen zu vermeiden. Die Normen legen anerkannte wissenschaftliche und technische Regeln fest und sind daher verbindlich.

7.7 Ringerder

Der Ringerder ist als geschlossener Ring außerhalb (z. B. umlaufend, unterhalb) des Betonfundaments erdfühlig zu errichten. Eine Maschenweite von $\leq 20\ \text{m} \times 20\ \text{m}$ darf nicht überschritten werden. Bei größeren Fundamenten ist der Ringerder durch erdfühlige Querverbindungen unterhalb des Fundaments zu vermaschen.

Bei kreisförmigen Ringerdern mit großem Durchmesser ($d > 30$ m) wird der Ausbreitungswiderstand näherungsweise mit der Formel für den Banderder berechnet, wobei für die Länge des Erders der Kreisumfang $\pi \cdot d$ eingesetzt wird (**Bild 7.3**).

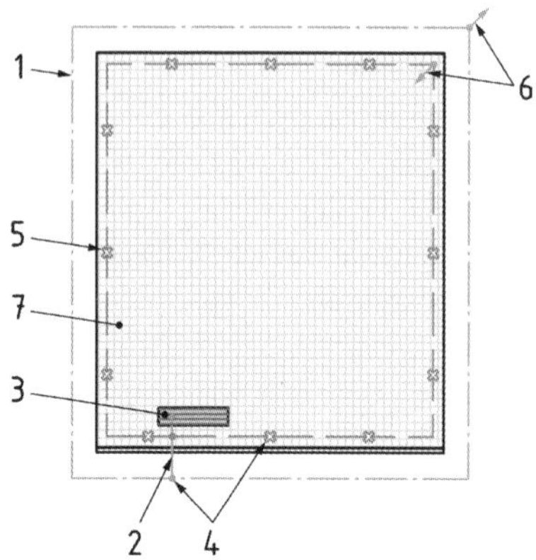

Legende
1 Ringerder,
2 Erdungsleiter,
3 Haupterdungsschiene (HES),
4 elektrisch leitende Verbindung,
5 kombinierte Potentialausgleichsanlage,
6 Anschlusspunkt,
7 Bewehrung

Bild 7.3 Ringerder mit kombinierter Potentialausgleichsanlage (DIN 18014:2023-06, Bild 1b Draufsicht)

$$R_A = \frac{\rho_E}{\pi^2 \cdot d} \cdot \ln \frac{\pi \cdot d}{r};$$

r Radius des Runddrahtes oder viertel Breite des Banderders in m.

Bei nicht kreisförmigen Ringerdern wird für die Berechnung des Ausbreitungswiderstands mit dem Durchmesser *d* eines flächengleichen Ersatzkreises gerechnet:

$$R_A = \frac{2 \cdot \rho_E}{3 \cdot d}, \quad d = \sqrt{\frac{4 \cdot A}{\pi}};$$

A Fläche, die vom Ringerder umschlossen wird.

Ausführung

Für jede Anlage ist eine eigene Erdungsanlage gefordert. Die Größe des Ausbreitungswiderstands R_A ist von der Art des Erdungssystems abhängig. Der Schutzpotentialausgleich muss konsequent für das ganze Gebäude durchgeführt werden.

Um Berührungs- und Schrittspannungen möglichst klein zu halten, ist es notwendig, den Ausbreitungswiderstand in seiner Größe zu begrenzen. Die Erdungsanlage kann als Fundamenterder, als Ringerder und, bei Gebäuden mit großen Grundflächen, auch als vermaschter Erder und in Sonderfällen auch als Einzelerder ausgelegt werden.

Fundamenterder sind nach DIN 18014 auszulegen und bei Neubauten zwingend vorgeschrieben.

Der Fundamenterder muss so angeordnet werden, dass er allseitig von Beton umschlossen wird. Bei Bandstahl in nicht armiertem Beton ist der Erder hochkant zu verlegen. Eine Verbindung ist zwischen dem Fundamenterder und der Haupterdungsschiene im Hausanschlussraum herzustellen.

Nach der DIN EN 62305-3 (**VDE 0185-305-3**) muss ein Fundamenterder Anschlussfahnen für den Anschluss der Ableitungen des äußeren Blitzschutzes an die Erdungsanlage erhalten. Aufgrund der Korrosionsgefahr an der Austrittstelle einer Anschlussfahne aus dem Beton sollte ein zusätzlicher Korrosionsschutz berücksichtigt werden (mit PVC-Ummantelung oder Verwendung von Edelstahl mit der Werkstoff-Nr. 1.4571) [20].

Die Bewehrung von Platten- oder Streifenfundamenten kann wie ein Fundamenterder benutzt werden, wenn die notwendigen Anschlussfahnen an die Bewehrung angeschlossen und die Bewehrungen über die Fugen miteinander stromtragfähig verbunden werden.

Es ist zu beachten, dass für die verschiedenen elektrischen Systeme (Blitzschutz, Niederspannungsanlagen und Fernmeldeanlagen) eine gemeinsame Erdungsanlage zu bevorzugen ist. Diese Erdungsanlage muss mit der Haupterdungsklemme (Hauptpotentialausgleichsschiene) verbunden werden. Da die DIN EN 62305-3 (**VDE 0185-305-3**) von dem konsequenten Blitzschutz-Potentialausgleich ausgeht, wird für den Erdausbreitungswiderstand kein besonderer Wert gefordert. Im Allgemeinen wird jedoch ein niedriger Erdwiderstand (kleiner als 10 Ω gemessen mit Niederfrequenz) empfohlen.

DIN EN 62305-3 (**VDE 0185-305-3**) unterscheidet Erderanordnungen nach **Typ A** und **Typ B**. Für beide Erderanordnungen Typ A und B gilt die Mindesterderlänge der Erdungsleiter in Abhängigkeit von der Schutzklasse.

Der genaue spezifische Erdwiderstand kann nur durch Messung vor Ort mit der „Wenner-Methode" (Vierleiter-Messung) ermittelt werden [2].

Erder Typ A

Die Erderanordnung Typ A beschreibt einzeln angeordnete horizontale Strahlenerder (Oberflächenerder) oder Vertikalerder (Tiefenerder), die jeweils mit einer Ableitung zu verbinden sind. Die Mindestanzahl der Erder des Typs A sind 2. Für die Schutzklasse III und IV ist eine Mindesterderlänge von 5 m gefordert. Für die Schutzklasse I und II wird die Länge des Erders in Abhängigkeit des spezifischen Bodenwiderstands festgelegt.

Tiefenerder werden im Allgemeinen senkrecht in größere Tiefen eingebracht. Sie werden in gewachsenen Boden eingetrieben, der im Allgemeinen erst unterhalb von Fundamenten anzutreffen ist. Tiefenerder haben den Vorteil, dass sie in größeren

Tiefen in Erdschichten liegen, deren spezifischer Widerstand im Allgemeinen geringer ist als in oberflächennahen Bereichen.

Die Forderungen an Potentialausgleich zwischen den Ableitungen und die Potentialsteuerung erfüllt der Erder Typ A nicht. Einzelerder des Typs A müssen untereinander verbunden werden, um eine gleichmäßige Stromaufteilung zu erreichen. Dies ist für die Berechnung des Trennungsabstands s wichtig. Die Verbindung der Erder vom Typ A kann unter- oder oberirdisch erfolgen. Bei der Nachrüstung einer bestehenden Anlage kann die Verbindungsleitung der einzelnen Erder auch durch die Verlegung einer Leitung in der baulichen Anlage realisiert werden.

Erder Typ B

Erder der Anordnung Typ B sind Ringerder oder Fundamenterder. Anforderungen an diese Erder sind in DIN 18014 beschrieben. Ist ein geschlossener Ring außen um die bauliche Anlage nicht möglich, so ist durch Leitungen im Inneren eine Vervollständigung des Rings herzustellen. Hierzu können auch Rohrleitungen oder sonstige metallene Bauteile, die elektrisch dauerhaft durchgängig sind, verwendet werden. Mindestens 80 % der Erderlänge muss Kontakt mit der Erde haben, damit bei der Berechnung des Trennungsabstands der Erder Typ B zugrunde gelegt werden kann. Die Mindestlängen der Erder, entsprechend der Anordnung Typ B, sind abhängig von der Schutzklasse. Bei den Schutzklassen I und II wird die Mindesterderlänge zusätzlich in Abhängigkeit vom spezifischen Bodenwiderstand festgelegt.

Die Anzahl der zusätzlichen Erder darf nicht kleiner sein als die Anzahl der Ableitungen, mindestens jedoch zwei. Diese zusätzlichen Erder sollen gleichmäßig auf den Umfang verteilt mit dem Ringerder verbunden werden. Sollen zusätzliche Erder an den Fundamenterder angeschlossen werden, ist auf den Werkstoff der Erder und auf den Anschluss an den Fundamenterder zu achten. Hier sollte bevorzugt Edelstahl Werkstoff-Nr. 1.4571 verwendet werden.

Zusätzliche Anforderungen an die Erdungsanlage können z. B. folgende Systeme stellen:

1. elektrische Systeme – Abschaltbedingungen der jeweiligen Netzform (TN-, TT-, IT-Systeme) nach DIN VDE 0100-410,
2. Hauptschutzpotentialausgleich nach DIN VDE 0100-540,
3. elektronische Systeme – Daten-, Informationstechnik,
4. Antennenerdung nach DIN EN 60728-11 (**VDE 0855-1**),
5. elektromagnetische Verträglichkeit (EMV),
6. Transformatorstation in oder neben der baulichen Anlage unter Beachtung von DIN EN 61936-1 (**VDE 0101-1**).

7.8 Bauliche Maßnahmen bei Erdungsanlagen

Die besonderen baulichen Maßnahmen und die Ausführung der Erdungsanlagen werden hier noch einmal kurz zusammengefasst [20].

Fundamenterder – Erder Typ B

Der Fundamenterder muss als geschlossener Ring im Streifenfundament oder in der Bodenplatte verlegt werden und erfüllt damit primär auch die Funktion des Potentialausgleichs. Die Aufteilung in Maschen 20 m × 20 m und notwendige Anschlussfahnen nach außen für den Anschluss von Ableitungen des äußeren Blitzschutzes und nach innen für den Potentialausgleich sind zu beachten.

Unter Beachtung von DIN 18014 ist die Errichtung des Fundamenterders eine elektrotechnische Maßnahme und muss von einer anerkannten **Elektrofachkraft** ausgeführt oder überwacht werden.

Verlegung im unbewehrten Beton

In unbewehrten Fundamenten, z. B. Streifenfundamenten von Wohngebäuden, müssen Abstandshalter verwendet werden. Nur durch die Verwendung der Abstandshalter im Abstand von ca. 2 m ist sichergestellt, dass der Fundamenterder „hochgehoben" wird und allseitig von Beton umschlossen werden kann.

Verlegung im bewehrten Beton

Bei Verwendung von Stahlmatten, Armierungskörben oder Armierungseisen in Fundamenten kann nicht nur, sondern sollte der Fundamenterder mit diesen natürlichen Eisenkomponenten verbunden werden. Die Funktion des Fundamenterders wird dadurch noch günstiger. Die Verwendung von Abstandshaltern ist nicht notwendig. Durch die modernen Methoden des Einbringens von Beton mit anschließendem Rütteln/Verdichten ist sichergestellt, dass der Beton auch unter den Fundamenterder „fließt" und ihn allseitig umschließt.

Die Kreuzungspunkte des Fundamenterders müssen stromtragfähig verbunden sein. Als Material für Fundamenterder ist verzinkter Stahl ausreichend. Anschlussfahnen nach außen ins Erdreich müssen an der Austrittstelle zusätzlich korrosionsgeschützt werden. Geeignet sind z. B. Stahldraht mit Kunststoffmantel (wegen der Bruchgefahr des Kunststoffmantels bei tiefen Temperaturen ist besondere Montagesorgfalt notwendig), hochlegierter Edelstahl, Werkstoff-Nr. 1.4571 oder Erdungsfestpunkte. Bei fachgerechter Installation ist der Erder allseitig mit Beton umschlossen und damit korrosionsbeständig.

In der heutigen Bautechnik werden die verschiedenartigen Fundamente in den unterschiedlichsten Ausführungsformen und Abdichtungsvarianten errichtet. Auf die Ausführungen der Streifenfundamente und der Fundamentplatten haben die Wärmeschutzverordnungen ebenfalls Einfluss genommen.

Perimeter-/Sockeldämmung

Mit „Perimeter“ wird der erdberührte Wand- und Bodenbereich eines Gebäudes bezeichnet. Die Perimeterdämmung ist die Wärmedämmung, die das Bauwerk von außen umschließt. Die außen auf der Abdichtungsschicht liegende Perimeterdämmung kann den Baukörper wärmebrückenfrei umschließen und bildet zusätzlich Schutz der Abdichtung vor mechanischer Beschädigung.

Eine entscheidende Größe bei der Betrachtung der Auswirkungen von Perimeterdämmungen auf den Ausbreitungswiderstand von Fundamenterdern bei herkömmlicher Anordnung im Fundament (Streifenfundament, Fundamentplatte) stellt der spezifische Widerstand der Perimeterdämmplatten dar. Die Perimeterdämmung wirkt auch elektrisch als Isolator.

Die Anordnung des Erders im Streifenfundament bei Dämmung an den außen liegenden Seiten und der Bodenplatte ist nicht als kritisch zu betrachten. Bei einer gesamten Dämmung der Fundamentplatte ist der Erder unterhalb der Bodenplatte einzubringen. Hierbei sollte V4A (Werkstoff-Nr. 1.4571) verwendet werden.

Besonders bei armierter Bauweise ist eine Installation von Erdungsfestpunkten sinnvoll. Dabei ist auf die fachgerechte Montage wahrend der Bauphase zu achten.

Schwarze und weiße Wanne

Bei Gebäuden, die in Gegenden mit hohem Grundwasserstand oder in Lagen mit „drückendem“ Wasser, z. B. Hanglagen, errichtet werden, sind bei den Kellergeschossen besondere Maßnahmen gegen das Eindringen von Feuchtigkeit vorgesehen. Die erdumschlossenen Außenwände und die Fundamentplatte sind so gegen Eindringen von Wasser abzudichten, dass sich an der Innenseite keine störende Feuchtigkeit bilden kann. In der modernen Bautechnik gibt es die Verfahren „schwarze Wanne“ und „weiße Wanne“ gemäß DIN EN 62305-3 Beiblatt 1 (**VDE 0185-305-3 Beiblatt 1**), um gegen eindringendes Wasser abzudichten.

Ringerder – Erder Typ B

Bei allen neu zu errichtenden Bauten schreibt die DIN 18014 einen Fundamenterder vor. Die Erdungsanlage bei bestehenden Bauten kann als Ringerder ausgeführt werden. Dieser Erder muss in einem geschlossenen Ring um das Gebäude errichtet oder, wenn dies nicht möglich ist, eine Verbindung zum Schließen des Rings im Inneren des Gebäudes erstellt werden.

Es müssen 80 % der Leitungen des Erders erdfühlig verlegt sein. Können diese 80 % nicht erreicht werden, ist zu prüfen, ob zusätzliche Erder Typ A erforderlich sind. Die Anforderungen an die Mindesterderlänge, je nach Schutzklasse, sind zu beachten. Bei der Verlegung des Ringerders ist darauf zu achten, dass er in einer Tiefe von > 0,5 m und in einer Entfernung von 1 m zum Gebäude verlegt wird. Wird der Erder, wie vorher beschrieben, eingebracht, reduziert er die Schrittspannung und dient somit als Potentialsteuerung um das Gebäude. Der Ringerder sollte in gewachsenem Boden verlegt werden. Durch die Einbringung in aufgeschüttetem oder mit Bauschutt aufgefülltem Erdreich wird der Erdausbreitungswiderstand verschlechtert.

Bei der Auswahl des Erderwerkstoffs hinsichtlich Korrosion sind die örtlichen Gegebenheiten zu berücksichtigen. Vorteilhaft ist der Einsatz von Edelstahl. Dieser Erderwerkstoff korrodiert nicht und erfordert später keine aufwendigen und teuren Sanierungsmaßnahmen der Erdungsanlage – wie das Entfernen von Pflaster, Teerdecken oder auch Treppen –, um ein neues Band zu verlegen. Weiterhin sind die Anschlussfahnen besonders gegen Korrosion zu schützen.

Tiefenerder – Erder Typ A

Die zusammensetzbaren Tiefenerder werden aus Sonderstahl gefertigt und im Vollbad feuerverzinkt oder bestehen aus hochlegiertem Edelstahl der Werkstoff-Nr. 1.4571 (der Erder aus hochlegiertem Edelstahl wird in besonders korrosionsgefährdeten Bereichen eingesetzt). Besonderes Kennzeichen dieser Tiefenerder ist ihre Kupplungsstelle, die eine Verbindung der Erderstäbe ohne Durchmesser-Vergrößerung ermöglicht. Jeder Stab hat am unteren Ende eine Bohrung, während das andere Stangenende einen entsprechenden Zapfen aufweist.

7.9 Wirksamkeit des Schutzpotentialausgleichs

Gefährliche Berührungsströme (Körperströme) entstehen nur dann, wenn man gleichzeitig zwei unterschiedliche Potentiale berührt. Eines davon kann das Erdpotential und das andere fehlerhafte Betriebsmittel oder unterschiedliche Betriebsmittel sein. Daher ist der Schutz gegen gefährliche Körperströme im Bereich der Elektroinstallation bis 1 000 V von großer Bedeutung. Der Schutz bei indirektem Berühren ist nur dann wirksam, wenn Erder, Hauptschutzpotentialausgleich, Schutzleiter und Körper von Betriebsmitteln an einem Punkt (HEK) zusammengeführt werden. Der Hauptschutzpotentialausgleich und Schutzleiter bewirken im Fehlerfall unterschiedliche Berührungs- und Fehlerspannungen bei TN- und TT-Systemen. Die Wirksamkeit und Bedeutung des Hauptschutzpotentialausgleichs und des niederohmigen Schutzleiters (PE) wird hier erklärt. Wir betrachten zuerst das TN-System und dann das TT-System mit dem gleichen Schaltbild (**Bild 7.4**).

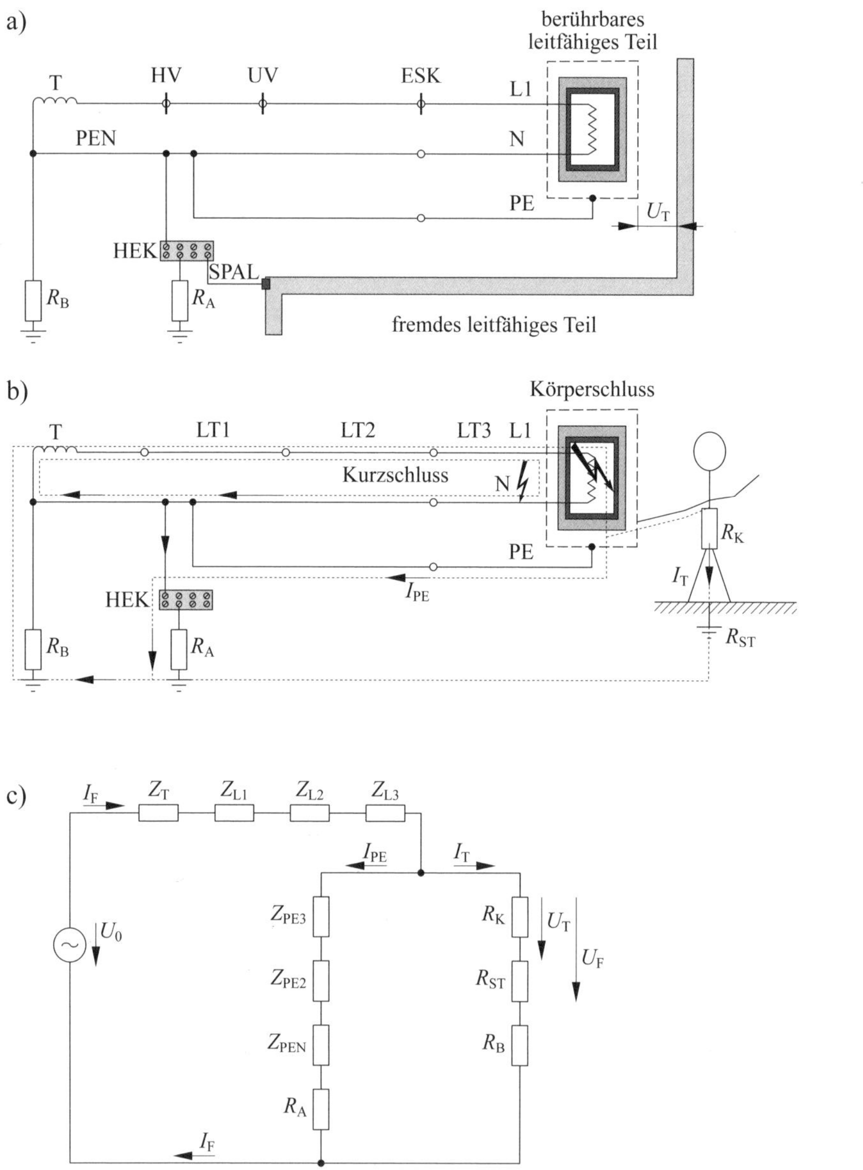

Bild 7.4 TN-System mit Schutzpotentialausgleich – a) Schaltbild des TN-C-S-Systems (einpolig dargestellt), b) TN-System mit Fehlerarten, c) Ersatzschaltbild zum TN-System

ESK: Endstromkreis, HEK: Haupterdungsklemme, LT: Leitung, SPAL: Schutzpotentialausgleichsleiter

7.9.1 Betrachtung des TN-Systems

Durch die Erdung des PEN-Leiters an mehreren Stellen (in jedem Gebäude) wird die Höhe der Fehlerspannung reduziert. Ohne Erdung des Betriebsmittels würde die Fehlerspannung nur die Hälfte der Erdspannung erreichen und das Verhältnis der Widerstände R_A und R_B die Spannung am PEN-Leiter und die Fehlerspannung beeinflussen.

Die Fehlerspannung beträgt:

$$U_F = \frac{1}{2} \cdot U_0 \cdot \frac{R_A}{R_A + R_B}, \tag{7.7}$$

wobei $U_0 = \frac{U_n}{\sqrt{3}} = 230\ \text{V}$ ist.

Mit einem Hauptschutzpotentialausgleich beträgt die zu erwartende (prospektive) Berührungsspannung (T: Touch):

$$U_T = I_T \cdot R_k. \tag{7.8}$$

Wenn kein Hauptschutzpotentialausgleich vorhanden ist:

$$U_T = I_F \cdot (Z_{PE} + Z_{PEN}). \tag{7.9}$$

Der Zweck der Erdung der leitfähigen berührbaren Teile ist, dass bei einem Fehler genügend Strom fließen muss, um die Schutzeinrichtung zum Auslösen zu bringen. Für die Bestimmung der Abschaltzeit betrachten wir den Fehlerstrom zwischen dem Außenleiter und dem berührbaren leitfähigen Teil.

$$I_F = \frac{U_0}{Z_T + Z_L + Z_{PE} + Z_{PEN}}. \tag{7.10}$$

Die zu erwartende (prospektive) Fehlerspannung zwischen dem berührbaren leitfähigen Teil und dem Schutzleiter (bzw. PEN-Leiter) ist:

$$U_F = I_F \cdot Z_{PE} = \frac{U_0}{Z_T + Z_L + Z_{PE} + Z_{PEN}} \cdot Z_{PE}. \tag{7.11}$$

Für die Impedanz gilt: $Z = \sqrt{R^2 + X^2}$.

In der Praxis kann der induktive Widerstand von Kabel und Leitungen bis 50 mm^2 vernachlässigt werden.

Beispiel: TN-System

Von einem Transformator wird eine Hauptverteilung über ein Erdkabel versorgt. Der Unterverteiler ist im dritten Stockwerk untergebracht. Der Endstromverbraucher, z. B. ein Wechselstromherd, ist an eine Steckdose angeschlossen. Bestimmen Sie alle Fehlerströme, die im Schutzleiter und im menschlichen Körper fließen als auch die Berührungsspannung und Fehlerspannung.

Die Netzparameter sind in **Bild 7.5** und in **Tabelle 7.2** dargestellt.

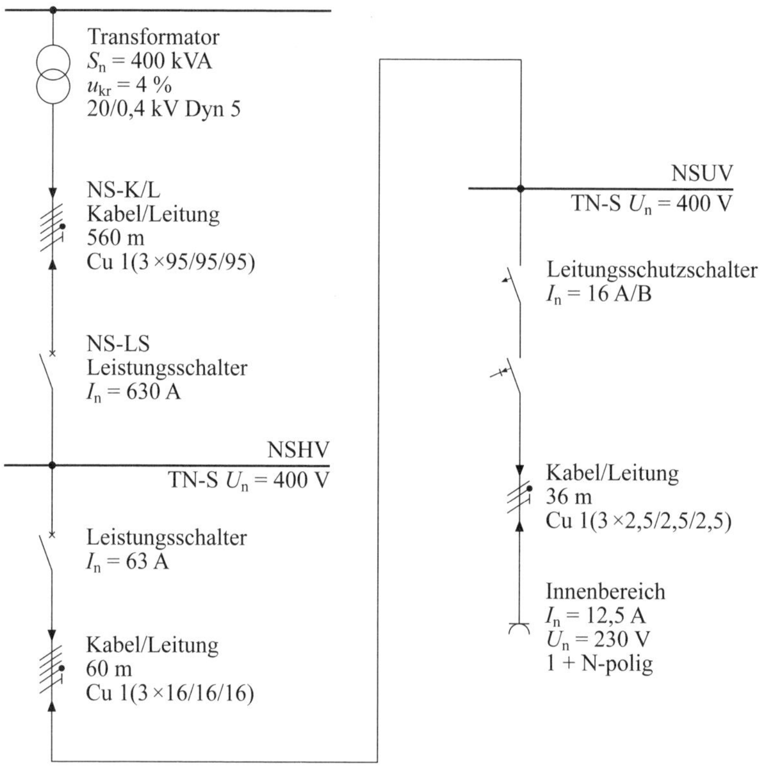

Bild 7.5 Beispiel zur Anlagenberechnung

	Transformator	Hauptleitung	Unterverteilung	Endstromkreis
	400 kVA, 4 %	4 × 95 mm², 560 m	5 × 16 mm², 60 m	3 × 2,5 mm², 36 m
R	3,881 mΩ	0,194 mΩ	1,151 mΩ	7,366 mΩ
X	15,872 mΩ	0,082 mΩ	0,09 mΩ	0,113 mΩ
Z	16,339 mΩ	62,987 mΩ	19,828 mΩ	108,554 mΩ

Tabelle 7.2 Netzparameter

Bemerkung: Obwohl in Endstromkreisen die ohmschen Widerstände viel größer sind als die induktiven, rechnen wir bei dem Beispiel mit beiden Widerständen.

Wir geben zuerst die Impedanz der Fehlerschleife an (Bild 7.4 c).

$$Z_\mathrm{S} = Z_\mathrm{T} + Z_\mathrm{L1} + Z_\mathrm{L2} + Z_\mathrm{L3} + Z_\mathrm{PE3} + Z_\mathrm{PE2} + Z_\mathrm{PEN} \tag{7.12}$$

Damit können die Berührungsspannung und der Fehlerstrom berechnet werden.

$$U_\mathrm{T} = \frac{Z_\mathrm{PE3} + Z_\mathrm{PE2} + Z_\mathrm{PEN}}{Z_\mathrm{S}} \cdot U_0 \tag{7.13}$$

Der Fehlerstrom wird angegeben durch:

$$I_\mathrm{F} = \frac{U_0}{Z_\mathrm{S}} \tag{7.14}$$

Der Fehlerstrom besteht aus dem Strom, der im Schutzleiter (PE)

$$I_\mathrm{PE} = \frac{R_\mathrm{K}}{Z_\mathrm{PE3} + Z_\mathrm{PE2} + Z_\mathrm{PEN}} \cdot I_\mathrm{F} \tag{7.15}$$

und im menschlichen Körper fließt, falls der Mensch das Betriebsmittel berühren sollte (Bild 7.4 c).

$$I_\mathrm{T} = I_\mathrm{F} - I_\mathrm{PE} \tag{7.16}$$

Beispiel 7c:

Impedanz der Fehlerschleife (hin und zurück):

$$Z_\mathrm{S} = Z_\mathrm{T} + Z_\mathrm{L1} + Z_\mathrm{L2} + Z_\mathrm{L3} + Z_\mathrm{PE3} + Z_\mathrm{PE2} + Z_\mathrm{PEN} = 399\ \mathrm{m\Omega}.$$

Damit können die Berührungsspannung und der Fehlerstrom berechnet werden:

$$\begin{aligned} U_\mathrm{T} &= \frac{Z_\mathrm{PE3} + Z_\mathrm{PE2} + Z_\mathrm{PEN}}{Z_\mathrm{S}} \cdot U_0 \\ &= \frac{0{,}108\,554\ \Omega + 0{,}019\,828\ \Omega + 0{,}062\,987\ \Omega}{0{,}399\ \Omega} \cdot 230\ \mathrm{V} = 110{,}31\ \mathrm{V}. \end{aligned}$$

Fehlerstrom:

$$I_\mathrm{F} = \frac{U_0}{Z_\mathrm{S}} = \frac{230\ \mathrm{V}}{399\ \mathrm{m\Omega}} = 576{,}44\ \mathrm{A}.$$

Teilströme im Schutzleiter

$$\begin{aligned} I_\mathrm{PE} &= \frac{R_\mathrm{K}}{R_\mathrm{PE3} + R_\mathrm{PE2} + Z_\mathrm{PEN} + R_\mathrm{K}} \cdot I_\mathrm{F} \\ &= \frac{1\,500\ \Omega}{0{,}108\,554\ \Omega + 0{,}019\,828\ \Omega + 0{,}062\,987\ \Omega + 1\,500\ \Omega} \cdot 576{,}44\ \mathrm{A} = 576{,}366\ \mathrm{A}. \end{aligned}$$

und im menschlichen Körper

$$I_\mathrm{T} = I_\mathrm{F} - I_\mathrm{PE} = 576{,}44\ \mathrm{A} - 576{,}366\ \mathrm{A} = 74\ \mathrm{mA}.$$

7.9.2 Betrachtung des TT-Systems

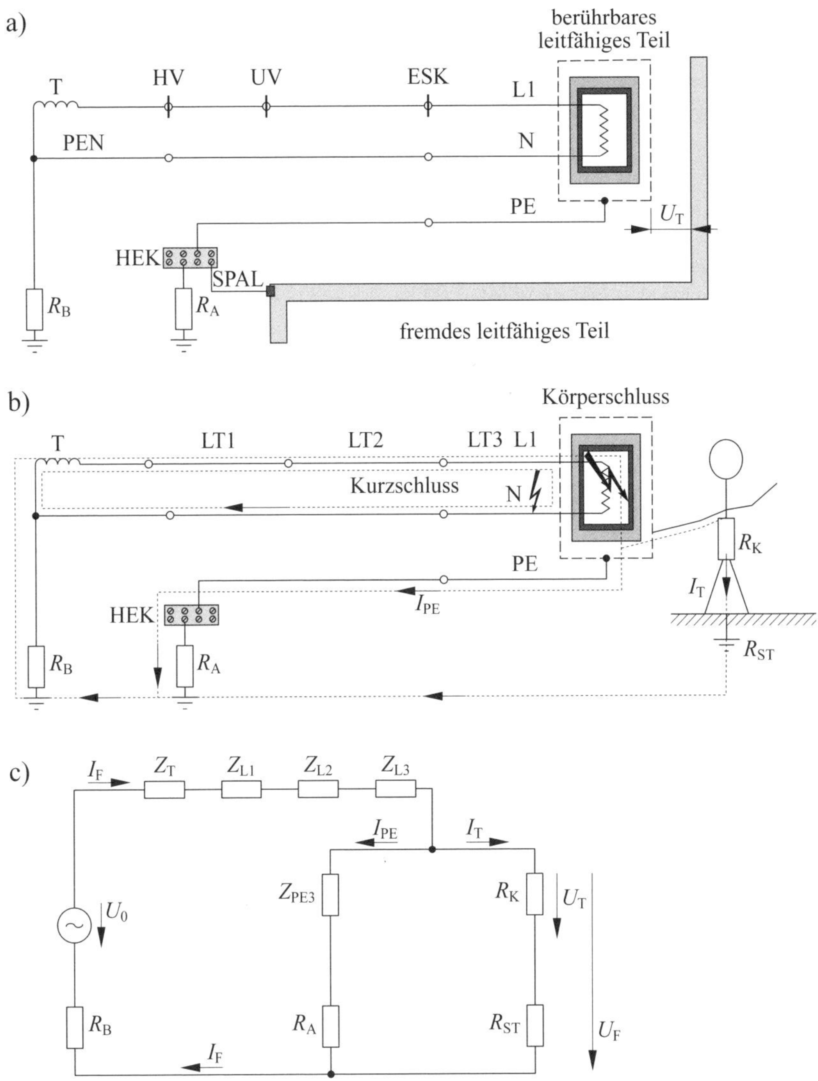

Bild 7.6 TT-System mit Schutzpotentialausgleich – a) Schaltbild des TT-Systems (einpolig dargestellt); N und PE darf nicht zusammengeführt werden, b) TT-System mit Fehlerarten, c) Ersatzschaltbild zum TT-System

ESK: Endstromkreis, HEK: Haupterdungsklemme, LT: Leitung, SPAL: Schutzpotentialausgleichsleiter

Beim TT-System werden die Betriebsmittel getrennt oder gemeinsam über den Schutzleiter mit der Erdungsanlage verbunden. Der Fehlerstrom fließt über die Erder zurück zur Spannungsquelle und zum Fehlerort. Das führt zu den kleineren Fehlerströmen, die von Schutzeinrichtungen in der Norm angegebenen Zeit nicht abgeschaltet werden können. Daher müssen Fehlerstrom-Schutzeinrichtungen (RCD) für das automatische Abschalten vorgesehen werden.

Wie beim TN-System schreiben wir zuerst die Impedanz der Fehlerschleife (**Bild 7.6 c**).

$$Z_S = Z_T + Z_{L1} + Z_{L2} + Z_{L3} + Z_{PE3} + R_A + R_B. \tag{7.17}$$

Bemerkung: Da die Netzimpedanzen sehr klein sind, kann die Berechnung der Schleifenimpedanz vereinfacht werden ($Z_T + Z_{L1} + Z_{L2} + Z_{L3} + Z_{PE3} \ll R_A + R_B$).

$$Z_S = R_A + R_B. \tag{7.18}$$

Die Berührungsspannung beträgt bei Vorhandensein eines Hauptschutzpotentialausgleichs

$$U_T = I_F \cdot Z_{PE}, \tag{7.19}$$

wenn kein Hauptschutzpotentialausgleich vorhanden ist

$$U_T = I_F \cdot \left(Z_{PE} + Z_A\right). \tag{7.20}$$

Der Fehlerstrom fließt über die Erde und zurück zur Spannungsquelle (**Bild 7.6 b**)

$$I_F = \frac{U_0}{Z_S}. \tag{7.21}$$

Der Ausbreitungswiderstand des Erders beträgt mit einer Fehlerstrom-Schutzeinrichtung (RCD):

$$R_A \le \frac{50\ \text{V}}{I_{\Delta n}}. \tag{7.22}$$

In elektrischen Installationen kommen RCD mit verschiedenen Bemessungsdifferenzströmen $I_{\Delta n}$ zum Einsatz. Damit kann man den maximalen Ausbreitungswiderstand berechnen.

$$R_A \le \frac{50\ \text{V}}{30\ \text{mA}} = 1{,}66\ \text{k}\Omega, \tag{7.23}$$

$$R_A \le \frac{50\ \text{V}}{100\ \text{mA}} = 0{,}5\ \text{k}\Omega, \tag{7.24}$$

$$R_{\text{A}} \leq \frac{50\ \text{V}}{300\ \text{mA}} = 166\ \Omega. \tag{7.25}$$

Diese Widerstände führen zu einem Fehlerstrom von (DIN VDE 0100-410:2018-10, Abschnitt 411.5.3 Anmerkung 4)

$$\frac{230\ \text{V}}{R_{\text{A}}} = \frac{230\ \text{V}}{50\ \text{V}} \cdot I_{\Delta\text{n}} = 4{,}6 \cdot I_{\Delta\text{n}}. \tag{7.26}$$

Wenn die Bedingung $R_{\text{A}} \leq \frac{50\ \text{V}}{I_{\Delta\text{n}}}$ eingehalten wird, fließt bei einer Leiter-Erde-Spannung von 230 V ein Fehlerstrom von $\frac{230\ \text{V}}{50\ \text{V}} \cdot I_{\Delta\text{n}} = 4{,}6 \cdot I_{\Delta\text{n}}$, mit dem die Einhaltung der Abschaltzeit (bei 230 V, 0,2 s) sichergestellt ist. Die geforderten Abschaltzeiten werden auch bei **RCD Typ S** schon bei einem Fehlerstrom von 2 · $I_{\Delta\text{n}}$ erreicht.

Bei einem normalen trockenen Zustand und einem Körperwiderstand von 1 500 Ω würde 230 V/1 500 Ω = 153,33 mA Fehlerstrom durch den menschlichen Körper fließen. Sogar bei einem nassen Körper mit einem Widerstand von 300 Ω würden 230 V/300 Ω = 766,66 mA fließen. Diese Fehlerströme sind ausreichend, um den RCD zu aktivieren, aber nicht z. B. einen 6-A-Leitungsschutzschalter oder eine 6-A-Sicherung.

Berührungsspannung:

$$U_{\text{T}} = \frac{Z_{\text{PE3}} + R_{\text{A}}}{Z_{\text{S}}} \cdot U_0. \tag{7.27}$$

Der Fehlerstrom beträgt über die Erde:

$$I_{\text{F}} = \frac{U_0}{Z_{\text{S}}}. \tag{7.28}$$

Teilströme im Schutzleiter

$$I_{\text{PE}} = \frac{R_{\text{K}}}{Z_{\text{PE3}} + R_{\text{A}} + R_{\text{K}}} \cdot I_{\text{F}}, \tag{7.29}$$

und im menschlichen Körper

$$I_{\text{T}} = I_{\text{F}} - I_{\text{PE}}. \tag{7.30}$$

Beispiel 7d: TT-System

Die Impedanz der Fehlerschleife:

$$Z_S = Z_{Gesamt} + R_A + R_B = 0{,}207\ \Omega + 4\ \Omega + 2\ \Omega = 6{,}207\ \Omega,$$

wobei

$$Z_G = Z_T + Z_{L1} + Z_{L2} + Z_{L3} = 0{,}207\ \Omega.$$

Berührungsspannung:

$$U_T = \frac{Z_{PE3} + R_A}{Z_S} \cdot U_0 = \frac{0{,}1\ \Omega + 4\ \Omega}{6{,}207\ \Omega} \cdot 230\ \text{V}=152\ \text{V}.$$

Fehlerstrom:

$$I_F = \frac{U_0}{Z_S} = \frac{230\ \text{V}}{6{,}207\ \Omega} = 37{,}05\ \text{A}.$$

Teilstrom im Schutzleiter

$$I_{PE} = \frac{R_K}{Z_{PE3} + R_A + R_K} \cdot I_F = \frac{1\,000\ \Omega}{0{,}1\ \Omega + 4\ \Omega + 1\,000\ \Omega} \cdot 37{,}05\ \text{A} = 36{,}95\ \text{A}$$

und im menschlichen Körper

$$I_T = 37{,}05\ \text{A} - 36{,}9\ \text{A} = 150\ \text{mA}.$$

7.9.3 Unterbrechung des Schutzleiters

Wir betrachten zum Schluss den schlimmsten Fall: Der Schutzleiter wurde unterbrochen oder vorschriftswidrig weggelassen. Damit fließt der Fehlerstrom über den Menschen zur Erde.

Unter Vernachlässigung der Netzimpedanzen beträgt der Fehlerstrom:

$$I_F = \frac{U_0}{R_K + R_A + R_B} = \frac{230\ \text{V}}{1\,000\ \Omega + 4\ \Omega + 2\ \Omega} = 228{,}62\ \text{mA}.$$

Die Fehlerspannung beträgt:

$$U_F = \frac{R_K + R_A}{R_K + R_A + R_B} \cdot U_0 = \frac{1\,000\ \Omega + 4\ \Omega}{1\,000\ \Omega + 4\ \Omega + 2\ \Omega} \cdot 230\ \text{V} = 229{,}54\ \text{V}.$$

Die Berührungsspannung beträgt:

$$U_\mathrm{T} = \frac{R_\mathrm{K}}{R_\mathrm{K} + R_\mathrm{A}} \cdot U_\mathrm{F} = \frac{1\,000\ \Omega}{1\,000\ \Omega + 4\ \Omega} \cdot 229{,}54\ \mathrm{V} = 228{,}62\ \mathrm{V}.$$

Wir halten fest:

a) mit Schutzleiter:
   - der Schutzleiter verringert die Berührungsspannung,
   - der Schutzleiter vergrößert den Fehlerstrom,
   - in verschiedenen Netzformen entstehen unterschiedliche Größen,
   - für diese Größen sind unterschiedliche Abschaltzeiten festgelegt;

b) ohne Schutzleiter:
   - das Weglassen des Schutzleiters erhöht die Berührungsspannung,
   - der Fehlerstrom sinkt – dadurch wird die Abschaltung schwieriger,
   - ein RCD mit 300 mA Bemessungsdifferenzstrom würde diesen Fehlerstrom nicht unbedingt abschalten.

7.9.4 Vergleich der Ergebnisse

Beide Systeme wurden vorgestellt. Der Vergleich zeigt, dass beim TT-System alle Größen, außer dem Fehlerstrom, weit höher liegen als beim TN-System (**Tabelle 7.3**).

	TN-System	TT-System
U_T	110,31 V	152 V
I_F	576,44 A	37,05 A
I_PE	576,366 A	36,95 A
I_T	74 mA	100 mA

Tabelle 7.3 Vergleich der Ergebnisse

7.10 Auswahl von Werkstoffen und Bauteilen

Bei der Errichtung von Erdungsanlagen können unterschiedliche Werkstoffe im Erder selbst wie auch bei dessen Verbindung zu Konstruktionsteilen genutzt werden. Es muss daher geprüft werden, ob bei den verwendeten Werkstoffkombinationen eine Korrosionsgefahr vorliegt und somit zusätzliche Maßnahmen notwendig sind.

Im Erdreich müssen folgende höherwertige korrosionsbeständige Erderwerkstoffe eingesetzt werden:

a) hochlegierter Edelstahl nach DIN EN IEC 62561-2 (**VDE 0185-561-2**) mit mindestens 2 % Molybdängehalt, z. B. Werkstoff Nr. 1.4401, Nr. 1.4404 und Nr. 1.4571,
b) Kupfer (blank oder verzinnt) nach DIN EN IEC 62561-2 (**VDE 0185-561-2**).

7.11 Überprüfung auf Übereinstimmung und Dokumentation

Vor der Überdeckung der Erdungsanlage (z. B. mit Beton oder Erdreich) ist durch eine Elektrofachkraft oder Blitzschutzfachkraft oder durch eine Baufachkraft unter Leitung und Aufsicht einer o. g. Elektro- oder einer Blitzschutzfachkraft zu überprüfen, ob die Erdungsanlage in Übereinstimmung mit den Anforderungen dieses Dokuments errichtet worden ist.

7.11.1 Dokumentation

Die Dokumentation muss enthalten:

1. Ausführungspläne der Erdungsanlage;
2. Ausführung der kombinierten Potentialausgleichsanlage, falls gefordert;
3. aussagekräftige Fotografien der Gesamterdungsanlage;
4. eindeutig zuordnungsbare Detailaufnahmen von Verbindungsstellen, z. B. zu Haupterdungsschienen, Anschlussteilen der Blitzschutzanlage;
5. Ergebnisse der Durchgangsmessung.

7.11.2 Durchgangsmessung

An der Erdungsanlage und einer vorhandenen kombinierten Potentialausgleichsanlage muss die Durchgangsmessung zwischen dem Anschlusspunkt für die Haupterdungsschiene oder einem Bezugspunkt und allen anderen Anschlusspunkten einen Widerstandswert nach DIN EN 62305-3 (**VDE 0185-305-3**):2011-10, Abschnitt 8 von $\leq 1{,}0\ \Omega$ aufweisen. Die Durchgangsmessung sollte vor der Überdeckung der Erdungsanlage (z. B. mit Beton oder Erdreich) erfolgen.

7.12 Beispiele zur Erdung

Folgende Beispiele sind für unterschiedliche Erderarten mit Näherungsformeln und genauen Berechnungsformeln berechnet.

Gegeben sind:

- ein spezifischer Erdwiderstand $\rho_E = 100\ \Omega\text{m}$,
- ein Familienhaus mit 9 m × 12 m,
- Länge der Tiefenerder $l_{ver} = 4{,}5$ m,
- Gesamtlänge der Erder $l = 42$ m,
- Stabdurchmesser $d = 0{,}02$ m

1. Tiefenerder

$$R_{VE} \approx \frac{\rho_E}{L} \approx \frac{100\ \Omega\text{m}}{4{,}5\ \text{m}} = 22{,}22\ \Omega$$

$$R_{VE} = \frac{\rho_E}{2\pi \cdot l} \cdot \ln \frac{2 \cdot l}{d} = \frac{100\ \Omega}{2\pi \cdot 4{,}5\ \text{m}} \cdot \ln \frac{4 \cdot 4{,}5\ \text{m}}{0{,}02\ \text{m}} = 24\ \Omega$$

2. Banderder

$$R_{BE} \approx \frac{3 \cdot \rho_E}{L} \approx \frac{3 \cdot 100\ \Omega\text{m}}{42\ \text{m}} = 7{,}14\ \Omega$$

$$R_{BE} = \frac{\rho_E}{\pi \cdot l} \cdot \ln \frac{2 \cdot l}{d} = \frac{100\ \Omega}{\pi \cdot 42\ \text{m}} \cdot \ln \frac{2 \cdot 42\ \text{m}}{0{,}02\ \text{m}} = 6{,}32\ \Omega$$

3. Ringerder

$$R_{RE} \approx \frac{3 \cdot \rho_E}{\pi \cdot D} \approx \frac{1{,}5 \cdot 100\ \Omega\text{m}}{\pi \cdot 5{,}86\ \text{m}} = 8{,}14\ \Omega$$

$$R_{RE} = \frac{\rho_E}{\pi^2 \cdot D} \cdot \ln \frac{2\pi \cdot D}{d} = \frac{100\ \Omega}{2\pi \cdot 13{,}37\ \text{m}} \cdot \ln \frac{2\pi \cdot 13{,}37\ \text{m}}{0{,}02\ \text{m}} = 9{,}93\ \Omega$$

$$D = \frac{L}{\pi}$$

4. Maschenerder

$$R_{\mathrm{ME}} \approx \frac{\rho_{\mathrm{E}}}{2 \cdot D} + \frac{\rho_{\mathrm{E}}}{l} \approx \frac{100\ \Omega\mathrm{m}}{2 \cdot 11,72\ \mathrm{m}} + \frac{100\ \Omega}{42\ \mathrm{m}} = 6,64\ \Omega$$

$$R_{\mathrm{ME}} \approx \frac{\rho_{\mathrm{E}}}{2 \cdot \sqrt{D}} \approx \frac{100\ \Omega\mathrm{m}}{2 \cdot \sqrt{\frac{4 \cdot 9\ \mathrm{m} \times 12\ \mathrm{m}}{\pi}}} = 4,26\ \Omega$$

$$D = 1,13 \cdot \sqrt{A}, \quad D = \sqrt{\frac{4 \cdot A}{\pi}}$$

5. Fundamenterder

$$R_{\mathrm{FE}} \approx \frac{2 \cdot \rho_{\mathrm{E}}}{\pi \cdot D} \approx \frac{2 \cdot 100\ \Omega\mathrm{m}}{\pi \cdot 5,86\ \mathrm{m}} = 10,86\ \Omega$$

6. Ring- und Vertikalerder (Tiefenerder, zwei Stück) parallel geschaltet

$$R_{\mathrm{VE}} \approx \frac{\rho_{\mathrm{E}}}{n \cdot L} \approx \frac{100\ \Omega\mathrm{m}}{2 \cdot 4,5\ \mathrm{m}} = 11,1\ \Omega$$

$$R_{\mathrm{G}} = \frac{R_{\mathrm{RE}} \cdot R_{\mathrm{VE}}}{R_{\mathrm{RE}} + R_{\mathrm{VE}}} = \frac{8,14\ \Omega \cdot 11,1\ \Omega}{8,14\ \Omega + 11,1\ \Omega} = 4,7\ \Omega$$

Die Ergebnisse zeigen, dass der Erdungswiderstand sehr stark vom spez. Erdwiderstand und Typ des Erders abhängig ist.

8 Blitzschutzanlagen
DIN EN 62305 (VDE 0185-305)

Blitzschutzsysteme [2] [20] sollen bauliche Anlagen vor Brand oder mechanischer Zerstörung schützen und Personen in den Gebäuden vor Verletzung oder Tod bewahren. Ein Blitzschutzsystem besteht aus dem äußeren und dem inneren Blitzschutz (**Bild 8.1**).

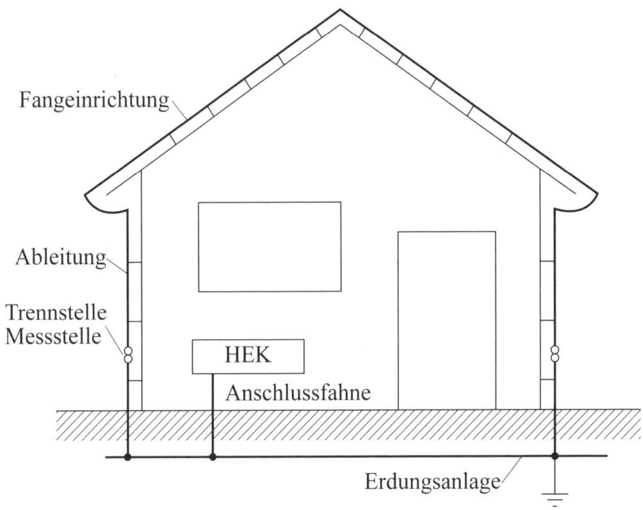

Bild 8.1 Äußerer Blitzschutz

Äußerer Blitzschutz wird unterteilt in:

- Fangeinrichtung,
- Ableitungseinrichtung und
- Erdungsanlage.

Innerer Blitzschutz:

- Blitzschutz-Potentialausgleich

Die Funktionen des äußeren Blitzschutzes sind:

1. Auffangen von Direkteinschlägen mit einer Fangeinrichtung,
2. sicheres Ableiten des Blitzstroms zur Erde mit einer Ableitungseinrichtung,
3. Verteilen des Blitzstroms in der Erde über eine Erdungsanlage.

Die Funktion des inneren Blitzschutzes ist:

4. das Verhindern gefährlicher Funkenbildung innerhalb der baulichen Anlage.

Dies wird durch den Potentialausgleich oder eine Trennstrecke zwischen den Bauteilen des Blitzschutzsystems und anderen elektrisch leitenden Elementen innerhalb der baulichen Anlage erreicht. Der Blitzschutz-Potentialausgleich reduziert die durch den Blitzstrom verursachten Potentialunterschiede. Dies wird durch die Verbindung aller getrennten, leitenden Anlagenteile direkt durch Leitungen oder durch Überspannungsschutzgeräte (SPDs) erreicht.

Es sind die vier Schutzklassen I, II, III und IV von Blitzschutzsystemen (LPS) anhand eines Satzes von Konstruktionsregeln festgelegt, die auf dem entsprechenden Gefährdungspegel beruhen. Jeder Satz umfasst klassenabhängige (z. B. Radius der Blitzkugel, Maschenweite) und klassenunabhängige (z. B. Querschnitte, Werkstoffe) Konstruktionsregeln.

Zum Sicherstellen kontinuierlicher Verfügbarkeit komplexer informationstechnischer Systeme auch im Fall direkter Blitzeinwirkung sind, aufbauend auf einem Blitzschutzsystem, weiterführende Maßnahmen zum Überspannungsschutz elektronischer Systeme notwendig.

Bei der Festlegung der Anordnung und der Lage von Fangeinrichtungen können drei Verfahren genutzt werden (**Bild 8.2**):

1. Blitzkugelverfahren,
2. Maschenverfahren und
3. Schutzwinkelverfahren.

Das **Blitzkugelverfahren** ist ein geometrisch-elektrisches Modell, das insbesondere für geometrisch komplizierte Anwendungsfälle empfohlen wird (**Bild 8.3**). In erster Näherung besteht eine Proportionalität zwischen dem Scheitelwert des Blitzstroms und der im Leitblitz gespeicherten elektrischen Ladung. Weiterhin ist auch die elektrische Bodenfeldstärke bei heranwachsendem Leitblitz in erster Näherung von der im Leitblitz gespeicherten Ladung linear abhängig. Es existiert damit eine Proportionalität zwischen dem Scheitelwert des Blitzstroms und der Enddurchschlagstrecke (Radius der Blitzkugel).

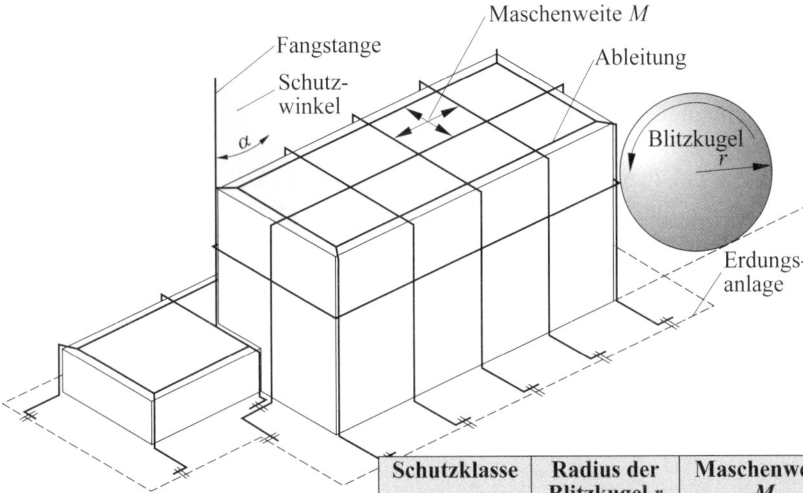

Schutzklasse	Radius der Blitzkugel r	Maschenweite M
I	20 m	5 m × 5 m
II	30 m	10 m × 10 m
III	45 m	15 m × 15 m
IV	60 m	20 m × 20 m

Bild 8.2 Festlegung der Blitzeinrichtungen

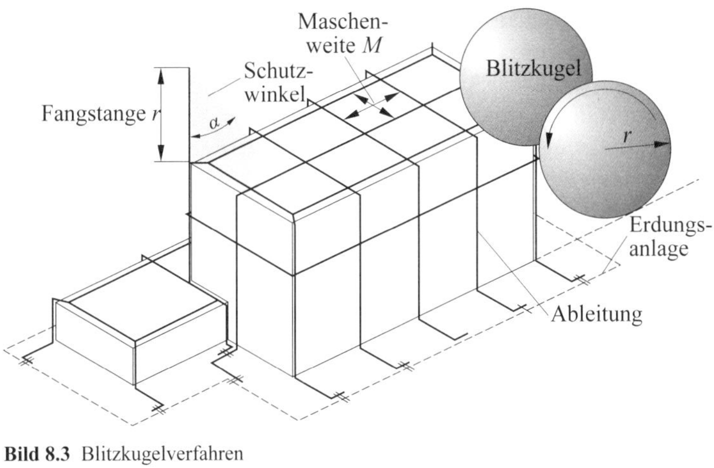

Bild 8.3 Blitzkugelverfahren

Mit der Schutzklasse steigt die Einfangwirksamkeit der Fangeinrichtungen, d. h. welcher Anteil der zu erwartenden Blitzeinschläge durch die Fangeinrichtungen sicher beherrscht wird. Daraus ergibt sich die Enddurchschlagstrecke und damit der

Radius der „Blitzkugel“. Die Zusammenhänge zwischen Schutzklasse, Einfangwirksamkeit der Fangeinrichtungen, Enddurchschlagstrecke/Radius der „Blitzkugel“ und Stromscheitelwert sind in Bild 8.2 dargestellt.

Zur Durchführung des Blitzkugelverfahrens benötigt man von dem zu schützenden Objekt ein maßstäbliches Modell (z. B. im Maßstab 1 : 100), an dem die äußeren Konturen und ggf. Fangeinrichtungen nachgebildet sind. Des Weiteren benötigt man, der jeweiligen Schutzklasse entsprechend, eine maßstäbliche Kugel mit dem Radius, der der Enddurchschlagstrecke entspricht (der Radius *r* der „Blitzkugel“ muss je nach Schutzklasse maßstäblich den Radien 20 m, 30 m, 45 m oder 60 m entsprechen). Der Mittelpunkt der verwendeten „Blitzkugel“ entspricht dem Leitblitzkopf, zu dem sich die jeweiligen Fangentladungen ausbilden. Die „Blitzkugel“ wird nun um das zu untersuchende Objekt gerollt und die jeweiligen Berührungspunkte, die den möglichen Einschlagstellen des Blitzes entsprechen, werden markiert. Anschließend wird die „Blitzkugel“ in allen Richtungen über das Objekt gerollt. Wieder werden alle Berührungspunkte markiert. An den Stellen, an denen die „Blitzkugel“ Gebäudeteile berührt, werden Fangeinrichtungen installiert.

Das **Maschenverfahren** kann universell und unabhängig von der Gebäudehöhe und Dachform angewendet werden (**Bild 8.4**). Auf der Dacheindeckung wird ein maschenförmiges Fangnetz mit einer der Schutzklasse entsprechenden Maschenweite angeordnet. Der Durchhang der Blitzkugel wird bei der Fangeinrichtung Masche vereinfacht zu null angenommen. Die Lage der einzelnen Maschen ist unter Verwendung des Firstes und der Außenkanten des Gebäudes sowie den als Fangeinrichtung dienenden metallenen natürlichen Baukomponenten frei wählbar. Die Fangleitungen an den Außenkanten der baulichen Anlage müssen möglichst nahe an den Kanten verlegt werden. Eine metallene Attika kann als Fang- und/oder Ableitung verwendet werden, wenn die geforderten Mindestmaße für natürliche Bestandteile der Fangeinrichtung erfüllt werden.

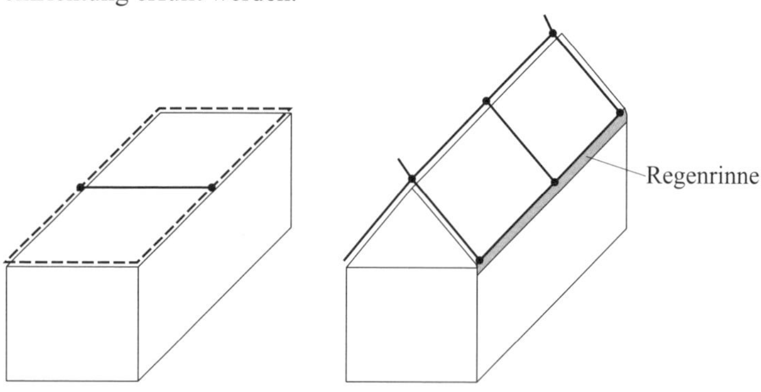

Bild 8.4 Maschenverfahren

Das **Schutzwinkelverfahren** ist bei Gebäuden mit symmetrischen Abmessungen (z. B. Steildach) oder für Dachaufbauten (z. B. Antennen, Abluftrohre) anzuwenden. Der Schutzwinkel α ist abhängig von der Schutzklasse und der Höhe der Fangeinrichtung über der Bezugsebene (**Bild 8.5**).

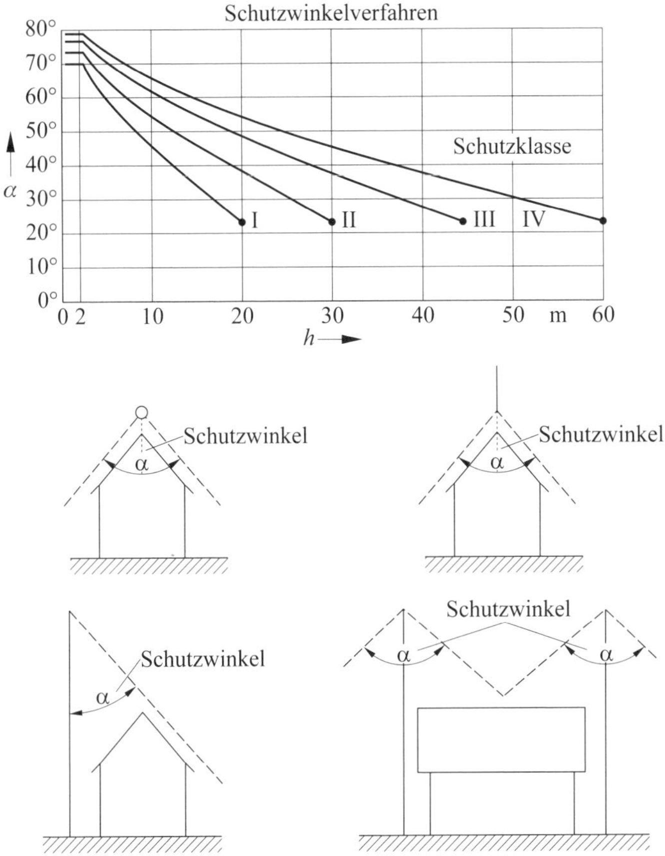

Bild 8.5 Schutzwinkelverfahren [20]

8.1 Trennungsabstand

Eine Gefahr des unkontrollierten Überschlags zwischen Teilen des äußeren Blitzschutzes und metallenen und elektrischen Anlagen im Inneren des Gebäudes besteht dann, wenn der Abstand zwischen der Fangeinrichtung oder Ableitung einerseits und metallenen und elektrischen Installationen innerhalb der zu schützenden baulichen Anlage andererseits nicht ausreichend ist. Durch metallene Installationen, z. B. Wasser-, Klima- und Elektroleitungen, ergeben sich Induktionsschleifen im Gebäude, in die durch das rasch veränderliche magnetische Blitzfeld Stoßspannungen induziert werden. Es muss verhindert werden, dass es durch diese Stoßspannungen zu einem unkontrollierten Überschlag kommt, der gegebenenfalls auch einen Brand verursachen kann. **Bild 8.6** zeigt das Prinzip des Trennungsabstands.

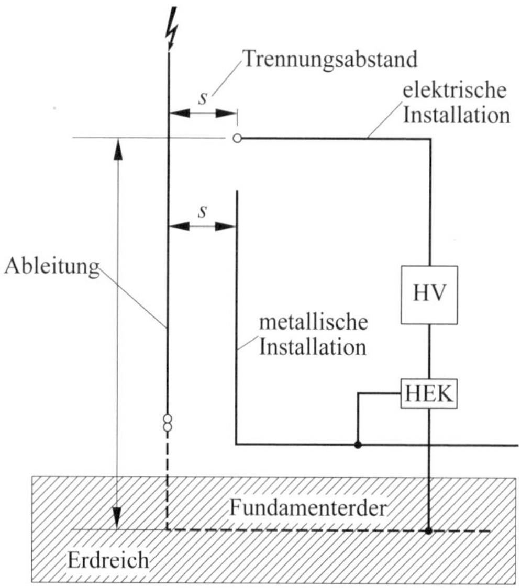

Bild 8.6 Trennungsabstand

8.2 Innerer Blitzschutz

Potentialausgleich nach DIN VDE 0100-410 und DIN VDE 0100-540

Der Hauptpotentialausgleich nach DIN VDE 0100-540 wird für alle neu errichteten elektrischen Verbraucheranlagen gefordert und beseitigt Potentialunterschiede, d. h. verhindert gefährliche Berührungsspannungen, z. B. zwischen dem Schutzleiter der Niederspannungs-Verbraucheranlage und metallenen Wasser-, Gas- und Heizungsrohrleitungen (**Bild 8.7**). Nach der DIN VDE 0100-410 besteht der Potentialausgleich aus dem **Schutzpotentialausgleich** und dem **zusätzlichen Schutzpotentialausgleich**. Jedes Gebäude muss nach den oben genannten Normen einen Hauptpotentialausgleich erhalten. Der zusätzliche Potentialausgleich ist für die Fälle vorgesehen, für die die

Abschaltbedingungen nicht erfüllt werden können oder für besondere Bereiche nach der Reihe der DIN VDE 0100-700.

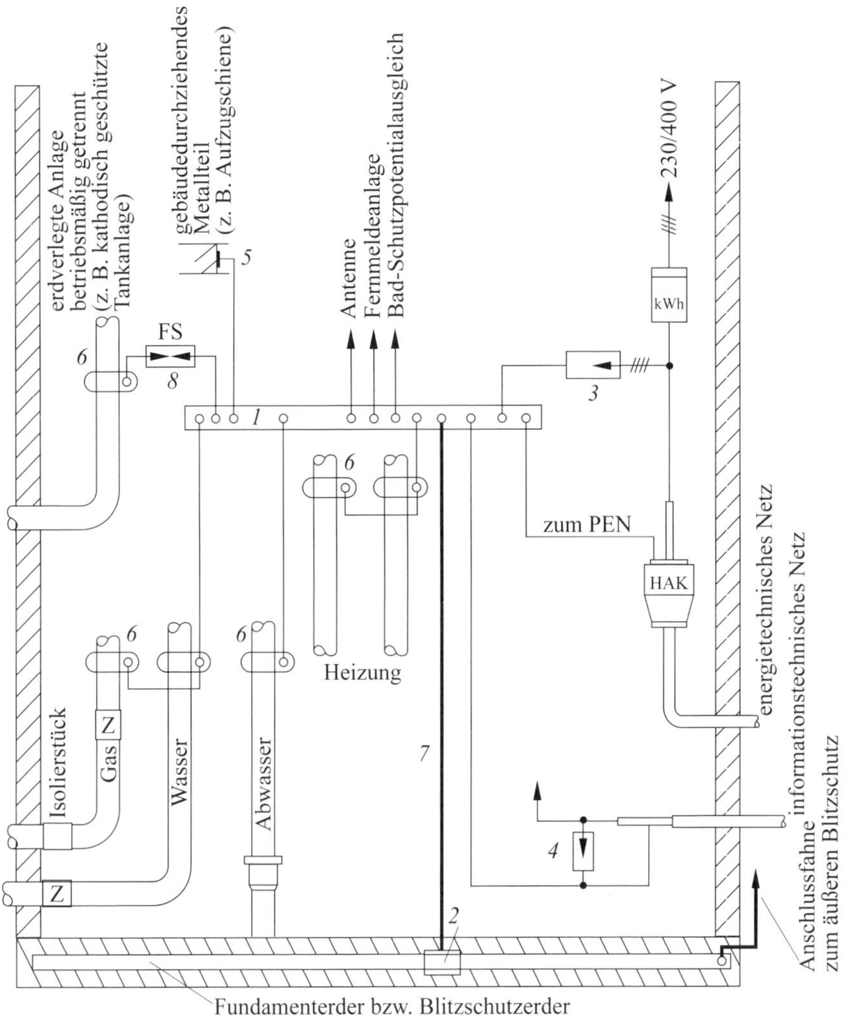

Bild 8.7 Beispiel für den Schutzpotentialausgleich über die Haupterdungsschiene nach DIN VDE 0100-410 und den Blitzschutzpotentialausgleich nach DIN EN 62305-3 (**VDE 0185-305-3**) (aus [14])

1 Haupterdungsschiene (Potentialausgleichsschiene); *2* Keilverbinder; *3* Blitzstromableiter; *4* Blitzstromableiter in einem informationstechnischen System; *5* Anschlussklemme; *6* Rohrschelle; *7* Anschlussfahne; *8* Trennfunkenstrecke; Z Zähler

8.3 Hauptschutzpotentialausgleich

Folgende fremde leitfähige Teile sind **direkt** in den Hauptpotentialausgleich einzubeziehen:

1. Erdungsleiter für den Hauptpotentialausgleich nach DIN VDE 0100-410,
2. Fundamenterder bzw. Blitzschutzerder,
3. zentrale Heizungsanlage,
4. metallene Wasserverbrauchsleitung,
5. leitende Teile der Gebäudekonstruktion (z. B. Aufzugsschienen, Stahlskelett, Lüftungs-/Klimakanäle),
6. metallene Abwasserleitung,
7. Gasinnenleitung,
8. Erdungsleitung für Antennen (nach DIN EN 60728-11 (**VDE 0855-1**)),
9. Erdungsleitung für Fernmeldeanlagen (nach DIN V VDE V 0800-2),
10. Schutzleiter der Elektroanlage nach DIN VDE 0100 (PEN-Leiter bei TN-System und PE-Leiter bei TT- bzw. IT-Systemen),
11. metallene Schirme von elektrischen und elektronischen Leitungen,
12. Metallmantel von Starkstromkabeln bis 1 000 V und
13. Erdungsanlagen von Starkstromanlagen über 1 kV nach DIN EN 50522 (**VDE 0101-2**), wenn keine unzulässig hohe Erdungsspannung verschleppt werden kann.

8.4 Ausführung der Erdungsanlage für den Potentialausgleich

Da die elektrische Niederspannungs-Verbraucheranlage bestimmte Erdungswiderstände (Abschaltbedingungen der Schutzorgane) erforderlich macht und der Fundamenterder gute Erdungswiderstände bei wirtschaftlicher Verlegung bietet, stellt der Fundamenterder eine optimale und wirkungsvolle Ergänzung zum Potentialausgleich dar. Für die Ausführung des Fundamenterders ist die DIN 18014 maßgebend, die z. B. Anschlussfahnen für die Potentialausgleichsschiene fordert.

8.5 Schutzpotentialausgleichsleiter

Die Potentialausgleichsleitungen sollen, sofern sie Schutzfunktion haben, wie Schutzleiter, d. h. grün/gelb, gekennzeichnet werden. Potentialausgleichsleitungen führen keinen Betriebsstrom und können daher blank aber auch isoliert sein.

Maßgebend für die Bemessung der Hauptpotentialausgleichsleitungen nach DIN VDE 0100-540 ist der Querschnitt des Hauptschutzleiters. Hauptschutzleiter ist der von der Stromquelle kommende oder vom Hausanschlusskasten oder dem Hauptverteiler abgehende Schutzleiter. In jedem Fall beträgt der Mindestquerschnitt des Hauptpotentialausgleichsleiters 6 mm^2 Cu. Als mögliche Begrenzung nach oben wurde 25 mm^2 Cu festgelegt.

Als Mindestquerschnitte für den zusätzlichen Potentialausgleich wird bei geschützter Verlegung 2,5 mm^2 Cu und bei ungeschützter Verlegung 4 mm^2 Cu gefordert. Für Erdungsleitungen von Antennen (nach DIN EN 60728-11 (**VDE 0855-1**)) beträgt der Mindestquerschnitt 16 mm^2 Cu, 25 mm^2 Al oder 50 mm^2 Stahl.

8.6 Haupterdungsklemme

Die Haupterdungsklemme ist ein zentrales Bauelement des Potentialausgleichs und muss alle in der Praxis vorkommenden Anschlussleitungen und Querschnitte kontaktsicher klemmen, stromtragsicher sein und der Korrosionsfestigkeit genügen.

In der DIN VDE 0681-1:2016-11 sind Anforderungen an die Potentialausgleichsschienen für den Hauptpotentialausgleich beschrieben. Darin werden folgende Anschlussmöglichkeiten als Minimum definiert:

1. 1 × Flachleiter 4 mm × 30 mm oder Rundleiter ∅ 10 mm,
2. 1 × 50 mm^2,
3. 6 × 6 mm^2 bis 25 mm^2,
4. 1 × 2,5 mm^2 bis 6 mm^2.

8.7 Zusätzlicher Schutzpotentialausgleich

Können Abschaltbedingungen der jeweiligen Netzform für eine Anlage oder einen Teil der Anlage nicht eingehalten werden, ist ein zusätzlicher örtlicher Potentialausgleich erforderlich. Hintergedanke ist, alle gleichzeitig berührbaren Körper sowie ortsfeste Betriebsmittel untereinander als auch fremde leitfähige Teile zu verbinden. Ziel ist es, eine eventuell auftretende Berührungsspannung möglichst klein zu halten. Weiterhin ist der zusätzliche Potentialausgleich anzuwenden bei Anlagen oder Anlagenteilen bei IT-Systemen mit Isolationsüberwachung. Erforderlich ist der zusätzliche Potentialausgleich auch bei besonderer Gefährdung aufgrund der Umgebungsbedingungen in speziellen Anlagen oder Anlageteilen.

In den VDE-Bestimmungen der Reihe 0100 Gruppe 700 wird auf den zusätzlichen Potentialausgleich für Betriebsstätten, Räume und Anlagen besonderer Art hingewiesen. Dies sind z. B.:

1. DIN VDE 0100-701 Räume mit Badewanne oder Dusche,
2. DIN VDE 0100-702 Becken von Schwimmbädern und andere Becken,
3. DIN VDE 0100-705 für landwirtschaftliche und gartenbauliche Anwesen.

Der Unterschied zum Hauptpotentialausgleich besteht darin, dass die Querschnitte der Leitungen kleiner gewählt werden dürfen und dieser zusätzliche Schutzpotentialausgleich örtlich begrenzt sein kann.

8.8 Auswahl, Installation und Montage von Überspannungsschutzgeräten (SPD)

Die Errichtung eines Blitz- und Überspannungsschutzsystems für elektrische Anlagen repräsentiert den aktuellen Stand der Technik und ist unabdingbare infrastrukturelle Voraussetzung für den störungs- und zerstörungsfreien Betrieb komplexer elektrischer und elektronischer Systeme [20]. Die Anforderungen an SPD, die für die Errichtung eines derartigen Blitz- und Überspannungsschutz-Systems im Rahmen des Blitz-Schutzzonenkonzepts nach DIN EN 62305-4 (**VDE 0185-305-4**) im Bereich der Energietechnik benötigt werden, sind in DIN VDE 0100-534 festgelegt. SPD, die im Bereich der festen Gebäudeinstallation eingesetzt sind, werden entsprechend den Anforderungen und Belastungen an den gewählten Installationsorten, in Überspannungsschutzgeräte vom Typ 1, 2 und 3 unterteilt und nach DIN EN 61643-11 (**VDE 0675-6-11**) geprüft (**Bild 8.8**). Die höchsten Anforderungen hinsichtlich ihres Ableitvermögens werden an SPD vom Typ 1 gestellt. Diese werden im Rahmen des Blitz- und Überspannungsschutz-Systems an der Schnittstelle der Blitz-Schutzzone 0A auf 1 und höher eingesetzt. Diese Schutzgeräte (Blitzstrom-Ableiter-Typ 1) müssen in der Lage sein, Blitz-Teilströme der Wellenform 10/350 µs mehrmals zerstörungsfrei zu führen. Aufgabe dieser Schutzgeräte ist es, ein Eindringen von zerstörenden Blitz-Teilströmen in die elektrische Anlage eines Gebäudes zu verhindern. Am Übergang der Blitz-Schutzzone 0B auf 1 und höher oder Blitz-Schutzzone 1 auf 2 und höher werden SPD des Typs 2 zum Schutz vor Überspannungen eingesetzt. Ihr Ableitvermögen liegt im Bereich von einigen 10 kA (8/20 µs). Letztes Glied im Blitz- und Überspannungsschutz-System in Anlagen der Energietechnik stellt der Endgeräteschutz (Übergang Blitz-Schutzzone LPZ 2 auf LPZ 3 und höher) dar. Hauptaufgabe des an dieser Stelle eingesetzten Schutzgeräts vom Typ 3 ist der Schutz gegen Überspannungen, die zwischen L und N im elektrischen System auftreten. Hierbei handelt es sich insbesondere um Schaltüberspannungen.

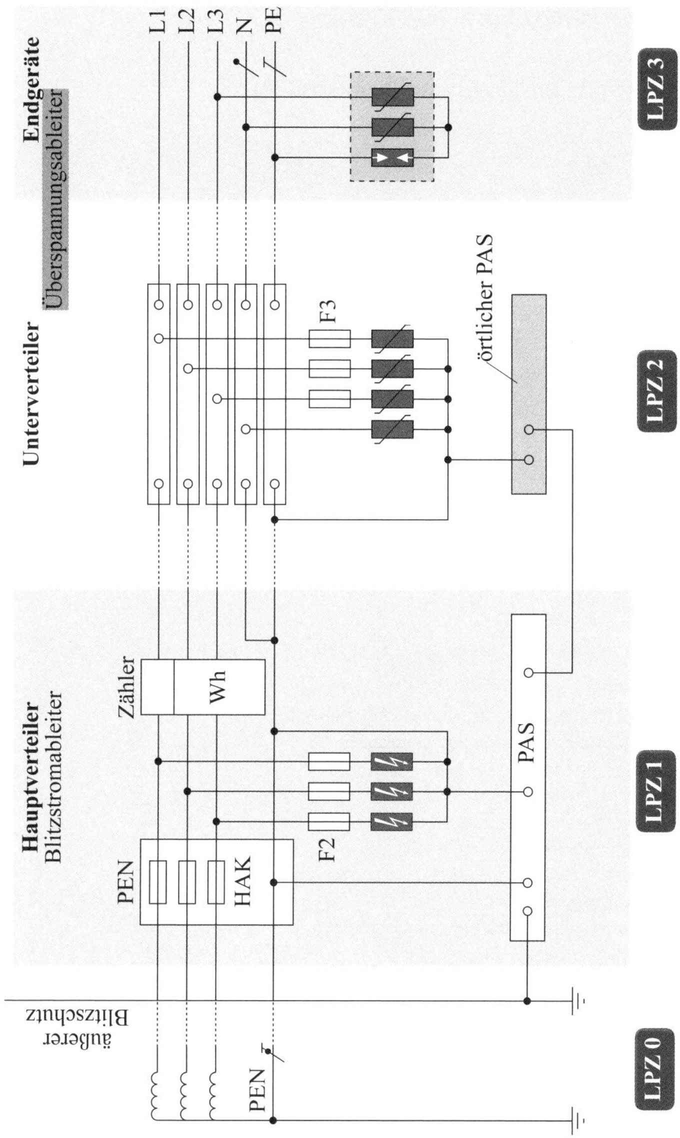

Bild 8.8 Installation und Montage von Überspannungsschutzgeräten [20]

8.9 Beispiele für Blitzschutz und Erdung

Beispiel 8a: Blitzschutz für ein Einfamilienhaus [20]

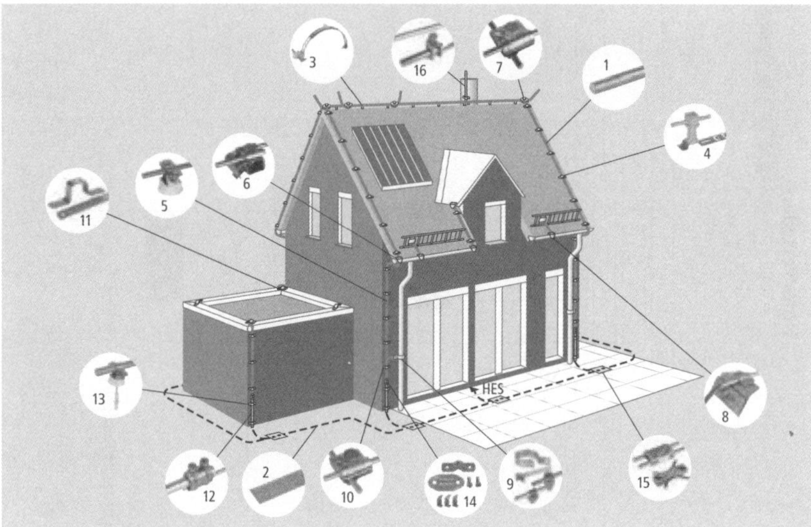

1 Runddraht ∅ 8 mm,
2 Bandstahl (30 × 3,5) mm St/tZn, Runddraht ∅ 10 mm V4A,
3 Dachleitungshalter für First- St/tZn und Gratsteine,
4 Dachleitungshalter für Leitungen St/tZn,
5 Leitungshalter mit Überleger und Abdeckbund,
Leitungshalter für Wärmedämmung,
6 Dachrinnenklemme für Wulste St/tZn,
7 Klemme St/tZn,
8 Schneefanggitterklemme St/tZn,
9 Regenrohrschelle verstellbar für ∅ 60 mm bis 150 mm,
Regenrohrschelle für beliebige Querschnitte,
KS-Verbinder zum Anschluss von Leitungen,
10 Klemme,
11 Überbrückungslasche Aluminium, Überbrückungsband Aluminium,
12 Erdeinführungsstange ∅ 16 mm komplett,
Parallelverbinder, Kreuzstück, SV-Klemmen St/tZn,
15 Stangenhalter mit Überleger und Abdeckbund,
Stangenhalter für Wärmedämmung, Nummernschild zur Kennzeichnung von Trennstellen,
16 Fangstange mit angeschmiedetem Lappen, Fangstangen beidseitig angekuppt
Stangenklemme

Beispiel 8b: Blitzschutz für ein Bürogebäude [20]

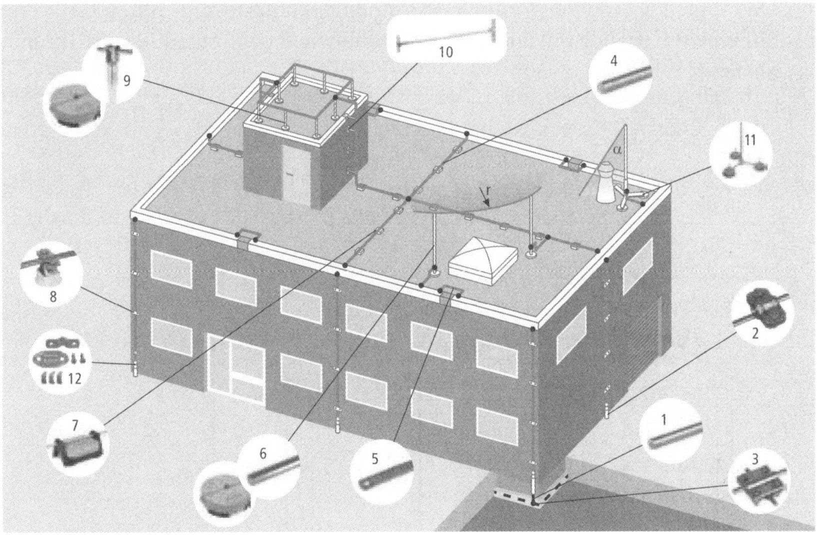

1 Edelstahldraht ∅ 10 mm,
2 Erdeinführungsstangen-Set V4A,
3 Kreuzstück,
4 Draht AlMgSi,
5 Überbrückungsband Al,
6 Fangstange AlMgSi mit Betonsockel mit adaptierter Unterlegplatte,
7 Dachleitungshalter für Flachdächer,
8 Leitungshalter,
9 aufgeständerte Ringleitung mit Betonsockel mit adaptierter Unterlegplatte sowie Distanzhalter,
10 Distanzhalter ZG-St/tZn,
11 Fangstange freistehend,
12 Nummernschild für Rund-/Flachleiter V4A

Beispiel 8c: Blitzschutz für eine Photovoltaikanlage [20]

Das folgende Bild zeigt ein Überspannungsschutzkonzept für eine PV-Anlage auf einem Gebäude mit äußerem Blitzschutz und bei Einhaltung des Trennungsabstands *s*.

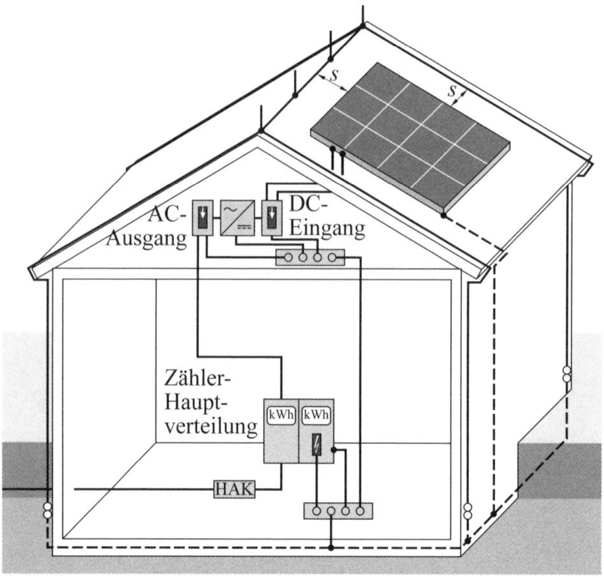

9 Strombelastbarkeit von Kabeln und Leitungen DIN VDE 0298-4

Die Strombelastbarkeit ist der unter bestimmten Bedingungen höchstzulässige Strom, bei dem der Leiter an keiner Stelle über die zulässige Betriebstemperatur erwärmt wird.

9.1 Strombelastbarkeit von Leitungen

Die Strombelastbarkeit I_Z von Leitungen errechnet sich wie folgt:

$$I_Z = I_r \cdot \prod f \,. \qquad (9.1)$$

Hierin bedeuten:

I_r Belastbarkeit bei den der Tabelle 9.2 zugrunde gelegten Betriebsbedingungen,

$\prod f$ Produkt aller erforderlichen Umrechnungsfaktoren.

Nach DIN VDE 0298-4, Strombelastbarkeit von Kabeln und Leitungen für feste Verlegung in Gebäuden, gelten unter folgenden Bedingungen die in **Tabelle 9.1**, **Tabelle 9.2** und **Tabelle 9.3** angegebenen Werte:

- Leitungen einzeln verlegt;
- Umgebungstemperatur wird durch die Verlustwärme der Leitung nicht merklich erhöht;
- isolierte Kupferleitungen;
- Grenztemperatur (zulässige Betriebstemperatur) des Isolierwerkstoffs 70 °C (PVC);
- Dauerbelastung;
- Umgebungstemperatur 30 °C[5];
- Schutz gegen direkte Wärmebestrahlung durch Sonne usw.

Der Leiternennquerschnitt ist für die Beziehung

$$I_Z \geq I_B \qquad (9.2)$$

zu dimensionieren, mit I_B, der Belastung der Leitung im ungestörten Betrieb.

5 Bei der Planung in Gebäuden wird im Normalfall von einer Umgebungstemperatur von 25 °C ausgegangen.

Verlegeart	A1	A2	B1	B2	C
	Verlegung in wärmegedämmten Wänden		**Verlegung in Elektro-Installationsrohren**		**Verlegung auf einer Wand**
	Aderleitungen im Elektroinstallationsrohr in einer wärmegedämmten Wand	mehradriges Kabel oder mehradrige ummantelte Installationsleitung in einem Elektroinstallationsrohr in einer wärmegedämmten Wand	Aderleitungen im Elektroinstallationsrohr auf einer Wand	mehradriges Kabel oder mehradrige ummantelte Installationsleitung in einem Elektroinstallationsrohr auf einer Wand	ein- oder mehradriges Kabel oder ein- oder mehradrige ummantelte Installationsleitung
	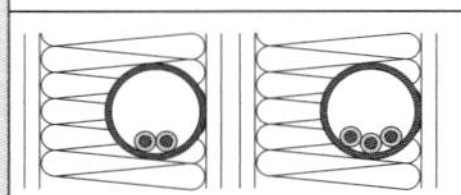	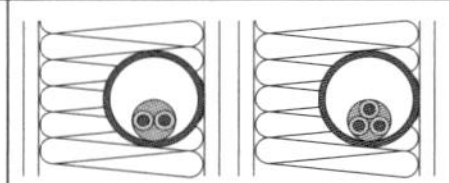	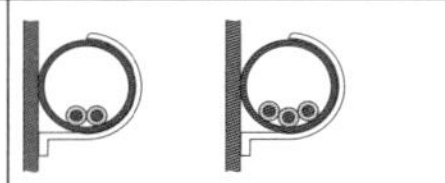	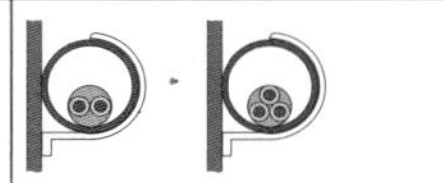	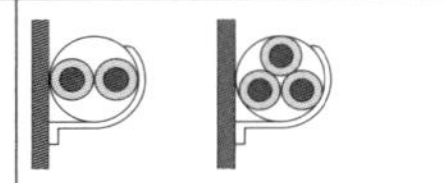

Verlegeart	D	E	F	G
	Verlegung in Erde	**Verlegung in Luft**		
	mehradriges Kabel im Elektroinstallationsrohr oder Kabelschacht im Erdboden	mehradriges Kabel mit Abstand von mindestens 0,3 · Durchmesser D zur Wand	einadrige Kabel mir Abstand von mindestens 1 · Durchmesser D zur Wand	
			mit Berührung	mit Abstand D
	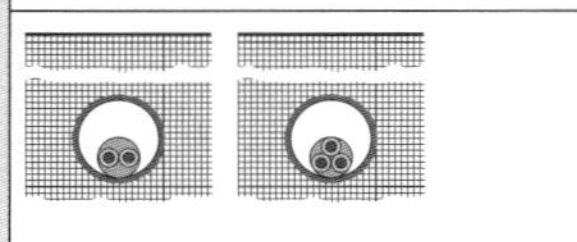	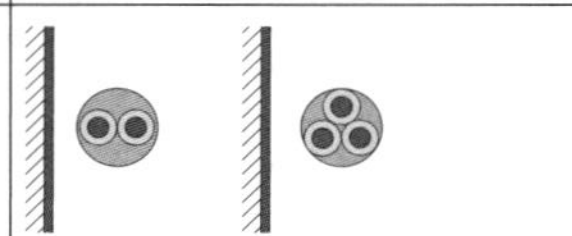	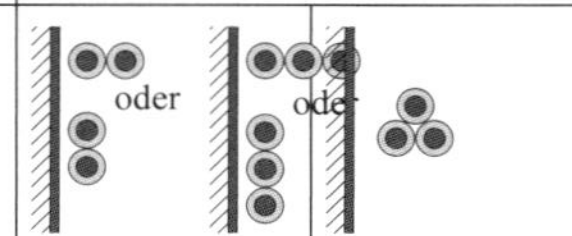	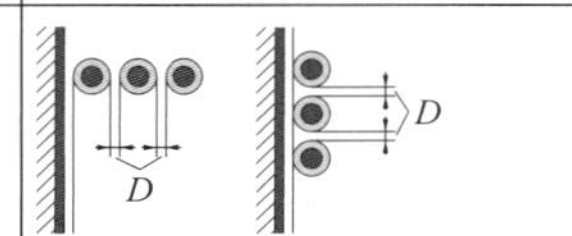

Tabelle 9.1 Referenzverlegearten A1, A2, B1, B2, C, D, E, F und G, für Kabel und Leitungen für feste Verlegung in Gebäuden, Betriebstemperatur 70 °C, Umgebungstemperatur 30 °C, nach DIN VDE 0298-4:1998-11 (zurückgezogen) [2] [4]

Verlegeart	A1		A2		B1		B2		C	
	Verlegung in wärmegedämmten Wänden				Verlegung in Elektroinstallationsrohren				Verlegung auf einer Wand	
Anzahl belasteter Adern	2	3	2	3	2	3	2	3	2	3
Nennquerschnitt in mm²	Belastbarkeit in A									
1,5	15,5[2)]	13,5	15,5[2)]	13,0	17,5	15,5	16,5	15,0	19,5	17,5
2,5	19,5	18,0	18,5	17,5	24	21	23	20	27	24
4	26	24	25	23	32	28	30	27	36	32
4	–	–	–	–	–	–	–	–	–	33,02
6	34	31	32	29	41	36	38	34	46	41
10	46	42	43	39	57	50	52	46	63	57
10	–	–	–	–	–	–	–	47,17	–	59,43
16	61	56	57	52	76	68	69	62	85	76
25	80	73	75	68	101	89	90	80	112	96
35	99	89	92	83	125	110	111	99	138	119
50	119	108	110	99	151	134	133	118	168	144
70	151	136	139	125	192	171	168	149	213	184
95	182	164	167	150	232	207	201	179	258	223
120	210	188	192	172	269	239	232	206	299	259
150	240	216	219	196	300	262	258	225	344	299
185	273	245	248	223	341	296	294	255	392	341
240	321	286	291	261	400	346	344	297	461	403
300	367	328	334	298	458	394	394	339	530	464

Verlegeart	D		E		F			G	
	Verlegung in Erde		Verlegung in Luft						
Anzahl belasteter Adern	2	3	2	3	2	3			
Nennquerschnitt in mm²	Belastbarkeit in A								
1,5	22	18	22	18,5	–	–	–	–	–
2,5	29	24	30	25	–	–	–	–	–
4	37	30	40	34	–	–	–	–	–
6	46	38	51	43	–	–	–	–	–
10	60	50	70	60	–	–	–	–	–
16	78	64	94	80	–	–	–	–	–
25	99	82	119	101	131	114	110	146	130
35	119	98	148	126	162	143	137	181	162
50	140	116	180	153	196	174	167	219	197
70	173	143	232	196	251	225	216	281	254
95	204	169	282	238	304	275	264	341	311
120	231	192	328	276	352	321	308	396	362
150	261	217	379	319	406	372	356	456	419
185	292	243	434	364	463	427	409	521	480
240	336	280	514	430	546	507	485	615	569
300	379	316	593	497	629	587	561	709	659

Tabelle 9.2 Belastbarkeit von Cu-Kabeln und -Leitungen für feste Verlegung in und an Gebäuden, Verlegeart A1, A2, B1, B2, C, D, E, F und G, Betriebstemperatur 70 °C, Umgebungstemperatur 30 °C, nach DIN VDE 0298-4:2013-06, Tabellen 3 und 4 [2] [4]

Zulässige Betriebs-temperatur	40 °C	60 °C	70 °C	80 °C	85 °C	90 °C
Umgebungs-temperatur in °C	Umrechnungsfaktoren					
10	1,73	1,29	1,22	1,18	1,17	1,15
15	1,58	1,22	1,17	1,14	1,13	1,12
20	1,41	1,15	1,12	1,10	1,09	1,08
25	1,22	1,08	1,06	1,05	1,04	1,04
30	1,00	1,00	1,00	1,00	1,00	1,00
35	0,71	0,91	0,94	0,95	0,95	0,96
40	–	0,82	0,87	0,89	0,90	0,91
45	–	0,71	0,79	0,84	0,85	0,87
50	–	0,58	0,71	0,77	–	0,82
55	–	0,41	0,61	0,71	–	0,76
60	–	–	0,50	0,63	–	0,71
65	–	–	0,35	0,55	–	0,65
70	–	–	–	0,45	–	0,58
75	–	–	–	0,32	–	0,50
80	–	–	–	–	–	0,41
85	–	–	–	–	–	0,29

Tabelle 9.3 Umrechnungsfaktoren für abweichende Umgebungstemperaturen nach DIN VDE 0298-4:2013-06, Tabelle 17 [2] [4]

9.1.1 Strombelastbarkeit I_Z bei anderen Umgebungstemperaturen ab 30 °C

Die Strombelastbarkeit ist mithilfe der in der Tabelle 9.3 angegebenen Umrechnungsfaktoren zu errechnen. Die Strombelastbarkeit für die geforderte Umgebungstemperatur erhält man durch Multiplizieren des aus der Tabelle 9.2 entnommenen Werts I_r mit dem in der Tabelle 9.3 genannten Umrechnungsfaktor f.

$$I_Z = I_r \cdot f\,. \tag{9.3}$$

Beispiel 9a:

In einem Heizungsschacht treten Temperaturen bis 40 °C auf. In dem Schacht soll eine NYM-Leitung 5 × 1,5 mm^2 Cu auf Putz verlegt werden.

Wie hoch ist die Strombelastbarkeit I_Z der Leitung?

Lösung:

$I_r = 17{,}5\ \text{A}$, da NYM-Leitung auf Putz Gruppe C entspricht.

$f = 0{,}87$, da NYM-Leitung aus PVC besteht.

$I_Z = I_r \cdot f = 17{,}5\ \text{A} \cdot 0{,}87 = 15{,}2\ \text{A}$.

9.1.2 Strombelastbarkeit I_Z von gehäuft verlegten Leitungen

Werden mehrere Stromkreise gemeinsam verlegt, so reduziert sich aufgrund der Verlustwärme der benachbarten Stromkreise die Strombelastbarkeit der Leitungen. Die erforderlichen Umrechnungsfaktoren f sind aus der **Tabelle 9.4** zu entnehmen. Ist sichergestellt, dass die gehäuft verlegten Leitungen nicht gleichzeitig mit ihrem vollen Betriebsstrom belastet werden, so kann auf eigene Verantwortung ein höherer Belastungswert gewählt werden.

Für die Strombelastbarkeit von gehäuft verlegten Leitungen gilt:

$$I_Z = I_r \cdot f \tag{9.4}$$

Dabei ist I_r die Strombelastbarkeit nach Tabelle 9.2.

Anordnung	**Anzahl der mehradrigen Leitungen**									
	1	**2**	**3**	**4**	**5**	**7**	**9**	**12**	**16**	**20**
gebündelt auf Wand, Boden, Rohr oder Kanal	1,00	0,80	0,70	0,65	0,60	0,54	0,50	0,45	0,41	0,38
einlagig auf Wand oder Fußboden	1.00	0,85	0,79	0,75	0,73	0,72	0,70	0,70	0,70	0,70
einlagig auf Wand, mit Zwischenraum	1,00	0,94	0,90	0,90	0,90	0,90	0,90	0,90	0,90	0,90
einlagig unter der Decke, mit Berührung	0,95	0,81	0,72	0,68	0,66	0,63	0,61	0,61	0,61	0,61
ungelochte Kabelrinne, einlagig, mit Berührung	0,97	0,84	0,78	0,75	–	–	0,68	–	–	–
gelochte Kabelrinne, mit Berührung	1,0	0,88	0,82	0,79	–	–	0,73	–	–	–

Tabelle 9.4 Umrechnungsfaktor f bei Häufung von Leitungen (Auszug) DIN VDE 0298-4:2013-06, Tabelle 22 [4]

Beispiel 9b:

Die Anschlussleitungen (Mantelleitungen, NYM) zu vier Heizgeräten sollen auf einer Wand mit einer Umgebungstemperatur bis 50 °C verlegt werden. Jedes der Heizgeräte nimmt einen Betriebsstrom von 13 A auf.

Welcher Querschnitt ist im Hinblick auf die Strombelastbarkeit für die Anschlussleitungen erforderlich?

Bei den Heizgeräten handelt es sich um Drehstromverbraucher.

Rechengang:

Annahme 1: erforderlicher Querschnitt 2,5 mm² Cu. I_r aus Tabelle 9.2, Gruppe C, Drehstromverbraucher ist 24 A.

Umrechnungsfaktor f aus Tabelle 9.3 für 50 °C ist 0,71;

Umrechnungsfaktor f aus Tabelle 9.4 für vier Leitungen ist 0,65.

$$I_Z = I_r \cdot \prod f = 24\text{ A} \cdot 0{,}71 \cdot 0{,}65 = 11\text{ A}.$$

Der Wert ist kleiner als der Betriebsstrom der Heizgeräte, somit ist ein größerer Leitungsquerschnitt erforderlich.

Annahme 2: erforderlicher Querschnitt 4 mm² Cu. I_r ist dann 32 A.

$$I_Z = 32\text{ A} \cdot 0{,}71 \cdot 0{,}65 = 14{,}76\text{ A}.$$

Der Wert ist größer als der Betriebsstrom der Heizgeräte. Ein Leiterquerschnitt von 4 mm² Cu ist somit für den Anschluss der Heizgeräte ausreichend.

9.1.3 Strombelastbarkeit I_Z von vieladrigen Leitungen

Die Tabelle 9.2 gilt nur für Leitungen mit zwei bzw. drei belasteten Adern. Werden vieladrige Leitungen verwendet, so muss die Strombelastbarkeit der Leitungen mit drei belasteten Adern (Tabelle 9.2) mit dem Umrechnungsfaktor f der **Tabelle 9.5** multipliziert werden.

Anzahl der belasteten Adern	5	7	10	14	19	24	40	61
Umrechnungsfaktor f	0,75	0,65	0,55	0,50	0,45	0,40	0,35	0,30

Tabelle 9.5 Umrechnungsfaktor f für vieladrige Kabel und Leitungen mit Leiterquerschnitt bis 10 mm² nach DIN VDE 0298-4:2013-06, Tabelle 26 [2] [4]

Es gilt wieder:

$$I_Z = I_r \cdot f. \tag{9.5}$$

I_r ist dabei die Strombelastbarkeit einer Leitung mit drei belasteten Adern nach Tabelle 9.2.

Beispiel 9c:

Über eine Leitung, NYM 7 × 1,5 mm² Cu, auf Putz verlegt, sollen ein Drehstrom- und ein Wechselstromverbraucher versorgt werden. Wie hoch ist die Strombelastbarkeit der Leitung, wenn fünf Adern betriebsmäßig zur Stromführung verwendet werden.

Rechengang:

I_r nach Tabelle 9.2, Gruppe C, bei drei belasteten Adern ist 17,5 A. Umrechnungsfaktor f bei fünf belasteten Adern nach Tabelle 9.5 ist 0,75.

$$I_Z = I_r \cdot f = 17{,}5\ \text{A} \cdot 0{,}75 = 13{,}1\ \text{A}.$$

9.2 Strombelastbarkeit von Kabeln

Für die Strombelastbarkeit von Kabeln gilt DIN VDE 0276-603.

Tabelle 9.6 zeigt einen Auszug aus dieser Norm für Kabel im Drehstrombetrieb bei Verlegung in Luft. Den Werten liegen Dauerbetrieb und eine Umgebungstemperatur von 30 °C zugrunde.

Nennquerschnitt in mm²	1,5	2,5	4	6	10	16	25	35	50	70	95	120	150	185	240
	Belastbarkeit in A														
NYY	19,5	25	34	43	59	79	106	129	157	199	246	285	326	374	445
NYCWY	19,5	26	34	44	60	80	108	132	160	202	249	289	329	377	443
NAYY	–	–	–	–	–	–	82	100	119	152	186	216	246	285	338
NAYCWY	–	–	–	–	–	–	83	101	121	155	189	220	249	287	339

Tabelle 9.6 Strombelastbarkeit I_r von Kabeln bei Verlegung in Luft [10]

Die Strombelastbarkeit von Kabeln bei Verlegung in Erde zeigt **Tabelle 9.7**. Sie gilt für Drehstrom- und Dauerbetrieb.

Die Werte der Tabelle 9.7 gelten für eine Erdbodentemperatur von 20 °C und einen spezifischen Erdbodenwärmewiderstand von 1 K · m/W, einer Verlegetiefe von 0,7 m und einem Belastungsgrad von 0,7. Mit diesen Bedingungen kann im Normalfall gerechnet werden.

Nennquerschnitt in mm²	1,5	2,5	4	6	10	16	25	35	50	70	95	120	150	185	240
	Belastbarkeit in A														
NYY	27	36	47	59	79	102	133	159	188	232	290	318	359	406	473
NYCWY	27	36	47	59	79	102	133	160	190	234	280	319	357	402	463
NAYY	–	–	–	–	–	–	102	123	144	179	215	245	275	313	364
NAYCWY	–	–	–	–	–	–	103	123	145	180	216	246	276	313	362

Tabelle 9.7 Strombelastbarkeit I_r von Kabeln bei Verlegung in Erde [10]

Die Strombelastbarkeit I_Z von Kabeln errechnet sich wie folgt:

$$I_Z = I_r \cdot \prod f \tag{9.6}$$

Hierin bedeuten:

I_r Belastbarkeit bei den der Tabelle 9.6 und Tabelle 9.7 zugrunde gelegten Betriebsbedingungen,

$\prod f$ Produkt aller erforderlicher Umrechnungsfaktoren.

9.2.1 Strombelastbarkeit I_Z von Kabeln bei Verlegung in Luft und besonderen Umgebungsbedingungen

Bezüglich der Strombelastbarkeit von Kabeln bei Verlegung in Luft gelten die gleichen Umrechnungsfaktoren wie für Leitungen, wenn die Umgebungstemperatur von 30 °C abweicht (siehe 9.1.1), die Kabel gehäuft verlegt sind (siehe 9.1.2) oder vieladrige Kabel verwendet werden (9.1.3).

9.2.2 Strombelastbarkeit I_Z von in Erde verlegten Kabeln, die durch Abdeckhauben oder Rohre geschützt werden

Bei Verlegung in Rohrsystemen ist eine Reduktion der Belastbarkeit um den Faktor $f = 0{,}85$ anzuraten.

Es gilt:

$$I_Z = I_r \cdot f; \tag{9.7}$$

I_r ist die Strombelastbarkeit aus Tabelle 9.7.

Werden anstatt von Rohren Abdeckhauben verwendet, bei denen Lufteinflüsse nicht auszuschließen sind, so empfiehlt sich ein Faktor 0,9.

9.2.3 Strombelastbarkeit I_Z von gehäuft verlegten Kabeln im Erdreich

Tabelle 9.8 nennt den Umrechnungsfaktor für mehrere in Erde verlegte Kabel bei einem Abstand von 7 cm von Kabel zu Kabel. Die Tabellenwerte gelten für PVC-Kabel, z. B. NYY, NYCWY, eine Erdbodentemperatur von 20 °C und einem Erdbodenwärmewiderstand von 1 K · m/W.

Anzahl der Kabel	2	3	4	5	6	8	10
Umrechnungsfaktor *f*	0,86	0,76	0,71	0,67	0,64	0,60	0,57

Tabelle 9.8 Umrechnungsfaktor *f* für Häufung von in Erde verlegten Kabeln (Auszug: DIN VDE 0276-1000) [11]

Es gilt:

$$I_Z = I_r \cdot f; \tag{9.8}$$

I_r ist die Strombelastbarkeit der Kabel nach Tabelle 9.7.

9.2.4 Strombelastbarkeit I_Z von vieladrigen Kabeln bei Verlegung im Erdreich

Werden in einem vieladrigen Kabel mehr als drei Adern belastet, so reduziert sich deren Strombelastbarkeit um die Faktoren der **Tabelle 9.9**.

Anzahl der belasteten Adern	5	7	10	14	19	24	40	61
Umrechnungsfaktor *f*	0,70	0,60	0,50	0,45	0,40	0,35	0,30	0,25

Tabelle 9.9 Umrechnungsfaktor *f* für vieladrige Kabel bei Verlegung in Erde (DIN VDE 0276-1000) [11]

Es gilt:

$$I_Z = I_r \cdot f; \tag{9.9}$$

I_r ist die Strombelastbarkeit der Kabel nach Tabelle 9.7.

9.3 Strombelastbarkeit I_Z für Leitungen und Kabel mit anderen Grenztemperaturen als 70 °C

Für Leitungen, deren Isolierung für eine höhere Grenztemperatur als 70 °C ausgelegt ist, kann die Strombelastbarkeit I_Z wie folgt ermittelt werden:

$$I_Z = I_r \cdot 0{,}17 \sqrt{\vartheta_L - \vartheta_u}\,; \tag{9.10}$$

I_r aus Tabelle 9.2,

ϑ_L Grenztemperatur der Leitung in °C,

ϑ_u Umgebungstemperatur in °C.

Die Rechenmethode empfiehlt sich für alle Leitungen mit erhöhter Wärmebeständigkeit. Zu diesen zählen u. a.:

- PVC-Verdrahtungsleitung NYFAW $\vartheta_L = 90$ °C,
- Gummiaderleitung N4GA $\vartheta_L = 120$ °C,
- Silikonaderleitung H05SJ $\vartheta_L = 180$ °C,
- Sondergummiaderleitung NSGAÖU $\vartheta_L = 90$ °C,
- Gummischlauchleitung NSSHÖU $\vartheta_L = 90$ °C,
- Silikonschlauchleitung N2GMH2G $\vartheta_L = 180$ °C.

Beispiel 9d:

In einem Heizgerät ist mit Umgebungstemperaturen von 160 °C zu rechnen. Für die innere Verdrahtung des Heizgeräts sollen Silikonaderleitungen H05SJ verwendet werden, deren Strombelastbarkeit mindestens 16 A betragen muss.

Welcher Mindestquerschnitt ist erforderlich?

Lösungsweg:

Annahme 1: Mindestquerschnitt 1,5 mm² Cu.

Dann ist I_r aus Tabelle 9.2, Gruppe B1, 17,5 A und $\vartheta_L = 180$ °C; $\vartheta_u = 160$ °C.

$$I_Z = I_r \cdot 0{,}17 \sqrt{\vartheta_L - \vartheta_U} = 17{,}5 \cdot 0{,}17 \sqrt{180\,°\text{C} - 160\,°\text{C}} = 13{,}3\ \text{A}.$$

Die Strombelastbarkeit I_Z einer 1,5 mm² Cu starken H05SJ-Leitung reicht nicht aus. Deshalb ist ein größerer Querschnitt zu wählen.

Annahme 2: Mindestquerschnitt 2,5 mm² Cu.

Dann ist I_r aus Tabelle 9.2, Gruppe B1, 24 A und

$$I_Z = I_r \cdot 0{,}17 \sqrt{\vartheta_L - \vartheta_U} = 24 \cdot 0{,}17 \sqrt{180\ °C - 160\ °C} = 18{,}2\ A\,,$$

$$I_Z = 18{,}2\ A > 16\ A\,.$$

Ein Querschnitt von 2,5 mm² Cu ist ausreichend.

9.4 Strombelastbarkeit als quadratischer Mittelwert

Nehmen elektrische Verbraucher zeitweilig einen höheren Strom auf, z. B. Motoren mit längeren Anlaufzeiten oder besonderer Anlasshäufigkeit, so ist der quadratische Mittelwert des Stroms I_M für die Bemessung des Leiterquerschnitts zu ermitteln.

Dieser Mittelwert ergibt die anzusetzende Strombelastung von Kabeln und Leitungen, wenn die Einschaltdauer des Spitzenstroms abhängig vom Querschnitt der Leitung folgende Zeiten nicht überschreitet:

Nennquerschnitt bis 6 mm² Cu	4 s
Nennquerschnitt von 10 mm² bis 25 mm² Cu	8 s
Nennquerschnitt von 35 mm² bis 50 mm² Cu	15 s
Nennquerschnitt von 70 mm² bis 150 mm² Cu	30 s

Die Strombelastbarkeit I_Z eines Kabels oder einer Leitung muss dabei mindestens so groß sein wie der quadratische Mittelwert des Betriebsstroms, der über das Kabel oder die Leitung fließt.

Es gilt somit:

$$I_Z \geq I_M\,. \tag{9.11}$$

Der quadratische Mittelwert des Stroms I_M ergibt sich aus folgender Beziehung:

$$I_M = \sqrt{\frac{I_1^2 \cdot t_1 + I_2^2 \cdot t_2 + \ldots I_n^2 \cdot t_n}{t_1 + t_2 + \ldots t_n}}\,. \tag{9.12}$$

Beispiel 9e:

Die Stromaufnahme eines Drehstromantriebs ist aus folgendem Zeit-Strom-Diagramm zu ersehen.

Welcher Mindestquerschnitt ist für den Anschluss des Antriebs erforderlich? Als Anschlussleitung soll eine schwere Gummischlauchleitung H07RN-F verwendet werden.

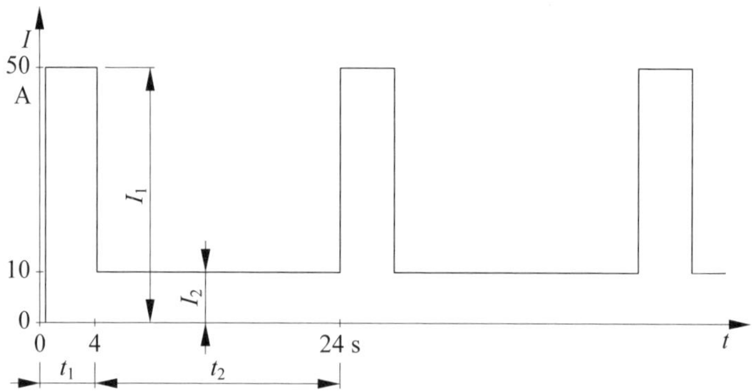

Lösung:

$$I_M = \sqrt{\frac{I_1^2 \cdot t_1 + I_2^2 \cdot t_2}{t_1 + t_2}} = \sqrt{\frac{(50\ \mathrm{A})^2 \cdot 4\ \mathrm{s} + (10\ \mathrm{A})^2 \cdot 20\ \mathrm{s}}{4\ \mathrm{s} + 20\ \mathrm{s}}} = 22{,}36\ \mathrm{A}$$

Für die Strombelastbarkeit $I_r = I_Z$ einer H07RN-F-Leitung gilt Gruppe C nach Tabelle 9.2.

Forderung: Strombelastbarkeit $I_Z \geq I_M$; daraus ergibt sich:

Mindestquerschnitt 2,5 mm² Cu, da $I_Z = 24\ \mathrm{A} > 22{,}36\ \mathrm{A}$.

9.5 Strombelastbarkeit I'_Z bei Kurzzeit- und Aussetzbetrieb

Ist die zeitweilig höhere Stromaufnahme länger als unter 9.4 angegeben, so spricht man von einem Kurzzeit- bzw. Aussetzbetrieb.

Aus **Bild 9.1** sind der Strom-Zeit-Verlauf dieser Betriebsarten und die dazugehörigen Erwärmungskurven der Leitungen zu erkennen. Die Leitungen dürfen bei diesen Betriebsarten ihre zulässige Grenztemperatur, die auch für Dauerbetrieb gilt, nicht überschreiten. Der Nachweis kann rechnerisch, wie unter 9.5.1 und 9.5.2 gezeigt, geführt werden.

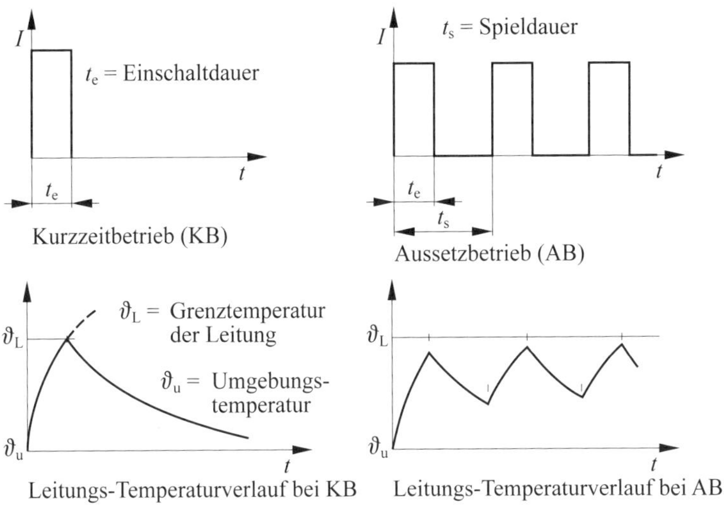

Bild 9.1 Kurzzeit- und Aussetzbetrieb

9.5.1 Kurzzeitbetrieb

Im Kurzzeitbetrieb können Leiter mit dem Strom I'_Z belastet werden, der nach folgender Formel errechnet wird:

$$I'_Z = n \cdot I_Z; \tag{9.13}$$

I_Z Strombelastbarkeit bei Dauerbetrieb,

n Belastbarkeitsfaktor,

$$n = \sqrt{\frac{1}{1-\mathrm{e}^{-t_e/T}}}; \tag{9.14}$$

t_e Einschaltzeit in s,

T Mindestzeitwert der Leitung in s nach **Tabelle 9.10**.

Leiterquerschnitt in mm² Cu	1,5	2,5	4	6	10	16	25	35	50	70	95	120
Mindestzeitwert *T* in s	30	47	72	100	160	240	360	480	670	840	1 200	1 400

Tabelle 9.10 Mindestzeitwert isolierter Leitungen

Beispiel 9f:

Eine elektrische Heizung zur Oberflächenerhitzung von Werkstücken wird im Kurzzeitbetrieb benutzt.

Die Einschaltzeit t_e beträgt 60 s. Der Nennstrom der Heizung ist 100 A.

Welcher Mindestquerschnitt ist für den Anschluss der Heizung erforderlich? Die Verlegeart der Leitung soll Gruppe C, drei belastete Adern nach Tabelle 9.2 entsprechen.

Lösungsweg:

Nach Tabelle 9.2 ist für die Dauerbelastung ein Mindestquerschnitt von 35 mm^2 Cu erforderlich ($I_r = I_Z = 119$ A > 100 A).

Annahme: Für Kurzzeitbetrieb erforderlicher Mindestquerschnitt ist 10 mm^2 Cu.

Rechengang:

$I_r = I_Z$ für 10 mm^2 Cu, Gruppe C, nach Tabelle 9.2 = 57 A.

T für 10 mm^2 Cu, nach Tabelle 9.10 = 160 s.

$$n = \sqrt{\frac{1}{1-\mathrm{e}^{-t_e/T}}} = \sqrt{\frac{1}{1-\mathrm{e}^{-60/160}}} = 1{,}79\,,$$

$$I_Z' = n \cdot I_Z = 1{,}79 \cdot 57\ \mathrm{A} = 102\ \mathrm{A} > 100\ \mathrm{A}\,.$$

Ergebnis: Ein Querschnitt von 10 mm^2 Cu ist für den Anschluss der Heizung ausreichend.

Bemerkung: Ein Kurzzeitbetrieb ist nur dann gegeben, wenn die Pause zwischen den Einschaltzeiten mindestens dem dreifachen Mindestwert der Leitung entspricht. Im vorliegenden Beispiel müsste die Schaltpause mindestens 3 · 160 s = 480 s betragen. Andernfalls gelten die Bedingungen für Aussetzbetrieb.

9.5.2 Aussetzbetrieb

Im Aussetzbetrieb können Leiter mit dem Strom I_Z' belastet werden, der nach folgender Berechnung zu ermitteln ist:

$$I_Z' = n \cdot I_Z, \tag{9.15}$$

$$n = \sqrt{\frac{1-\mathrm{e}^{-t_s/T}}{1-\mathrm{e}^{-t_e/T}}}\,; \tag{9.16}$$

t_s Spieldauer in s,

t_e Einschaltzeit in s,

T Mindestzeitwert der Leitung in s nach **Tabelle 9.10**.

Beispiel 9g:

Die Stromaufnahme eines Drehstrom-Verbrauchsmittels ist aus folgendem Zeit-Strom-Diagramm zu ersehen.

Ist eine Anschlussleitung von 25 mm² Cu (Gruppe C) bezüglich der Strombelastbarkeit ausreichend dimensioniert?

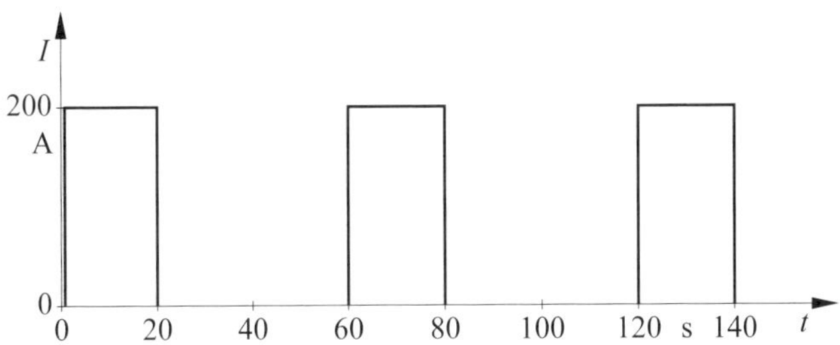

$I = 200$ A, $t_e = 20$ s, $t_s = 60$ s.

Lösungsweg:

Für eine Leitung 25 mm² Cu, Gruppe C, beträgt $I_r = I_Z$ nach Tabelle 9.2 gleich 96 A und T nach Tabelle 9.10 gleich 360 s.

Daraus ergibt sich:

$$n = \sqrt{\frac{1-\mathrm{e}^{-t_s/T}}{1-\mathrm{e}^{-t_e/T}}} = \sqrt{\frac{1-\mathrm{e}^{-60/360}}{1-\mathrm{e}^{-20/360}}} = 1{,}685,$$

$$I'_Z = n \cdot I_Z = 1{,}685 \cdot 96 = 162 \text{ A}.$$

Ergebnis: Ein Querschnitt von 25 mm² Cu ist nicht ausreichend, da die Strombelastbarkeit I'_Z der Leitung im Aussetzbetrieb kleiner ist als der Nennwert des angeschlossenen Betriebsmittels.

Die Rechnung ist mit dem nächsthöheren Querschnitt zu wiederholen.

$$S = 35 \text{ mm}^2 \text{ Cu} \quad \rightarrow \quad I_Z = 119 \text{ A}, \quad T = 480 \text{ s},$$

$$n = \sqrt{\frac{1-\mathrm{e}^{-60/480}}{1-\mathrm{e}^{-20/480}}} = 1{,}697,$$

$$I'_Z = 1{,}697 \cdot 119 \text{ A} = 202 \text{ A} > 200 \text{ A}.$$

Ein Querschnitt von 35 mm² Cu ist ausreichend.

9.6 Strombelastbarkeit I_Z parallel geschalteter Leitungen und Kabel

Werden parallel geschaltete Leitungen durch eine gemeinsame Überstrom-Schutzeinrichtung geschützt, so darf ihre Strombelastbarkeit durch Addition der Strombelastbarkeit der einzelnen Leitungen nach Tabelle 9.2 ermittelt werden. Vorausgesetzt ist, dass die parallel geschalteten Leitungen gleichen Querschnitt haben.

Ist dies nicht der Fall, so muss die Strombelastbarkeit I_Z der parallel geschalteten Leitungen durch folgende Berechnung ermittelt werden:

$$I_Z = I_{Z1}\left(1+\frac{S_2}{S_1}+\frac{S_3}{S_1}+\ldots\right); \qquad (9.17)$$

I_{Z1} Strombelastbarkeit von S_1,

S_1 stärkster Leiterquerschnitt,

$S_2, S_3, \ldots$ Querschnitt der anderen Leiter.

Die Gleichung findet im Allgemeinen nur bei zwei parallel geschalteten Leitungen Anwendung, da bei einer Parallelschaltung von mehr als zwei Leitern diese einzeln abgesichert werden sollten.

Beispiel 9h:

Wir hoch ist die Strombelastbarkeit von zwei parallel geschalteten NYY-Kabeln mit einem Querschnitt von 70 mm² Cu und 50 mm² Cu bei Verlegung in Luft?

Lösung:

$S_1 = 70\ \text{mm}^2$ Cu, $S_2 = 50\ \text{mm}^2$ Cu,

I_{Z1} nach Tabelle 9.6 = 199 A,

$$I_Z = I_{Z1}\left(1+\frac{S_2}{S_1}\right) = 199\ \text{A}\left(1+\frac{50\ \text{mm}^2}{70\ \text{mm}^2}\right) = 341\ \text{A}.$$

9.7 Strombelastbarkeit I_Z bei gleichzeitig mehreren Umrechnungsfaktoren

Treffen bei der Auswahl, Verlegung oder im Betrieb der Kabel und Leitungen mehrere Bedingungen zusammen, die auf die Strombelastbarkeit Einfluss haben und die die Anwendung von Umrechnungsfaktoren erforderlich machen oder erlauben, so sind die einzelnen Umrechnungsfaktoren miteinander und mit der Strombelastbarkeit I_r zu multiplizieren.

Es gilt:

$$I_Z = I_r \cdot \prod f; \qquad \text{nach Gl. (9.1)}$$

I_r Strombelastbarkeit nach Tabelle 9.2, Tabelle 9.4 oder Tabelle 9.7,

f Umrechnungsfaktoren nach Tabelle 9.3 bis Tabelle 9.9.

Beispiel 9i:

Auf einer perforierten Kabelwanne im Keller liegen vier Leitungen, NYM 4 × 10 mm² Cu, und fünf Leitungen, NYM 5 × 2,5 mm² Cu.

Wie hoch ist die Strombelastbarkeit I_Z der Leitungen, wenn die Umgebungstemperatur 20 °C nicht überschreitet?

Es gilt:

$$I_Z = I_r \cdot \prod f;$$

f = 1,12 für PVC-isolierte Leitungen bei 20 °C Umgebungstemperatur nach Tabelle 9.3,

f = 0,73 bei 9 gehäuft verlegten Leitungen auf perforierter Kabelwanne nach Tabelle 9.4,

I_{r1} = 60 A, für NYM 4 × 10 mm² Cu nach Tabelle 9.2, Gruppe E,

I_{r2} = 25 A, für NYM 5 × 25 mm² Cu nach Tabelle 9.2, Gruppe E,

$$I_{Z1} = I_r \cdot \prod f = 60\ \text{A} \cdot 1{,}12 \cdot 0{,}73 = 49\ \text{A}, \quad \text{für } 10\ \text{mm}^2\ \text{Cu},$$

$$I_{Z2} = I_r \cdot \prod f = 25\ \text{A} \cdot 1{,}12 \cdot 0{,}73 = 20{,}4\ \text{A}, \quad \text{für } 2{,}5\ \text{mm}^2\ \text{Cu}.$$

10 Schutz von Leitungen und Kabeln bei Überlast DIN VDE 0100-430

Leitungen und Kabel müssen mit Überstrom-Schutzeinrichtungen gegen zu hohe Erwärmung geschützt werden, die sowohl durch betriebsmäßige Überlastung als auch durch den vollkommenen Kurzschluss auftreten kann. In DIN VDE 0100-430:2010-10, Abschnitt 8 wird nur der Schutz bei Überlast, d. h. Schutz bei betriebsmäßiger Überlastung, behandelt. Eine betriebsmäßige Überlastung ist nach Festlegung gemäß VDE-Bestimmungen gegeben, wenn über einem Steckdosenstromkreis so viele Verbraucher versorgt werden, dass durch die Stromaufnahme der Verbraucher die Strombelastbarkeit I_Z der Leitung um mindestens den Faktor 1,45 überschritten wird.

Der Schutz besteht darin, Schutzeinrichtungen vorzusehen, die die Überlastströme unterbrechen, ehe sie eine schädliche Erwärmung der Leitungen hervorrufen können. Ströme bis zum 1,45-fachen der Strombelastbarkeit I_Z der Leitungen sind keine Überlastströme im Sinne von DIN VDE 0100-430, sie brauchen somit zu keiner Abschaltung der Überlastschutzeinrichtung zu führen. Durch eine sorgfältige Ermittlung der zu erwartenden Betriebsströme ist jedoch sicherzustellen, dass durch sie die Strombelastbarkeit der Leitungen im Allgemeinen nicht überschritten wird.

10.1 Auswahl der Schutzeinrichtungen

Der Schutz von Leitungen bei Überlast wird in der Regel mit einer der folgenden Überstrom-Schutzeinrichtungen erzielt:

- Leitungsschutzsicherungen (Schmelzsicherungen) nach DIN EN 60269-1 (**VDE 0636-1**) der Bauart NH, D oder D0 und der Betriebsklasse gG. Die Bezeichnung „gG“ steht für Ganzbereichs-Leitungsschutzsicherung;
- Leitungsschutzschalter (LS-Schalter) des Typs B und C nach DIN EN 60898-1 (**VDE 0641-11**);
- Leistungsschalter nach DIN EN 60947-2 (**VDE 0660-1**). Dazu zählen auch die sogenannten K- und die Motorschutzschalter.

Für den Schutz bei Überlast ist der Auslösestrom maßgebend, der spätestens nach einer in der Norm festgelegten Zeit von 1 h die Auslösung der Schutzeinrichtung bewirkt. Dieser Auslösestrom wird im Allgemeinen großer Prüfstrom I_2 genannt. Dagegen darf sie beim kleinen Prüfstrom I_1 innerhalb einer Stunde nicht auslösen. Der große und kleine Prüfstrom von gG-Sicherungen kann der **Tabelle 10.1** entnommen werden.

I_n	4 A	6 A ... 10 A	16 A ... 25 A	≥ 32 A
I_2	$2{,}1 \cdot I_n$	$1{,}9 \cdot I_n$	$1{,}75 \cdot I_n$	$1{,}6 \cdot I_n$
I_1	$1{,}5 \cdot I_n$		$1{,}4 \cdot I_n$	$1{,}3 \cdot I_n$

Tabelle 10.1 Großer und kleiner Prüfstrom von gL/gG-Sicherungen

Der große Prüfstrom I_2 von LS-Schaltern des Typs B bzw. C beträgt das 1,45-Fache des Nennstroms, der kleine I_1 das 1,13- bzw. 1,3-fache.

$$I_2 = 1{,}45 \cdot I_n . \tag{10.1}$$

Für *Leistungsschalter* mit stromabhängig verzögertem Überstromauslöser gilt:

$$I_2 \le 1{,}35 \cdot I_n . \tag{10.2}$$

10.2 Überstromschutz von Leitungen

Leitungen und Kabel müssen gegen zu hohe Erwärmung geschützt werden, die durch betriebsmäßige Überlastung oder durch hohe Stromaufnahme auftreten können. Entsprechend der Bemessungsstromregel nach DIN VDE 0100-430 muss der Querschnitt des Kabels oder der Leitung so gewählt werden, dass der maximal zulässige Belastungsstrom I_Z immer größer gleich dem Nennstrom ist oder bei einstellbaren Überstrom-Schutzeinrichtungen der Einstellwert I_e der Überstrom-Schutzeinrichtung ist. Die Überstrom-Schutzeinrichtungen, die ein Kabel oder eine Leitung bei Überlast schützen, müssen folgende Bedingungen erfüllen:

1. Bemessungsstromregel

$$I_B \le I_n \le I_Z, \qquad I_n \le I_Z, \qquad I_e \le I_Z; \tag{10.3}$$

I_B Betriebsstrom,

I_n Nennstrom der Überstrom-Schutzeinrichtung,

I_e Einstellwert bei einstellbaren Überstrom-Schutzeinrichtungen,

I_Z zulässige maximale Strombelastbarkeit des Kabels oder der Leitung bei den tatsächlichen Betriebsbedingungen.

Diese Beziehung gewährleistet den Schutz bei Überlast, wenn der große Prüfstrom I_2 der Überstrom-Schutzeinrichtung $\le 1{,}45 \cdot I_n$ ist.

2. Auslösestromregel

$$I_2 \leq 1{,}45 \cdot I_Z, \qquad I_Z \geq I_n. \tag{10.4}$$

Für Leitungsschutzschalter MCB (Miniature Circuit Breaker), Charakteristik B, C, D aber auch für die Charakteristik A, K und Z ist der große Prüfstrom

$$I_2 \leq 1{,}45 \cdot I_n.$$

Bei Sicherungen mit gG bzw. Charakteristik mit $I_n \geq 16$ A beträgt der große Prüfstrom (I_2) $I_f = 1{,}6 \cdot I_n$. Dadurch ergeben sich bei gleichem Nennstrom der Überstrom-Schutzeinrichtung eine etwa 10 % $(1{,}6/1{,}45) = 1{,}103$) höhere erforderliche zulässige Strombelastbarkeit I_Z für die Kabel und Leitungen.

$$I_2 \leq 1{,}6 \cdot I_n \leq 1{,}45 \cdot I_Z,$$

$$I_Z \geq \frac{1{,}6 \cdot I_n}{1{,}45}, \qquad I_Z \geq 1{,}103 \cdot I_n.$$

Das Auslöseverhalten von Leitungsschutzschaltern ist in **Tabelle 10.2** gezeigt.

<table>
<tr><th rowspan="3">Auslösecharakteristik</th><th colspan="3">Thermischer Auslöser
Prüfströme</th><th colspan="3">Elektromagnetischer Auslöser
Prüfströme</th></tr>
<tr><th>I_n</th><th colspan="2">Auslösezeit</th><th rowspan="2">halten</th><th rowspan="2">schalten</th><th rowspan="2">Auslösezeit</th></tr>
<tr><th colspan="2">I_2
$I_n \leq 63$ A</th><th>$I_n \leq 125$ A</th></tr>
<tr><td>A</td><td></td><td></td><td></td><td>$2 \cdot I_n$</td><td>$3 \cdot I_n$</td><td></td></tr>
<tr><td>B</td><td>$1{,}13 \cdot I_n$</td><td></td><td></td><td>$3 \cdot I_n$</td><td>$5 \cdot I_n$</td><td></td></tr>
<tr><td>C</td><td>$1{,}45 \cdot I_n$</td><td rowspan="3">> 1 h
< 1 h</td><td rowspan="3">> 2 h
< 2 h</td><td>$5 \cdot I_n$</td><td>$10 \cdot I_n$</td><td rowspan="3">≥ 0,1 s
< 0,1 s</td></tr>
<tr><td>D</td><td></td><td>$10 \cdot I_n$</td><td>$20 \cdot I_n$</td></tr>
<tr><td>K</td><td>$1{,}05 \cdot I_n$</td><td>$10 \cdot I_n$</td><td>$14 \cdot I_n$</td></tr>
<tr><td>Z</td><td>$1{,}2 \cdot I_n$</td><td></td><td></td><td>$2 \cdot I_n$</td><td>$3 \cdot I_n$</td><td></td></tr>
</table>

Tabelle 10.2 Auslöseverhalten von Leitungsschutzschaltern

Das **Bild 10.1** zeigt die Auslösecharakteristiken für Leitungsschutzschalter. Die Abschaltung erfolgt über zwei unterschiedliche Auslöser. Zum Schutz bei Überlast wird der thermische Auslöser eingesetzt. Zum Schutz vor Kurzschluss kommt der unverzögerte Elektromagnetauslöser zum Einsatz.

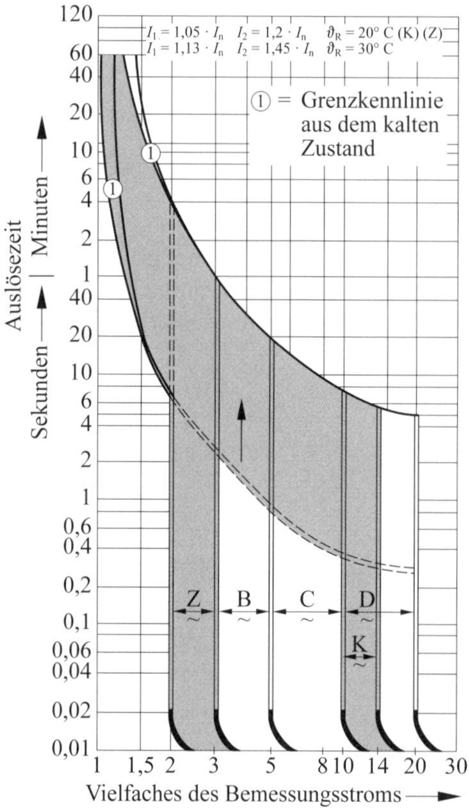

Bild 10.1 Auslösekennlinien
(B, C und D sind international genormt)

Die Auslösekennlinien von Elektromagnet- und Thermo-Bimetall-Auslösern ergeben zusammen eine gemeinsame Auslösekennlinie für den Überlastschutz.

Tabelle 10.3 zeigt die Einsatzgebiete von Leitungsschutzschaltern, **Tabelle 10.4** die Strombelastbarkeit bei verschiedenen Verlegearten und **Tabelle 10.5** Korrekturfaktoren bei Verwendung mehrerer Leitungsschutzschalter.

Auslösecharakteristik	Anwendung
A	begrenzter Halbleiterschutz, Schutz von Stromkreisen mit Wandlern
B	Leitungsschutz für Steckdosen- und Lichtstromkreise
C	Leitungsschutz für höhere Anlaufströme
D	für stark impulserzeugende Betriebsmittel, z. B. Transformatoren, Magnetventile
K	Stromkreise mit hohen Stromspitzen durch Induktivitäten und Kapazitäten
Z	für Steuerstromkreise mit hohen Impedanzen und Halbleiterschutz

Tabelle 10.3 Einsatzgebiete von Leitungsschutzschaltern

Verlegeart	A1		B1		C	
belastete Adern	2	3	2	3	2	3
Nennquerschnitt	Belastbarkeit I_Z in A					
	Bemessungsstrom I_n in A					
1,5 mm^2	16,5	14,5	18,5	16,5	21	18,5
	16	13	16	16	20	16
2,5 mm^2	21	19	25	22	29	25
	20	16	25	20	25	25
4 mm^2	28	25	34	30	38	35
	25	25	32	25	35	35
6 mm^2	36	33	43	38	49	43
	35	32	40	35	40	40
10 mm^2	49	45	60	53	67	63
	40	40	50	50	63	63
16 mm^2	65	59	81	72	90	81
	63	50	80	63	80	80
25 mm^2	85	77	107	94	119	102
	80	63	100	80	100	100
35 mm^2	105	94	133	117	146	126
	100	80	125	100	125	125
50 mm^2	126	114	160	142	178	153
	125	100	160	125	160	125

Tabelle 10.4 Strombelastbarkeit I_Z bei fester Verlegung in und an Gebäuden und Dauerbetrieb bei 25 °C für Kupferleiter mit PVC-Isolierung sowie Zuordnung des Bemessungsstroms, vgl. DIN VDE 0298-4:2013-06

Anzahl der LS-Schalter	Korrekturfaktor
2 bis 3	0,9
4 bis 5	0,8
6 und mehr	0,75

Tabelle 10.5 Gegenseitige Beeinflussung der LS-Schalter

Beispiel 10a:

Ein Wechselstromverbraucher hat folgende Daten:

Leistung: $P = 2{,}5$ kW, 230 V, Verlegeart der Leitung A1, Umgebungstemperatur 25 °C.

Berechnen Sie den Betriebsstrom I_B!

Lösung:

$$I_\mathrm{B} = \frac{P}{U} = \frac{2{,}5\ \mathrm{kW}}{230\ \mathrm{V}} = 10{,}87\ \mathrm{A}\,.$$

Mit der Bemessungsstromregel Gl. (10.3) und der Tabelle 10.4 erhält man:

$$I_\mathrm{B} \le I_\mathrm{n} \le I_\mathrm{Z},$$
$$10{,}87\ \mathrm{A} \le 16\ \mathrm{A} \le 16{,}5\ \mathrm{A}.$$

Somit kann ein Kabelquerschnitt von $S = 1{,}5$ mm gewählt werden.

Mit der Auslöseregel Gl. (10.4) gilt:

$$I_2 \le 1{,}45 \cdot I_\mathrm{Z},$$
$$I_2 \le 1{,}45 \cdot 16{,}5\ \mathrm{A} = 23{,}925\ \mathrm{A}$$

und

$$I_2 \le 1{,}45 \cdot I_\mathrm{n} \le 23{,}2\ \mathrm{A},$$
$$23{,}2\ \mathrm{A} \le 23{,}925\ \mathrm{A}.$$

Damit ist der Überlastschutz gegeben.

Beispiel 10b:

In dem Unterverteiler einer Werkstatt sind Steckdosen- und Lichtstromkreise mit 8 × B16A-Leitungsschutzschalter nebeneinander installiert. Geben Sie die gegenseitige Beeinflussung an und berechnen Sie die Gesamtbelastung der Schutzschalter.

Lösung:

Bei mehr als sechs Leitungsschutzschaltern ist ein Korrekturfaktor von 0,75 zu berücksichtigen (Tabelle 10.5). Damit beträgt die Gesamtbelastung:

$$8 \cdot 16\ \text{A} \cdot 0{,}75 = 96\ \text{A}.$$

Die Leitungsschutzschalter dürfen höchstens mit 96 A belastet werden.

Beispiel 10c:

Ein zweipoliger Steckdosen- und Beleuchtungsstromkreis ist für einen Betriebsstrom von 16 A auszulegen. Als Leitungsmaterial wird eine Stegleitung, NYFY 3 × 1,5 mm^2 Cu, verwendet.

Ist der Schutz bei Überlast erfüllt, wenn als Schutzeinrichtung eine 16-A-gG-Sicherung verwendet wird?

Es gilt:

$I_B = 16$ A; $I_n = 16$ A;

I_Z bzw. I_r nach Tabelle 9.1 Gruppe C, zwei belastete Adern = 19,5 A;

I_2 nach Tabelle 10.1 = 1,75 · I_n = 1,75 · 16 A = 28 A.

Bedingung: Gln. (10.3) und (10.4)

$$I_B \le I_n \le I_Z; \qquad 16\ \text{A} = 16\ \text{A} < 19{,}5\ \text{A};$$

$$I_2 \le 1{,}45 \cdot I_Z; \qquad 28\ \text{A} < 1{,}45 \cdot 19{,}5\ \text{A} = 28{,}3\ \text{A}.$$

Beide Bedingungen sind erfüllt. Der Schutz bei Überlast ist somit gegeben.

Beispiel 10d:

Für einen Stromkreis, wie in Beispiel 10c beschrieben, soll anstatt einer Stegleitung eine Aderleitung im Rohr verwendet werden.

Welcher Querschnitt ist für die Aderleitung erforderlich?

Es gilt:

$I_B = 16$ A; $I_n = 16$ A; $I_2 = 28$ A.

Annahme:

Querschnitt 1,5 mm² Cu, dann ist I_Z bzw. I_r nach Tabelle 9.2, Gruppe B1 gleich 17,5 A.

Bedingung: Gl. (10.3) und Gl. (10.4)

$$I_B \le I_n \le I_Z; \qquad 16\text{ A} = 16\text{ A} < 17{,}5\text{ A};$$

$$I_2 \le 1{,}45 \cdot I_Z; \qquad 28\text{ A} < 1{,}45 \cdot 17{,}5\text{ A} = 25{,}4\text{ A}.$$

Die Bedingung der Gl. (10.4) ist nicht erfüllt. Deshalb ist zu überprüfen, ob mit dem nächsthöheren Querschnitt der Schutz bei Überlast erfüllt ist.

Es gilt:

I_Z bzw. I_r für 2,5 mm² Cu aus Tabelle 9.2, Gruppe B1, ist 24 A.

Bedingung Gl. (10.4):

$$I_2 \le 1{,}45 \cdot I_Z; \qquad 28\text{ A} < 1{,}45 \cdot 24\text{ A} = 34{,}8\text{ A}.$$

Bei Verwendung von Aderleitungen im Rohr ist ein Querschnitt von 2,5 mm² Cu erforderlich, um den Schutz bei Überlast zu erzielen, sofern als Schutzeinrichtungen gG-Sicherungen dienen.

Einfacher ist es, anstatt eines höheren Querschnitts, LS-Schalter des Typs B oder C zu verwenden. Es gilt dann:

$$I_2 = 1{,}45 \cdot I_n = 1{,}45 \cdot 16\text{ A} = 23{,}2\text{ A} \qquad \text{nach Gl. (10.1)}$$

und nach Gl. (10.4):

$$I_2 \le 1{,}45 \cdot I_Z; \quad 23{,}2\text{ A} < 1{,}45 \cdot 17{,}5\text{ A} = 25{,}4\text{ A}.$$

Beispiel 10e:

Kann durch gG-Sicherungen, $I_n = 16$ A, eine NYM-Leitung 5 × 1,5 mm² Cu, auf Putz verlegt, an die eine vierpolige CEE-Steckdose, 16 A, angeschlossen ist, bei Überlast geschützt werden?

Es gilt:

$I_B = 16$ A; $I_n = 16$ A;

I_Z bzw. I_r nach Tabelle 9.2, Gruppe C, drei belastete Adern, ist gleich 17,5 A;

I_2 nach Tabelle 10.1 gleich $1{,}75 \cdot I_n = 1{,}75 \cdot 16\ \text{A} = 28\ \text{A}$.

Bedingung: Gl. (10.3) und Gl. (10.4)

$$I_B \leq I_n \leq I_Z; \qquad 16\ \text{A} = 16\ \text{A} < 17{,}5\ \text{A};$$

$$I_2 \leq 1{,}45 \cdot I_Z; \qquad 28\ \text{A} < 1{,}45 \cdot 17{,}5\ \text{A} = 25{,}4\ \text{A}.$$

Die Bedingung der Gl. (10.4) ist nicht erfüllt. Der Steckdosenstromkreis ist entweder mit 10-A-gG-Sicherungen zu schützen, was nur erlaubt ist, wenn der zu erwartende Betriebsstrom der anzuschließenden Verbraucher nicht größer als 10 A ist, oder es sind LS-Schalter des Typs B oder C bzw. Leistungsschalter zu verwenden.

Beispiel 10f:

In einem Isolierstoff-Installationskanal sollen vier Versorgungsleitungen für Drehstromverbrauchsmittel verlegt werden. Der Strom pro Leitung beträgt 16 A.

Welcher Leiterquerschnitt ist erforderlich bei Verwendung von NYM-Leitungen und einer Absicherung mit 16-A-gG-Sicherungen?

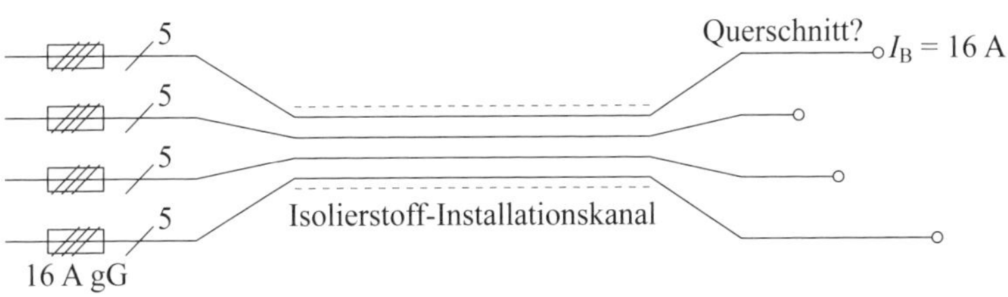

Es gilt:

NYM-Leitung im Installationskanal entspricht Gruppe B2 nach Tabelle 9.2

$I_B = 16$ A; $I_n = 16$ A; $I_2 = 1{,}75 \cdot I_n = 28$ A (Tabelle 10.1);

Annahme 1: erforderlicher Leiterquerschnitt 4 mm² Cu, dann ist nach Tabelle 9.2 $I_r = 27$ A und unter Berücksichtigung der Häufung nach Gl. (9.4):

$$I_Z = I_r \cdot f = 27\ \text{A} \cdot 0{,}65 = 16{,}2\ \text{A}\,.$$

Bedingung: Gl. (10.3) und Gl. (10.4)

$$I_B \leq I_n \leq I_Z; \qquad 16\ \text{A} = 16\ \text{A} < 16{,}2\ \text{A}\,;$$

$$I_2 \leq 1{,}45 \cdot I_Z; \qquad 28\ \text{A} > 1{,}45 \cdot 16{,}2\ \text{A} = 23{,}5\ \text{A}\,.$$

Die Bedingung der Gl. (10.4) ist bei einem Querschnitt von 4 mm² Cu nicht erfüllt.

Deshalb Annahme 2: erforderlicher Querschnitt 6 mm² Cu, dann ist nach Tabelle 9.2 $I_r = 34$ A und unter Berücksichtigung der Häufung nach Gl. (9.4):

$$I_Z = I_r \cdot f = 34\ \text{A} \cdot 0{,}65 = 22{,}1\ \text{A}\,.$$

Bedingung: Gl. (10.3) und (10.4)

$$I_B \leq I_n \leq I_Z; \qquad 16\ \text{A} = 16\ \text{A} < 22{,}1\ \text{A}\,;$$

$$I_2 \leq 1{,}45 \cdot I_Z; \qquad 28\ \text{A} < 1{,}45 \cdot 22{,}1\ \text{A} = 32\ \text{A}\,.$$

Bei einem Leiterquerschnitt von 6 mm² Cu ist die Leitung durch die 16-A-gL-Sicherung bei Überlast geschützt.

Folgerung: Aufgrund des Umrechnungsfaktors für die Leitungshäufung ist ein Querschnitt erforderlich, der wirtschaftlich kaum noch zu vertreten ist. Im vorliegenden Beispiel würde sich deshalb eine getrennte Verlegung der Leitungen oder die Verwendung anderer Schutzeinrichtungen (s. Beispiel 10g) empfehlen.

Beispiel 10g:

Die im Beispiel 10f beschriebenen Stromkreise sollen anstatt mit 16-A-gG-Sicherungen mit 16-A-LS-Schaltern des Typs B gegen die Auswirkungen bei Überlast geschützt werden. Welcher Leiterquerschnitt ist dann erforderlich?

Ergebnis: Bei Verwendung von LS-Schaltern Typ B muss nur die Bedingung nach Gl. (10.3) erfüllt sein. Somit reicht ein Leiterquerschnitt von 4 mm² Cu aus, da dieser nach Beispiel 10f die Bedingung der Gl. (10.3) erfüllt.

Beispiel 10h:

Es ist die Leitung zwischen einer Schaltanlage und einem 15-kW-Motor für die Abluftanlage einer Tiefgarage zu dimensionieren. Die Leitung soll durch einen Motorschutzschalter, dessen thermischer Überstromauslöser auf den Motornennstrom von 29 A eingestellt wird, gegen zu hohe Erwärmung geschützt werden. Die Temperatur in der Tiefgarage, in der die Schaltanlage und der Motor untergebracht sind, überschreitet nie 20 °C.

Welcher Mindestquerschnitt ist bei Verwendung einer NYM-Leitung (Gruppe C) erforderlich, um den Schutz bei Überlast der Leitung zu gewährleisten?

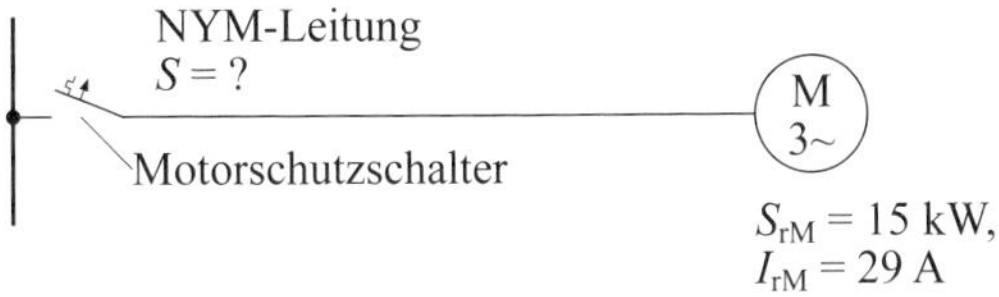

Lösung:

Annahme: erforderlicher Leiterquerschnitt 2,5 mm² Cu

Nachweis: I_r nach Tabelle 9.2 ist 24 A

$$I_Z = I_r \cdot f. \qquad \text{nach Gl. (9.3)}$$

f nach Tabelle 9.3 für PVC-Leitung und 20 °C gleich 1,12

$$I_Z = I_r \cdot f = 24\ \text{A} \cdot 1{,}12 = 26{,}9\ \text{A}.$$

Für Motorschutzschalter genügt Überprüfung der Bedingung Gl. (10.3)

$$I_B \leq I_n \leq I_Z, \quad 29\ \text{A} = 29\ \text{A} > 26{,}9\ \text{A};$$

Die Bedingungen der Gl. (10.3) sind nicht erfüllt. Für die Leitung ist somit ein Querschnitt von 4 mm² Cu erforderlich.

Beispiel 10i:

Zwei in Luft verlegte Kabel NYY von 95 mm² Cu und 70 mm² Cu sollen parallel geschaltet und über eine gemeinsame Sicherung geschützt werden.

Wie groß darf der Nennstrom der gG-Sicherung maximal sein?

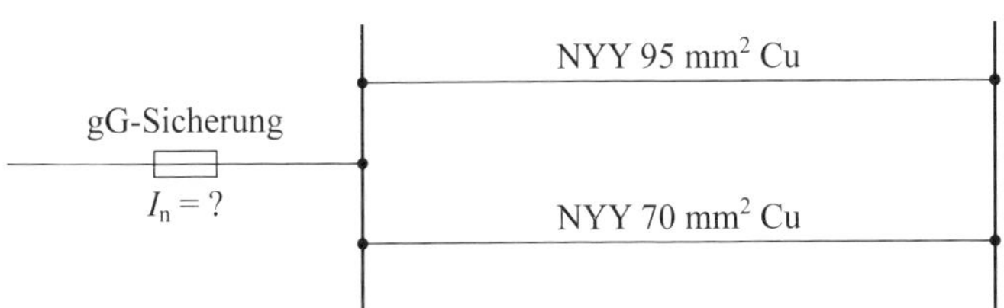

Lösung:

Die Strombelastbarkeit I_Z der parallel geschalteten Kabel ergibt sich aus Gl. (9.17)

$$I_Z = I_{Z1}\left(1+\frac{S_2}{S_1}\right),$$

$I_{Z1} = I_{r1}$ Strombelastbarkeit von S_1 aus Tabelle 9.6 = 246 A (Verlegung in Luft),

S_1 = stärkster Leiterquerschnitt = 95 mm² Cu,

S_2 = 70 mm² Cu,

$$I_Z = 246\ \text{A}\left(\frac{1+70\ \text{mm}^2}{90\ \text{mm}^2}\right) = 437\ \text{A}.$$

Aus Gl. (10.4) erhält man den maximalen „großen Prüfstrom“ der Schutzeinrichtung.

$$I_2 \leq 1{,}45 \cdot I_Z = 1{,}45 \cdot 437\ \text{A} = 634\ \text{A}.$$

Der maximale Nennstrom der Sicherung ergibt sich aus Tabelle 10.1:

$$I_2 = 1{,}6 \cdot I_N;\quad I_n = \frac{I_2}{1{,}6} = \frac{634\ \text{A}}{1{,}6} = 396\ \text{A}.$$

Die nächstkleinere Sicherungsstufe beträgt 315 A.

Somit müssten die beiden parallel geschalteten Kabel mit einer gemeinsamen Sicherung von 315 A geschützt werden.

Die nächsthöhere Sicherung von 400 A könnte nur verwendet werden, wenn die Umgebungstemperatur der Kabel ganzjährig deutlich unter 30 °C, z. B. bei maximal 25 °C, liegt.

10.3 Maximal zulässige Kabel- und Leitungslängen

Das Beiblatt 2 zu DIN VDE 0100-520 informiert Elektroplaner über den Schutz bei Überlast, Auswahl von Schutzeinrichtungen (SE) und maximal zulässigen Kabel- und Leitungslängen, die für den Spannungsfall und die Schutzmaßnahme Schutz durch automatische Abschaltung eine große Bedeutung haben. Die wichtigsten Angaben zur Kabeldimensionierung sind in **Tabelle 10.6** bis **Tabelle 10.11** gezeigt.

PVC-isolierte Kabel und Leitungen mit Kupferleiter bei fester Verlegung in oder an Bauwerken und Kabel bei Verlegung in Erde. Betriebstemperatur am Leiter 70 °C, Umgebungstemperatur 25 °C (für Referenzverlegeart D: 20 °C)

1	2	3	4	5	6	7	8	9	10	11	12	13	14	15	16
Kennziffer der Verlegeart[a]	1	2, 3	4	6, 7, 0, 13, 50, 52, 54, 55, 56	59	5	8, 9, 11, 14, 51, 53	60	20, 30	57, 58	21, 22	–	70, 71	72, 73	31 … 35
Verlegeart[b]	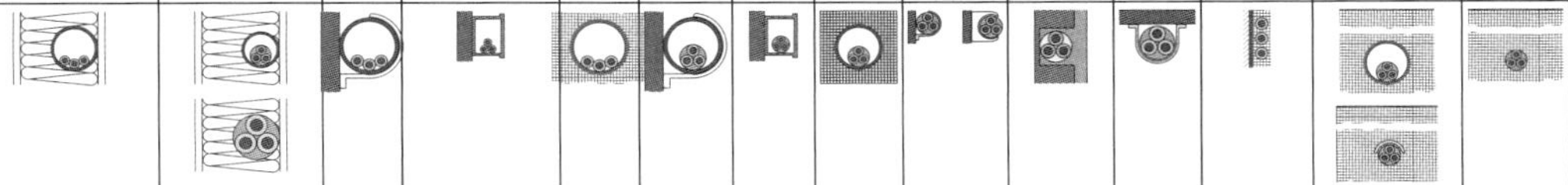														 *d* Kabel- oder Leitungsdurchmesser
	Verlegung in wärmegedämmten Wänden, z. B. in Hohlwänden, die mit Mineralwolle, Styropor o. dgl. ausgefüllt sind		Verlegung in Elektroinstallationsrohren oder -kanälen auf oder in Wänden bzw. abgehängt, in Kanälen für Unterflurverlegung, Kabelkanälen						Direkte Verlegung auf oder in Wänden, unter Decken oder in ungelochten Kabelwannen			Stegleitungen im o. unter Putz	Verlegung von ein- und mehradrigen Kabeln in Erde		Verlegung frei in Luft, an Tragseilen sowie auf Kabelpritschen, -konsolen oder in gelochten Kabelwannen
	Aderleitungen oder einadrige Kabel/Mantelleitungen in Elektroinstallationsrohren oder -kanälen	mehradrige Kabel/Mantelleitungen	Aderleitungen oder einadrige Kabel/Mantelleitungen			mehradrige Kabel/Mantelleitungen			ein- oder mehradrige Kabel/Mantelleitungen, Stegleitungen				in einem Elektroinstallationsrohr o. in einem Kabelschacht im Erdboden	direkt im Erdreich	mehradrige Kabel/Mantelleitungen
Referenzverlegeart	A1	A2	B1			B2			C				D		E

Referenzverlegeart	A1		A2		B1		B2		C		D		E	
Anzahl der gleichzeitig belasteten Adern	2	3	2	3	2	3	2	3	2	3	2	3	2	3
Leiternennquerschnitt in mm²	Maximal zulässiger Bemessungsstrom I_n eines **Leitungsschutzschalters/Sicherung mit Charakteristik gG** in A													
1,5	16/13	13	16/13	13/10	16	16/13	16/13	16/13	20	16	20/16	16	20	16
2,5	20/16	16	16	16	25/20	20/16	20	20/16	25	25/20	25	20	32/25	25/20
4	25	25/20	25/20	20	32/25	25	32/25	25	35	35/25	35/32	25	40/35	35/32
6	35/32	32/25	32/25	25	40/35	35/32	40/35	35/32	40	40/35	40	35/32	50/40	40
10	40	40	40	40/35	50	50/40	50/40	40	63	63/50	50	50/40	63	63/50
16	63/50	50	50	50/40	80/63	63	63	63/50	80	80/63	63	63/50	100/80	80/63
25	80/63	63	80/63	63	100/80	80	80	80/63	100	100/80	80	80/63	125/100	100/80
35	100/80	80	80	80/63	125/100	100	100	100/80	125	125/100	100	80	125	125/100
50	125/100	100	100	100/80	160/125	125	125	125/100	160	125	125	100	160	160/125

[a] Kennziffern ausgewählter Verlegearten nach DIN VDE 0298-4:2023-06, Tabelle 9.

[b] Die Darstellung der Verlegearten und deren Beschreibung sind Beispiele und beschränken sich auf die häufigsten Anwendungsfälle. Weitere bildliche Darstellungen von Verlegearten und deren Beschreibungen enthält DIN VDE 0298-4:2023-06, Tabelle 9.

Tabelle 10.6 Zuordnung von Überstrom-Schutzeinrichtungen zum Schutz bei Überlast von Kabeln und Leitungen für häufig angewendete Verlegearten nach DIN VDE 0100-520 Beiblatt 2:2023-10, Tabelle 1

Länge der in Dämmung verlegten Kabel/Leitung in mm	Reduktionsfaktor[a]
≥ 50	0,89
≥ 100	0,81
≥ 200	0,68
≥ 400	0,55
≥ 500[b]	0,50

[a] Die Reduktionsfaktoren gelten für die Strombelastbarkeit nach Referenzverlegeart C und können für Leiterquerschnitte bis einschließlich 10 mm² in einer Wärmedämmung mit einer Wärmeleitfähigkeit größer 0,062 5 $Wm^{-1} K^{-1}$ angewendet werden.

[b] gilt auch für alle Leiterquerschnitte > 10 mm²

Tabelle 10.7 Kabel/Leitung umgeben von Wärmedämmung [auf Basis IEC/TR 61200-52:2013] nach DIN VDE 0100-520 Beiblatt 2:2023-10, Tabelle 2

Betriebs-strom	Maximal zulässige Kabel- und Leitungslänge l_{max} in m Leiternennquerschnitt in mm²								
A	1,5	2,5	4	6	10	16	25	35	50
6	92	150							
10	55	90	145						
16	34	56	90	135					
20	28	45	72	108					
25		36	58	87	146				
32			45	68	114	181			
35			41	62	104	165			
40				54	91	145	228		
50					73	116	182	251	
63					58	92	145	200	268
80						72	114	157	211
100							91	126	169
125								101	135
160									105

Tabelle 10.8 Maximal zulässige Kabel- und Leitungslängen l_{max} für Wechselstromnetze bei einem Spannungsfall von 3 % nach DIN VDE 0100-520 Beiblatt 2:2023-10, Tabelle 3

Betriebs-strom	Maximal zulässige Kabel- und Leitungslänge l_{max} in m Leiternennquerschnitt in mm²								
A	**1,5**	**2,5**	**4**	**6**	**10**	**16**	**25**	**35**	**50**
6	80	130	209	312					
10	48	78	125	187					
16	30	49	78	117					
20	24	39	63	94					
25	19	31	50	75	126	201	318	441	
32	15	24	39	59	99	157	248	344	
35	14	22	36	54	90	143	227	315	
40	12	19	31	47	79	126	199	275	
50	10	16	25	37	63	100	159	220	
63	8	12	20	30	50	80	126	175	237
80		10	16	23	39	63	99	138	186
100		8	13	19	32	50	79	110	149
125					25	40	64	88	119
160					20	31	50	69	93

Tabelle 10.9 Maximal zulässige Kabel- und Leitungslängen l_{max} für Gleichstromnetze bei einem Spannungsfall von 3 % nach DIN VDE 0100-520 Beiblatt 2:2023-10, Tabelle 4

Spannungsfall	Faktor
1 %	0,33
1,5 %	0,5
4 %	1,33
5 %	1,67
8 %	2,67
10 %	3,33

Tabelle 10.10 Umrechnungsfaktoren für maximal zulässige Kabel- und Leitungslängen l_{max} bei von 3 % abweichenden Spannungsfällen nach DIN VDE 0100-520 Beiblatt 2:2023-10, Tabelle 5

Leiter-nenn-quer-schnitt	Bemes-sungs-strom der Über-strom-Schutzein-richtung	Sicherungseinsatz nach DIN EN 60269-1 (VDE 0636-1) der Betriebsklasse gG						Leitungsschutzschalter nach DIN EN 60898-1 (VDE 0641-11) und DIN EN 60898-2 (VDE 0641-12) $t_a = 0{,}4$ s; $t_a = 5$ s (wird erreicht durch die unverzögerte Auslösung innerhalb von $t < 0{,}1$ s)						
		$t_a = 5$ s			$t_a = 0{,}4$ s			Typ B			Typ C			
	I_n	I_{erf}	Z_S	l_{max}	I_{erf}	Z_S	l_{max}	I_{erf}	Z_S	l_{max}	I_{erf}	Z_S	l_{max}	f_l
mm²	A	A	Ω	m	A	Ω	m	A	Ω	m	A	Ω	m	$\frac{m}{10\,m\Omega}$
1,5	6	27	8,52	246	47	4,89	141	30	7,67	228	60	3,83	108	0,33
	10	47	4,89	129	82	2,80	75	50	4,60	132	100	2,3	61	0,31
	16	65	3,54	83	109	2,11	53	80	2,88	79	160	1,44	34	0,29
	20	94	2,45	51	148	1,55	35	100	2,30	61	200	1,15	25	0,27
2,5	6	27	8,52	411	47	4,89	231	30	7,67	372	60	3,83	177	0,56
	10	47	4,89	224	82	2,80	124	50	4,60	216	100	2,3	100	0,54
	16	65	3,54	152	109	2,11	89	80	2,88	129	160	1,44	56	0,53
	20	87	2,64	104	148	1,55	60	100	2,30	100	200	1,15	41	0,50
	25	110	2,09	74	180	1,28	46	125	1,84	76	250	0,92	29	0,47
4	10	47	4,89	367	82	2,80	201	50	4,60	348	100	2,3	160	0,89
	16	65	3,54	255	109	2,11	144	80	2,88	207	160	1,44	90	0,88
	20	87	2,64	180	148	1,55	99	100	2,30	160	200	1,15	66	0,87
	25	110	2,09	133	180	1,28	76	125	1,84	123	250	0,92	47	0,84
	32	155	1,48	81	270	0,85	41	160	1,44	90	320	0,72	31	0,78
	35	160	1,44	77	310	0,74	32							0,77
6	16	65	3,54	387	109	2,11	216	80	2,88	310	160	1,44	135	1,34
	20	87	2,64	276	148	1,55	148	100	2,30	240	200	1,15	100	1,33
	25	110	2,09	208	180	1,28	115	125	1,84	184	250	0,92	71	1,31
	32	155	1,48	132	270	0,85	62	160	1,44	135	320	0,72	47	1,27
	35	160	1,44	126	310	0,74	49							1,27
	40	190	1,21	97	315	0,73	47	200	1,15	100	400	0,58	29	1,23
10	25	110	2,09	357	180	1,28	194	125	1,84	310	250	0,92	120	2,26
	32	155	1,48	231	270	0,85	106	160	1,44	227	320	0,72	79	2,23
	35	160	1,44	221	310	0,74	83							2,33
	40	190	1,21	174	315	0,73	81	200	1,15	168	400	0,58	50	2,20
	50	265	0,87	103	470	0,49	32	250	0,92	120	500	0,46	26	2,13
	63	320	0,72	72	550	0,42	17	315	0,73	81	630	0,37	6	2,07
16	35	160	1,44	358	310	0,74	133							3,60
	40	190	1,21	283	315	0,73	129	200	1,15	267	400	0,58	79	3,58
	50	265	0,87	170	470	0,49	51	250	0,92	192	500	0,46	41	3,54
	63	320	0,72	121	550	0,42	27	315	0,73	130	630	0,37	10	3,49
	80	445	0,52	56	830	0,28		400	0,58	79	800	0,29		3,37
25	40	190	1,21	451	315	0,73	205	200	1,15	422	400	0,58	125	5,72
	50	265	0,87	274	470	0,49	80	250	0,92	303	500	0,46	65	5,68
	63	320	0,72	196	550	0,42	44	315	0,73	205	630	0,37	16	5,66
	80	445	0,52	92	830	0,28		400	0,58	125	800	0,29		5,57
	100	590	0,39	28	1 020	0,23		500	0,46	65	1 000	0,23		5,44

(Vorgeschriebene Abschaltzeiten für den Fehlerschutz 0,4 s und 5 s im TN-System und zulässige Kurzschlusstemperatur am Leiter 160 °C)

Tabelle 10.11 Maximal zulässige Kabel- und Leitungslängen l_{max} bei Einhaltung der Abschaltbedingungen im TN-System nach DIN VDE 0100-520 Beiblatt 2:2023-10, Tabelle 6

11 Schutz von Leitungen und Kabeln bei Kurzschluss DIN VDE 0100-430

Im Fall eines Kurzschlusses an beliebiger Stelle einer Leitung muss die der Leitung vorgeschaltete Überstrom-Schutzeinrichtung den Kurzschluss abschalten, bevor der Kurzschlussstrom die Leitung unzulässig erwärmt (siehe auch Kapitel 4). Der Schutz kann erfolgen durch

- Verwendung von gemeinsamen Schutzeinrichtungen für Überlast und Kurzschluss oder durch
- Berechnung der zulässigen Ausschaltzeit.

11.1 Gemeinsame Schutzeinrichtung für Überlast und Kurzschluss

In der Praxis wird der Schutz bei Kurzschluss von Leitungen und Kabeln am häufigsten dadurch gewährleistet, dass die Leitungen am Leitungsanfang nach Kapitel 10 durch eine Schutzeinrichtung bei Überlast geschützt werden. Diese Schutzeinrichtung übernimmt nach den geltenden Festlegungen der VDE-Bestimmungen dann auch den Schutz bei Kurzschluss. Überlegungen hinsichtlich des Kurzschlussschutzes sind also nicht erforderlich. Die gemeinsame Schutzeinrichtung muss jedoch immer am Leitungsanfang sitzen und ein Begrenzungsstrom I_{cn} aufweisen, der mindestens dem vollkommenen Kurzschlussstrom I''_{k3} an seiner Einbaustelle entspricht.

$$I_{cn} \geq I''_{k3}. \tag{11.1}$$

Maßgeblich dafür ist der größte Kurzschlussstrom I''_{k3} nach Kapitel 4.3 (siehe auch Beispiel 4b).

Das Ausschaltvermögen von Leitungsschutzsicherungen der Betriebsklasse gG muss nach DIN EN 60269-1 (**VDE 0636-1**) mindestens 50 kA bei Wechselstrom betragen. Für LS-Schalter fordert die TAB mindestens ein Ausschaltvermögen von 6 000 A.

Beispiel 11a:

Eine Leitung, NYM 4 × 16 mm^2 Cu, in einem Wohngebäude zwischen Niederspannungshauptverteilung und Wohnungsverteilung ist in der Hauptverteilung über gL-Sicherungen 63 A geschützt. Das Wohngebäude wird niederspannungsseitig vom NB versorgt. Ist der Schutz bei Kurzschluss für die Leitung gegeben?

Lösung:

Nach Kapitel 10.2 ist die Leitung durch die 63-A-gG-Sicherungen bei Überlast geschützt, da die Bedingungen der Gln. (10.3) und (10.4) erfüllt werden, die lauten:

$$I_B \leq I_n \leq I_Z; \qquad 63\ \text{A} = 63\ \text{A} < 76\ \text{A};$$

$$I_2 \leq 1{,}45 \cdot I_Z; \qquad 100{,}8\ \text{A} < 1{,}45 \cdot 76\ \text{A} = 110{,}2\ \text{A}.$$

Es gilt:

$I_B \leq 63$ A, zu erwartender Betriebsstrom,

$I_n = 63$ A, Nennstrom der gG-Sicherung,

$I_Z = 76$ A, Strombelastbarkeit der Leitung nach Tabelle 9.2, Gruppe C, $I_r = I_Z$,

$I_2 = 1{,}6 \cdot I_n = 100{,}8$ A, nach Tabelle 10.1.

Somit ist auch der Schutz bei Kurzschluss für die NYM-Leitung 16 mm^2 Cu durch die 63-A-Sicherung gegeben. Bezüglich des Ausschaltvermögens ist bei Verwendung von gG-Sicherungen in der Regel kein rechnerischer Nachweis erforderlich, da das Mindestausschaltvermögen von 50 kA weit über den zu erwartenden Kurzschlussströmen liegt. Bei niederspannungsseitig versorgten Gebäuden wird der Kurzschlussstrom I_k nur in seltenen Ausnahmefällen 10 kA überschreiten. Kurzschlussströme von größer als 50 kA sind nur in Industrieanlagen in der Nähe von mehreren parallel geschalteten Transformatoren zu erwarten (siehe auch Beispiel 4a und b).

11.2 Berechnung der zulässigen Ausschaltzeit

Entspricht die Zuordnung der Schutzeinrichtung nicht dem Schutz bei Überlast, so muss durch Berechnung nachgewiesen werden, dass die Schutzeinrichtung bei Kurzschluss abschaltet, bevor die Leitung aufgrund des Kurzschlussstroms ihre Grenztemperatur überschreitet.

Diese zulässige Ausschaltzeit t in s wird nach folgender Formel berechnet:

$$t = \left(k \cdot \frac{S}{I''_{\mathrm{k1}}} \right)^2; \qquad (11.2)$$

S Leiterquerschnitt in mm^2,

I''_{k1} kleinster Kurzschlussstrom nach Kapitel 4.4 in A,

k Materialbeiwert in $\frac{\mathrm{A} \cdot \sqrt{\mathrm{s}}}{\mathrm{mm}^2}$

- für Kupferleiter mit PVC-Isolierung $k = 115 \frac{\mathrm{A} \cdot \sqrt{\mathrm{s}}}{\mathrm{mm}^2}$,
- für Kupferleiter mit Gummiisolierung $k = 141 \frac{\mathrm{A} \cdot \sqrt{\mathrm{s}}}{\mathrm{mm}^2}$.

Nach Berechnung der zulässigen Ausschaltzeit t muss festgestellt werden, ob die Schutzeinrichtung innerhalb dieser Zeit anspricht. Bei Verwendung von Leitungsschutzsicherungen kann man dies mithilfe der Zeit-Strom-Kennlinien feststellen, die in **Bild 11.1** dargestellt sind. Das Bild enthält nur die oberen Hüllkurven der in DIN EN 60269-1 (**VDE 0636-1**) festgehaltenen Zeit-Strom-Bereiche, d. h. die Kennlinien, bei denen die Leitungsschutzsicherungen spätestens ansprechen.

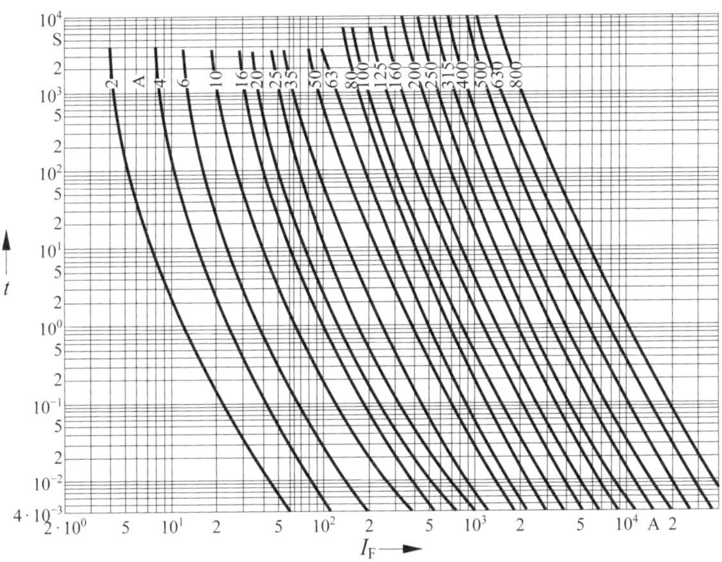

Bild 11.1 Zeit-Strom-Bereiche für Leitungsschutzsicherungen

Bei Verwendung von LS-Schaltern des Typs B kann man mit einer Ansprechzeit von 0,01 s rechnen, sofern der Kurzschlussstrom mindestens dem fünffachen Nennstrom des Schutzschalters entspricht.

Bei Verwendung anderer Schutzeinrichtungen sind die Herstellerangaben zu beachten.

Die genannte Gl. (11.2) gilt nur für Ausschaltzeiten t bis 5 s, weil k-Faktoren für Abschaltzeiten über 5 s noch nicht existieren. Solange noch keine k-Faktoren für Ausschaltzeiten über 5 s festgelegt sind, kann ein ausreichender Schutz bei Kurzschluss nur erzielt werden, wenn eine gemeinsame Schutzeinrichtung zum Schutz bei Überlast und Kurzschluss verwendet wird.

Ausschaltzeiten kleiner 0,1 s

Bei Verwendung von Leistungsschaltern oder LS-Schaltern ist, bei errechneten Ausschaltzeiten t kleiner 0,1 s, der Schutz bei Kurzschluss dann erfüllt, wenn folgende Gleichung erfüllt ist:

$$k^2 \cdot S^2 > I^2 \cdot t\,.$$

$I^2 \cdot t$ ist die spezifische Durchlassenergie des Schutzschalters. Sie kann aus den Herstellerangaben des Schutzschalters entnommen werden. Aus **Bild 11.2** ist die spezifische Durchlassenergie für Leistungsschalter verschiedener Nennströme in Abhängigkeit des Kurzschlussstroms beispielhaft zu ersehen.

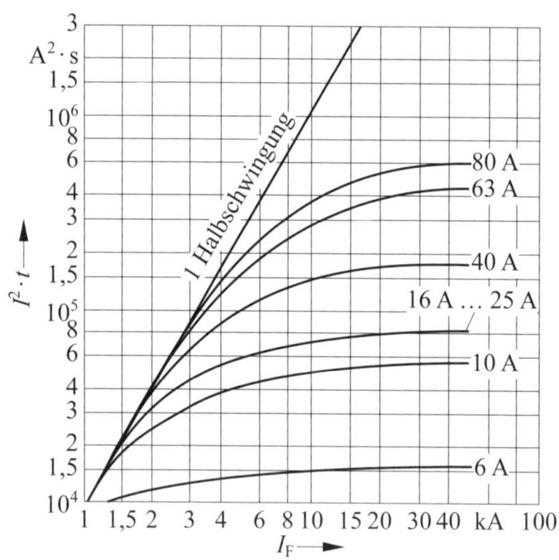

Bild 11.2 Spezifische Durchlassenergie $I^2 \cdot t$ von Leistungsschaltern

Quelle: Eaton (NZMH4)

Beispiel 11b:

Eine Motorzuleitung wird über den am Motor angebauten Motorschutzschalter bei Überlast geschützt. Für den am Leitungsanfang erforderlichen Kurzschlussschutz soll eine Leitungsschutzsicherung (gG-Sicherung) verwendet werden. Der Anlagenaufbau ist folgender Skizze zu entnehmen. Der nach Kapitel 4.4 errechnete kleinste Kurzschlussstrom beträgt 500 A. Ist der Schutz bei Kurzschluss für die Leitung erfüllt?

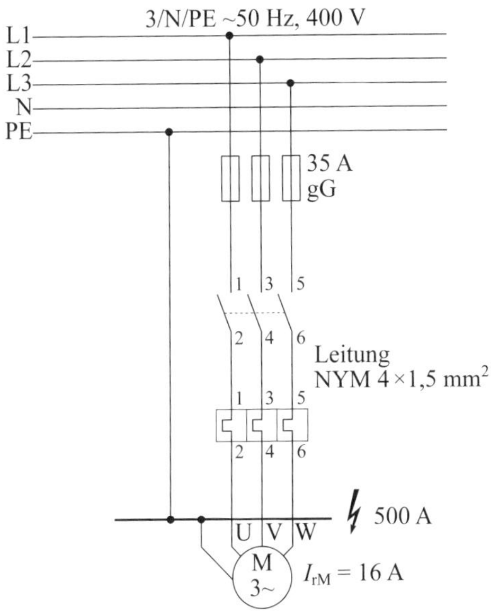

Lösung:

$$t = \left(k \cdot \frac{S}{I_F} \right)^2 ;$$

k einer NYM-Leitung (PVC) $= 115 \ \frac{\mathrm{A} \cdot \sqrt{\mathrm{s}}}{\mathrm{mm}^2}$,

$S \ = 1{,}5 \ \mathrm{mm}^2$ Cu,

$I_F \ = 500$ A.

$$t = \left(115 \ \frac{\mathrm{A} \cdot \sqrt{\mathrm{s}}}{\mathrm{mm}^2} \ \frac{1{,}5 \ \mathrm{mm}^2}{500 \ \mathrm{A}} \right)^2 = 0{,}12 \ \mathrm{s}.$$

Die Auslösezeit der 35-A-gG-Sicherung nach Bild 11.1 beträgt bei einem Strom von 500 A 0,06 s.

Somit ist die Auslösezeit der Sicherung kleiner als die berechnete zulässige Ausschaltzeit t (0,06 s < 0,12 s).

Der Schutz bei Kurzschluss der Leitung ist erfüllt.

Beispiel 11c:

Um die Selektivität in einem Verteilernetz zu gewährleisten, soll in der Hauptverteilung auf die Sicherungen für die Abgänge zu den Unterverteilungen verzichtet werden. Der Anlagenaufbau ist folgender Skizze zu entnehmen.

Der nach Kapitel 4.4 errechnete kleinste Kurzschlussstrom beträgt an den Unterverteilungen mindestens 1 500 A.

Ist der Schutz bei Kurzschluss für die Leitungen erfüllt?

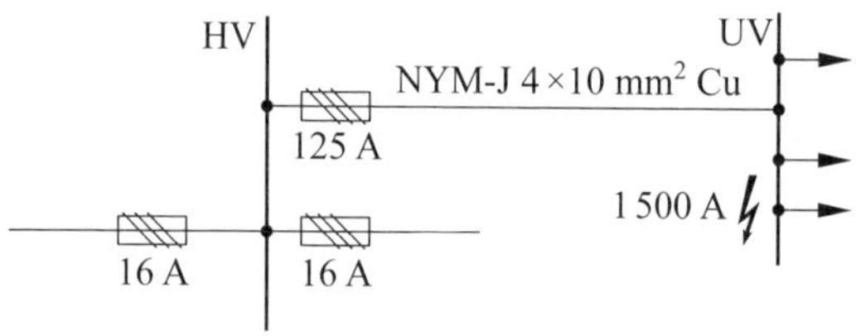

Lösung:

$$t = \left(k \cdot \frac{S}{I_F}\right)^2 = \left(115 \, \frac{A \cdot \sqrt{s}}{mm^2} \cdot \frac{10 \text{ mm}^2}{1\,500 \text{ A}}\right)^2 = 0{,}59 \text{ s}.$$

Die Auslösezeit der 125-A-Leitungsschutzsicherung nach Bild 11.1 ist 0,3 s bei 1 500 A.

Der Schutz bei Kurzschluss ist gegeben.

Beispiel 11d:

Welcher Mindestquerschnitt ist für einen Stromkreis erforderlich, dessen Schutz bei Kurzschluss durch eine 100-A-Leitungsschutzsicherung erfolgen soll?

Der kleinste Kurzschlussstrom beträgt 1 000 A.

Als Leitung soll eine Gummischlauchleitung H07RN-F verwendet werden ($k = 141 \, \frac{A \cdot \sqrt{s}}{mm^2}$).

Lösung:

$$t = \left(k \cdot \frac{S}{I_F}\right)^2, \quad S = \frac{I_F}{k} \cdot \sqrt{t};$$

t aus Bild 11.1 = 0,5 s

$$S = \frac{I_F}{k} \cdot \sqrt{t} = \frac{1\,000\ \text{A}}{141\,\frac{\text{A} \cdot \sqrt{s}}{\text{mm}^2}} \cdot \sqrt{0{,}5\ \text{s}} = 5\ \text{mm}^2\ \text{Cu}.$$

Der nächsthöhere Normquerschnitt, welcher als Mindestquerschnitt erforderlich ist, ist 6 mm² Cu.

Beispiel 11e:

Eine H07V-U-Leitung 1,5 mm² Cu soll durch einen Leistungsschalter 63 A nach Bild 11.2 geschützt werden. Ist der Schutz bei Kurzschluss gegeben, wenn der kleinste Kurzschlussstrom 1 500 A beträgt?

Lösung:

$$t = \left(k \cdot \frac{S}{I_F}\right)^2; \quad k = 115\,\frac{\text{A} \cdot \sqrt{\text{s}}}{\text{mm}^2}, \quad \text{da H07V-U aus PVC;}$$

$$t = \left(115\,\frac{\text{A} \cdot \sqrt{\text{s}}}{\text{mm}^2} \cdot \frac{1{,}5\ \text{mm}^2}{1\,500\ \text{A}}\right)^2 = 0{,}013\ \text{s}.$$

Da die zulässige Ausschaltzeit unter 0,1 s ist, kann die folgende Gleichung angewandt werden:

$$k^2 \cdot S^2 > I_2 \cdot t,$$

$$k^2 \cdot S^2 = 115^2 \cdot 1{,}5^2 = 29\,756\ \text{A}^2\text{s},$$

$I^2 \cdot t$ aus Bild 11.2 = 22 500 A²s,

$$29\,756\ \text{A}^2\text{s} > 22\,500\ \text{A}^2\text{s}.$$

Der Schutz bei Kurzschluss der Leitung ist gegeben.

12 Beispiele zur Bemessung von Leitungen und Kabeln

Die Bemessung von Leitungen und Kabeln erfordert eine Koordinierung der unter Kapitel 5 bis Kapitel 11 beschriebenen Anforderungen.

Das heißt, der auszuwählende Leiterquerschnitt wird bestimmt durch folgende fünf Kriterien:

1. Strombelastbarkeit,
2. zulässiger Spannungsfall,
3. Schutz durch Abschaltung,
4. Schutz bei Überlast,
5. Schutz bei Kurzschluss.

In den folgenden Beispielen sollen die erforderlichen Abstimmungsmaßnahmen für die in der Praxis am häufigsten vorkommenden Anlagenkonzeptionen aufgezeigt werden.

Beispiel 12a:

Man bestimme den erforderlichen Leiterquerschnitt S für einen 16-A-Steckdosenstromkreis in einem Wohngebäude bei folgendem Anlagenaufbau:

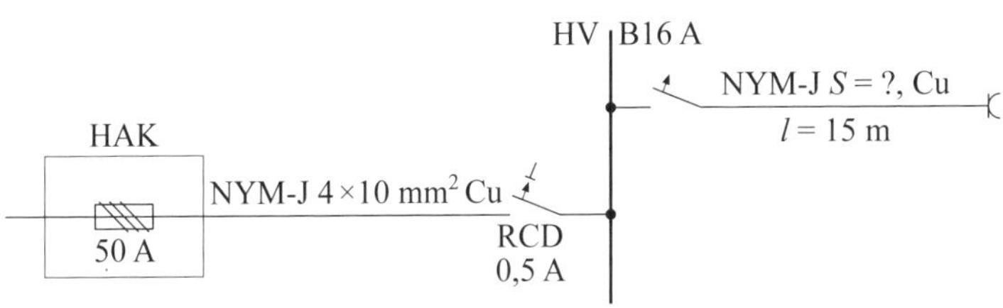

1. Strombelastbarkeit (siehe auch Kapitel 9)

Nach Tabelle 9.2 beträgt die Strombelastbarkeit I_r einer NYM-Leitung (Gruppe C, zwei belastete Adern) 1,5 mm² Cu gleich 19,5 A.

$I_Z = I_r$, wenn die Leitung mit den der Tabelle 9.2 zugrunde gelegten Betriebsbedingungen betrieben wird. I_Z ist dann größer als der für den Stromkreis zulässige Betriebsstrom von 16 A. Die Bedingung ist somit bei einem Querschnitt von mindestens 1,5 mm² Cu erfüllt.

2. Spannungsfall (siehe auch Kapitel 5)

Nach DIN 18015-1 darf in Wohngebäuden der Spannungsfall vom Zähler bis zu den Steckdosen 3 % der Nennspannung nicht überschreiten.

Leitung zwischen Zähler und Verteilung nach Gl. (5.7):

$$\Delta U_1 = \frac{1{,}12 \cdot \sqrt{3} \cdot l \cdot I \cdot \cos\varphi}{\kappa \cdot S} = \frac{1{,}12 \cdot \sqrt{3} \cdot 2\ \text{m} \cdot 50\ \text{A} \cdot 1}{54\ \dfrac{\text{m}}{\Omega\,\text{mm}^2} \cdot 10\ \text{mm}^2} = 0{,}36\ \text{V}.$$

Leitung zwischen Verteiler und Steckdose nach Gl. (5.4):

$$\Delta U_2 = \frac{2{,}24 \cdot l \cdot I \cdot \cos\varphi}{\kappa \cdot S} = \frac{2{,}24 \cdot 15\ \text{m} \cdot 16\ \text{A} \cdot 1}{54\ \dfrac{\text{m}}{\Omega\,\text{mm}^2} \cdot 1{,}5\ \text{mm}^2} = 6{,}6\ \text{V}.$$

Gesamtspannungsfall nach Gl. (5.9):

$$\Delta u = 100\,\frac{\Delta U_1}{U_\text{n}} + 100\,\frac{\Delta U_2}{U_0} = 100\ \%\,\frac{0{,}36\ \text{V}}{400\ \text{V}} + 100\ \%\,\frac{6{,}6\ \text{V}}{230\ \text{V}} = 3\ \%.$$

Bemerkung: Das Beispiel zeigt, dass bereits bei relativ kurzen Leitungsstrecken der zulässige Spannungsfall von 3 % überschritten werden kann.

Bei Leitungslängen von mehr als 15 m ist hier mit größeren Querschnitten zu arbeiten.

3. Schutz durch Abschaltung (siehe auch Kapitel 6)

Bezüglich des Schutzes durch Abschaltung ist im vorliegenden Fall kein rechnerischer Nachweis erforderlich, da der Stromkreis über eine Fehlerstrom-Schutzeinrichtung geschützt ist, deren Nennfehlerstrom von 0,5 A im Fehlerfall (satter Körperschluss) bei vorliegender Anlagenkonzeption mit Sicherheit erreicht wird.

4. Schutz bei Überlast (siehe auch Kapitel 10)

Es müssen die Bedingungen der Gln. (10.3) und (10.4) erfüllt sein (siehe Beispiel 10c).

$$I_B \le I_n \le I_Z; \qquad 16\ \text{A} = 16\ \text{A} < 19{,}5\ \text{A};$$

$$I_2 \le 1{,}45 \cdot I_Z; \qquad 28\ \text{A} < 1{,}45 \cdot 19{,}5\ \text{A} = 28{,}3\ \text{A}.$$

Da beide Bedingungen erfüllt sind, ist der Schutz bei Überlast gegeben.

5. Schutz bei Kurzschluss (siehe auch Kapitel 11)

Da die Leitung am Leitungsanfang durch eine Überstrom-Schutzeinrichtung bei Überlast geschützt ist, ist automatisch auch der Schutz bei Kurzschluss für die Leitung gewährleistet.

Zusammenfassung: Aus vorliegendem Beispiel ersieht man, dass im Wohnungsbau die härtesten Anforderungen in der Regel vom maximal zulässigen Spannungsfall herrühren.

Das Beispiel zeigt weiter, dass bei Verwendung einer Fehlerstrom-Schutzeinrichtung und bei einer Absicherung mit 16 A nur der Spannungsfall rechnerisch nachgewiesen werden muss.

Für Stromkreise ohne Fehlerstrom-Schutzeinrichtung müsste zudem die Abschaltbedingung durch Messung oder Berechnung kontrolliert werden, wie aus folgendem Beispiel zu ersehen ist.

Beispiel 12b:

Fragestellung und Anlagenaufbau wie im Beispiel 12a; jedoch fehlt die Fehlerstrom-Schutzeinrichtung.

Lösung:

Außer Punkt 2 „Schutz durch Abschaltung“ bleiben alle anderen Bedingungen durch den Wegfall der Fehlerstrom-Schutzeinrichtung unberührt. Der Schutz durch Abschaltung ist erfüllt, wenn

$$I_F \ge I_a \qquad \text{nach Gl. (6.4);}$$

$$I_a = 148\ \text{A} \qquad \text{nach Tabelle 6.1.}$$

I_F muss gemessen oder nach Kapitel 4.4.2 errechnet werden (siehe auch Beispiel 4e). Dabei muss I_F größer oder gleich 148 A sein.

Beispiel 12c:

Es ist der Mindestquerschnitt S für die Anschlussleitung eines Drehstrommotors zu bestimmen. Der Anlagenaufbau ist aus der Skizze zu ersehen.

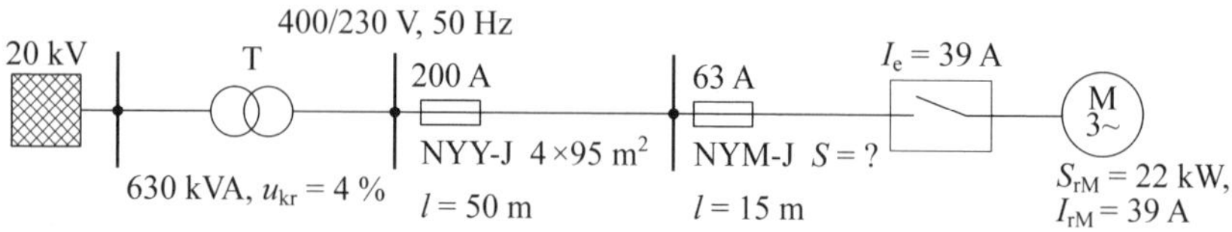

1. Strombelastbarkeit

Für einen Betriebsstrom von 39 A ist nach Tabelle 9.2 ein Mindestquerschnitt von 6 mm² Cu erforderlich (Gruppe C).

Es wird vorausgesetzt, dass die Leitung mit den der Tabelle 9.2 zugrunde gelegten Betriebsbedingungen betrieben wird. I_Z ist somit gleich I_r.

2. Spannungsfall

Nach DIN VDE 0100-520 soll der Spannungsfall zwischen UV und Motor nicht größer als 4 % sein (siehe auch Kapitel 5.1).

Für NYM-Leitung 4 × 6 mm² Cu gilt nach Gl. (5.8):

$$\Delta u = \frac{112 \cdot \sqrt{3} \cdot l \cdot I \cdot \cos\varphi}{\kappa \cdot S \cdot U_n} = \frac{112 \cdot \sqrt{3} \cdot 15\ \text{m} \cdot 39\ \text{A} \cdot 0{,}86}{54 \dfrac{\text{m}}{\Omega\,\text{mm}^2} \cdot 6\ \text{mm}^2 \cdot 400\ \text{V}} = 75\ \%.$$

Der zulässige Spannungsfall würde einen noch kleineren Querschnitt als 6 mm² erlauben, jedoch nicht die Strombelastbarkeit.

3. Schutz durch Abschaltung (siehe auch Kapitel 6)

$I_F \geq I_a$ nach Gl. (6.4);

$I_a = 350\ \text{A}$ nach Tabelle 6.1.

I_F nach Kapitel 4.4.2

$I_F = \dfrac{c \cdot U_n}{\sqrt{3} \cdot Z_k}$ nach Gl. (4.18);

$Z_k = \sqrt{R_k^2 + X_k^2}$ nach Gl. (4.19).

Transformator 20 kV/400 V:

$S_{\mathrm{rT}} = 630\ \mathrm{kVA}, \quad u_{\mathrm{K}} = 6\ \%;$

aus Bild 4.2: $R_{\mathrm{T}} = 0{,}003\ \Omega, \quad X_{\mathrm{T}} = 0{,}014\ \Omega$

Kabel NYY 4 × 95 mm² Cu:

$$R_{\mathrm{L+PEN}} = 1{,}24\,\frac{2 \cdot l}{\kappa \cdot S} = 1{,}24\,\frac{2 \cdot 50\ \mathrm{m}}{54\,\dfrac{\mathrm{m}}{\Omega\,\mathrm{mm}^2} \cdot 95\ \mathrm{mm}^2} = 0{,}024\ \Omega$$

$$X_{\mathrm{L+PEN}} = 2 \cdot x' \cdot l = 2 \cdot 0{,}08\ \mathrm{m\Omega/m} \cdot 50\ \mathrm{m} = 0{,}008\ \Omega$$

Leitung NYM 4 × 6 mm² Cu:

$$R_{\mathrm{L+PE}} = 1{,}24\,\frac{2 \cdot l}{\kappa \cdot S} = 1{,}24\,\frac{2 \cdot 15\ \mathrm{m}}{54\,\dfrac{\mathrm{m}}{\Omega\,\mathrm{mm}^2} \cdot 6\ \mathrm{mm}^2} = 0{,}115\ \Omega$$

$$X_{\mathrm{L+PE}} = 2 \cdot x' \cdot l = 2 \cdot 0{,}08\ \mathrm{m\Omega/m} \cdot 15\ \mathrm{m} = 0{,}002\ \Omega$$

Summe: $R_{\mathrm{k}} = 0{,}142\ \Omega, \quad X_{\mathrm{k}} = 0{,}024\ \Omega$

$${}_{\mathrm{k}} = \sqrt{R_{\mathrm{k}}^2 + X_{\mathrm{k}}^2} = \sqrt{(0{,}142\ \Omega)^2 + (0{,}024\ \Omega)^2} = 0{,}144\ \Omega\,,$$

$$I_{\mathrm{F}} = \frac{c \cdot U_{\mathrm{n}}}{\sqrt{3} \cdot Z_{\mathrm{k}}} = \frac{0{,}9 \cdot 400\ \mathrm{V}}{\sqrt{3} \cdot 0{,}144\ \Omega} = 1\,443{,}37\ \mathrm{A}\,,$$

$1\,443{,}37\ \mathrm{A} > 350\ \mathrm{A}$.

Die Abschaltbedingung ist erfüllt.

4. Schutz bei Überlast (siehe auch Kapitel 10.3)

Der Motorschutzschalter übernimmt zugleich den Schutz bei Überlast der Leitung, da sein Einstellwert von 39 A nicht größer ist als die nach Tabelle 9.2 ermittelte Strombelastbarkeit der Leitung, die 41 A beträgt.

Die Bedingung der Gl. (10.3), die bei einem Überlastschutz durch Motorschutzschalter (Leistungsschalter) eingehalten werden muss, ist somit erfüllt.

$I_{\mathrm{B}} \le I_{\mathrm{n}} \le I_{\mathrm{Z}}; \quad 39\ \mathrm{A} = 39\ \mathrm{A} < 41\ \mathrm{A}\,.$

5. Schutz bei Kurzschluss (siehe auch Kapitel 11.2)

Da die Schutzeinrichtung für den Überlastschutz der Leitung an deren Ende sitzt, ist der Schutz bei Kurzschluss rechnerisch nachzuweisen.

$$t = \left(k \cdot \frac{S}{I} \right); \qquad k = 115 \, \frac{\mathrm{A} \cdot \sqrt{\mathrm{s}}}{\mathrm{mm}^2}, \quad \text{da PVC-Leitung} \qquad \text{nach Gl. (11.2)}$$

$$t = \left(115 \, \frac{\mathrm{A} \cdot \sqrt{\mathrm{s}}}{\mathrm{mm}^2} \cdot \frac{6 \, \mathrm{mm}^2}{1\,5215 \, \mathrm{A}} \right)^2; \quad I_\mathrm{F} = 1\,525 \, \mathrm{A} \quad \text{(siehe oben)},$$

$$t = 0{,}2 \, \mathrm{s}.$$

Eine 63-A-gG-Sicherung löst nach Bild 11.1 bei einem Strom von 1 525 A innerhalb von 0,02 s aus. Der Schutz bei Kurzschluss der Leitung ist somit gegeben.

Zusammenfassung: Bei Verwendung einer Motoranschlussleitung NYM 4 × 6 mm^2 Cu werden bei dem gegebenen Anlagenaufbau alle in den DIN-VDE-Normen festgehaltenen Anforderungen erfüllt.

Beispiel 12d:

In einem Klärwerk sollen fünf Pumpenmotoren mit einer Nennleistung von je 11 kW, einem Nennstrom von je 22 A und einem $\cos\varphi$ von 0,8 über Kabel im Erdreich versorgt werden.

Der Anlagenaufbau ist folgender Skizze zu entnehmen:

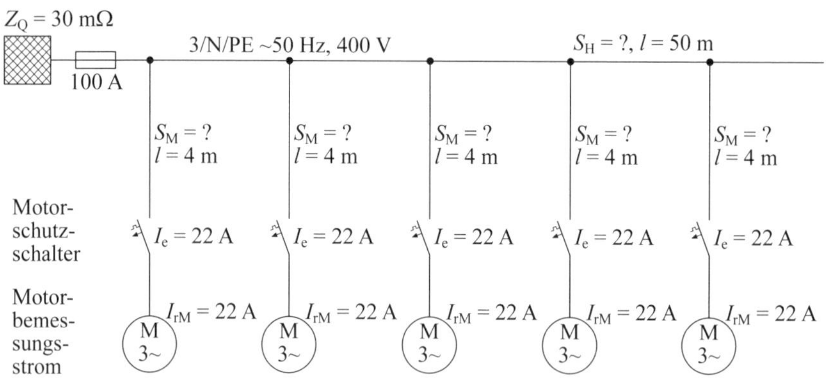

Es ist der Mindestquerschnitt für die Hauptleitung S_H und die Motorabzweige S_M zu bestimmen, wobei zu beachten ist, dass von den fünf Motoren maximal vier gleichzeitig in Betrieb sind.

1. Strombelastbarkeit (siehe Kapitel 9)

1.1 Hauptleitung

Maximaler Betriebsstrom $I_B = 4 \cdot$ Motornennstrom = 88 A.

Nach Kapitel 9.2 und Tabelle 9.7 gilt für NYY 16 mm² Cu:

I_r = 102 A, allerdings für einen Belastungsgrad von 0,7. Um auf einen Belastungsgrad von 1,0 zu kommen, muss dieser Wert mit 0,91 multipliziert werden.

$I_{r(1,0)} = 102 \text{ A} \cdot 0{,}91 = 93 \text{ A}$, siehe [11]

Annahme: $I_Z = I_r$.

Für einen Betriebsstrom von 88 A ist dann ein Kabel NYY 4 × 16 mm² Cu ausreichend.

1.2 Motorzuleitung

I_B = 22 A.

Nach Tabelle 9.7: I_r eines Kabels NYY 1,5 mm² Cu = 27 A · 0,91 = 25 A, siehe [11]

Annahme: $I_Z = I_r$.

Bezüglich der Strombelastbarkeit würde dann für die Motorzuleitung ein Querschnitt von 1,5 mm² Cu ausreichen.

2. Spannungsfall

Forderung $\Delta u \leq 3$ % zwischen Verteilung und entferntestem Motor.

2.1 Hauptleitung (Annahme S_H = 16 mm² Cu)

$$\Delta U_H = \frac{1{,}12 \cdot \sqrt{3} \cdot l \cdot I \cdot \cos\varphi}{\kappa \cdot S}, \qquad \text{nach Gl. (5.7)}$$

$$\Delta U_H = \frac{1{,}12 \cdot \sqrt{3} \cdot 50 \text{ m} \cdot 88 \text{ A} \cdot 0{,}8}{54 \frac{\text{m}}{\Omega \text{mm}^2} \cdot 16 \text{ mm}^2}.$$

2.2 Motorzuleitung (Annahme $S_M = 1{,}5\ \text{mm}^2$ Cu)

$$\Delta U_M = \frac{1{,}12 \cdot \sqrt{3} \cdot l \cdot I \cdot \cos\varphi}{\kappa \cdot S},$$

$$\Delta U_M = \frac{1{,}12 \cdot \sqrt{3} \cdot 4\ \text{m} \cdot 22\ \text{A} \cdot 0{,}8}{54\ \dfrac{\text{m}}{\Omega\,\text{mm}^2} \cdot 1{,}5\ \text{mm}^2} = 1{,}7\ \text{V}.$$

2.3 Gesamt-Spannungsfall

$$\Delta u = 100\ \frac{\Delta U_H + \Delta U_M}{U_n} + 100\ \%\ \frac{7{,}9\ \text{V} + 1{,}7\ \text{V}}{400},$$ nach Gl. (5.9)

$\Delta u = 2{,}4\ \% < 3\ \%$; die Forderung ist erfüllt.

3. Schutz durch Abschaltung

Forderung $I_F \geq I_a$ nach Gl. (6.4)

$I_a = 573$ A nach Tabelle 6.1 für 100-A-gL-Sicherung;

$$I_F = \frac{c \cdot U_n}{\sqrt{3} \cdot Z_k};$$ nach Gl. (4.18)

$$Z_k = Z_V + R_{L+PE}.$$ nach Gl. (4.21)

3.1 Hauptleitung

$$R_{L+PE} = 2 \cdot 1{,}24\ \frac{l}{\kappa \cdot S} = 2 \cdot 1{,}24\ \frac{50\ \text{m}}{54\ \dfrac{\text{m}}{\Omega\,\text{mm}^2} \cdot 16\ \text{mm}^2} =$$ 0,144 Ω

3.2 Motorzuleitung

$$R_{L+PE} = 2 \cdot 1{,}24\ \frac{l}{\kappa \cdot S} = 2 \cdot 1{,}24\ \frac{4\ \text{m}}{54\ \dfrac{\text{m}}{\Omega\,\text{mm}^2} \cdot 1{,}5\ \text{mm}^2} =$$ 0,122 Ω

Summe: $R_{L+PE} = 0{,}266\ \Omega$

$$Z_{\text{k}} = Z_{\text{V}} + R_{\text{L+PE}} = 0{,}03\ \Omega + 0{,}266\ \Omega = 0{,}296\ \Omega,$$

$$I_{\text{F}} = \frac{c \cdot U_{\text{n}}}{\sqrt{3} \cdot Z_{\text{k}}} = \frac{0{,}9 \cdot 400\ \text{V}}{\sqrt{3} \cdot 0{,}296\ \Omega} = 702{,}18\ \text{A}.$$

702,18 A > 580 A; die Forderung ist erfüllt.

4. Schutz bei Überlast (siehe auch Kapitel 10.2)

4.1 Hauptleitung NYY 4 × 16 mm² Cu

Da maximal vier Motoren gleichzeitig im Betrieb sind, ergibt sich ein Summenstrom der thermischen Auslöser der Motorschutzschalter von 4 · 22 A. Dies sind 88 A, ein Wert, der kleiner ist als die Strombelastbarkeit des Kabels.

$$I_{\text{B}} \leq I_{\text{n}} \leq I_{\text{Z}}; \quad 4 \cdot 22\ \text{A} = 4 \cdot 22\ \text{A} < 91\ \text{A} \quad \rightarrow \qquad \text{nach Gl. (10.3)}$$

Der Schutz bei Überlast im Hauptkabel wird somit durch die vier Motorschutzschalter gewährleistet.

4.2 Motorzuleitung NYY 4 × 1,5 mm² Cu

$$I_{\text{B}} \leq I_{\text{n}} \leq I_{\text{Z}}; \quad 22\ \text{A} = 22\ \text{A} < 24\ \text{A}.$$

Die Motorschutzschalter schützen auch die Motorzuleitungen bei Überlast.

5. Schutz bei Kurzschluss (siehe auch Kapitel 11).

5.1 Hauptleitung NYY 4 × 16 mm² Cu

Da die Schutzeinrichtung für den Schutz bei Überlast durch die Motorschutzschalter am Ende des Stromkreises angeordnet ist, muss der Schutz bei Kurzschluss, der durch die 100-A-gG-Sicherung gewährleistet sein muss, rechnerisch nachgewiesen werden.

Forderung für die zulässige Ausschaltzeit der 100-A-gG-Sicherung:

$$t = \left(k \cdot \frac{S}{I_{\text{F}}} \right)^2, \qquad \text{nach Gl. (11.2)}$$

I_{F} = kleinster Kurzschlussstrom am Ende der Hauptleitung,

$$I_{\text{F}} = \frac{c \cdot U_{\text{n}}}{\sqrt{3} \cdot Z_{\text{k}}}, \qquad \text{nach Gl. (4.18)}$$

$$Z_k \approx Z_V + R_{L+PE} = 0{,}03\,\Omega + 0{,}144\,\Omega = 0{,}174\,\Omega,$$

nach Gl. (4.21), R_{L+PE} siehe oben,

$$I_F = \frac{0{,}9 \cdot 400\text{ V}}{\sqrt{3} \cdot 0{,}174\,\Omega} = 1194{,}51\text{ A},$$

$$t = \left(115\,\frac{\text{A}\cdot\sqrt{\text{s}}}{\text{mm}^2} \cdot \frac{16\text{ mm}^2}{1194{,}51\text{ A}}\right)^2 = 2{,}37\text{ s}.$$

Die Auslösezeit der 100-A-gG-Sicherung beträgt nach Bild 11.1 bei einem Strom von 1 194,51 A etwa 0,3 s. Sie ist somit kürzer als die zulässige Ausschaltzeit, die 2,37 s ist. Der Schutz bei Kurzschluss für das Kabel NYY 4 × 16 mm² Cu ist durch die 100-A-gG-Sicherung gegeben.

5.2 Motorzuleitung NYY 4 × 1,5 mm² Cu

Forderung:

$$t = \left(k \cdot \frac{S}{I_F}\right)^2$$ muss kleiner oder gleich sein der Auslösezeit der 100-A-gG-Sicherung bei I_F;

I_F = 742 A, siehe oben (3. Schutz durch Abschaltung);

$$t = \left(115\,\frac{\text{A}\cdot\sqrt{\text{s}}}{\text{mm}^2} \cdot \frac{1{,}5\text{ mm}^2}{742\text{ A}}\right)^2 = 0{,}05\text{ s} \quad \text{zulässige Abschaltzeit.}$$

Die Auslösezeit der 100-A-gG-Sicherung beträgt jedoch nach Bild 11.1 bei einem Strom von 742 A etwa 1 s. Ein Wert, der viel höher ist als die zulässige Abschaltzeit von 0,05 s. Der Schutz bei Kurzschluss ist für das Kabel NYY 4 × 1,5 mm² Cu nicht gegeben.

Erst bei Verwendung eines Leiterquerschnitts von 6 mm² Cu ist auch der Schutz bei Kurzschluss erfüllt. Der kleinste Kurzschlussstrom I_F erhöht sich dadurch auf 1 076 A. Die zulässige Ausschaltzeit t beträgt dann 0,41 s; die Ansprechzeit der 100-A-gG-Sicherung dagegen nur 0,3 s.

Zusammenfassung: Bei einem Mindestquerschnitt von 16 mm² Cu für die Hauptleitung und einem von 6 mm² Cu für die Motorzuleitungen werden alle Forderungen der DIN-VDE-Normen erfüllt.

13 Bemessung von Schutzleitern
DIN VDE 0100-540

Wird ein Schutzleiter getrennt von den Außenleitern verlegt, so muss ein Planer oder Errichter der Anlage den erforderlichen Mindestquerschnitt des Schutzleiters festlegen. Dies kann mithilfe von in DIN VDE 0100-540 festgehaltenen Tabellen oder durch Berechnung erfolgen [7].

13.1 Bemessung von Schutzleitern durch Tabellen

Die Mindestquerschnitte von Schutzleitern S_{PE} ergeben sich in Abhängigkeit von den Querschnitten der Außenleiter S nach folgender Tabelle:

S in mm² Cu	≤ 16	16...35	> 35
S_{PE} in mm² Cu	$S_{PE} = S$	16	$S_{PE} = \frac{1}{2} S$

Tabelle 13.1 Zuordnung der Mindestquerschnitte von Schutzleitern S_{PE} zum Querschnitt der Außenleiter S

Dabei dürfen die aufgrund der mechanischen Festigkeit geforderten Mindestquerschnitte, die unabhängig vom Außenleiterquerschnitt gelten, nicht unterschritten werden; dies sind:

2,5 mm² Cu bei mechanisch geschützter Verlegung;

4 mm² Cu bei mechanisch ungeschützter Verlegung.

Wird ein gemeinsamer Schutzleiter für mehrere Stromkreise verwendet, so muss der Querschnitt des Schutzleiters entsprechend dem Querschnitt des stärksten Außenleiters bemessen werden.

Beispiel 13a:

Man ermittle den erforderlichen Mindestquerschnitt eines getrennt verlegten Schutzleiters, bei einem gegebenen Außenleiterquerschnitt von 120 mm² Cu.

Lösung:

$$S_{PE} = \frac{1}{2} \cdot S = \frac{1}{2} \cdot 120 \text{ mm}^2 \text{ Cu} = 60 \text{ mm}^2 \text{ Cu}.$$

Der nächsthöhere Nennquerschnitt wäre 70 mm².

Beispiel 13b:

Für einen Außenleiterquerschnitt von 1,5 mm^2 Cu ist der Mindestschutzleiterquerschnitt bei getrennter, ungeschützter Verlegung zu bestimmen.

Lösung:

Aus der Tabelle 13.1 ergäbe sich ein Schutzleiterquerschnitt von 1,5 mm^2 Cu. Da jedoch für getrennte, ungeschützte Verlegung ein Mindestquerschnitt von 4 mm^2 Cu gilt, muss dieser gewählt werden.

13.2 Bemessung von Schutzleitern durch Berechnung

DIN VDE 0100-540 gestattet eine Rechenmethode, nach der der erforderliche Schutzleiterquerschnitt in Abhängigkeit des Kurzschlussstroms, der Abschaltzeit und der Leitungsart berechnet werden kann.

Die Berechnung ist nur anwendbar für Abschaltzeiten der vorgeschalteten Schutzeinrichtung bis 5 s.

Sie erfolgt nach der Gleichung:

$$S_{\mathrm{PE}} = \frac{\sqrt{I_{\mathrm{F}}^2 \cdot t}}{k};$$

S_{PE} Mindestquerschnitt des Schutzleiters in mm^2,

I_{F} kleinster einpoliger Kurzschlussstrom in A nach Kapitel 4.4.2,

t Abschaltzeit in s der Schutzeinrichtung,

k Materialbeiwert in $\mathrm{A} \cdot \sqrt{\mathrm{s}}/\mathrm{mm}^2$,

- für Schutzleiter aus Cu mit PVC-Isolierung = $143 \frac{\mathrm{A} \cdot \sqrt{\mathrm{s}}}{\mathrm{mm}^2}$,
- für blanke Schutzleiter aus Cu ohne eine mögliche Gefährdung benachbarter Teile = $228 \frac{\mathrm{A} \cdot \sqrt{\mathrm{s}}}{\mathrm{mm}^2}$.

Unabhängig vom Ergebnis der Berechnung darf der Querschnitt eines Schutzleiters, der nicht in gemeinsamer Umhüllung mit den Außenleitern verlegt ist, nicht kleiner sein als:

- 2,5 mm^2 Cu, wenn mechanischer Schutz vorgesehen ist;
- 4 mm^2 Cu, wenn mechanischer Schutz nicht vorgesehen ist.

Beispiel 13c:

Es ist der Mindestschutzleiterquerschnitt S_{PE} zwischen der Schutzleiter-Hauptschiene und dem Körper einer Schutzklasse I Verteilung zu bestimmen.

Anlagenaufbau entsprechend Skizze.

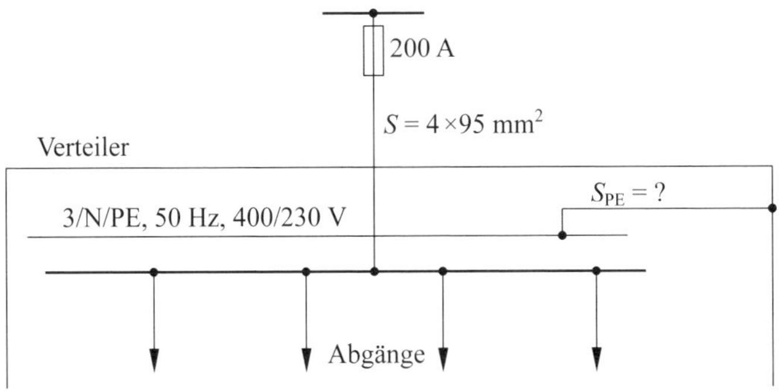

Angaben:

$I_F \geq 2\,000$ A, z. B. durch Berechnung nach Kapitel 4.4.2 ermittelt.

$k = 228 \dfrac{\text{A} \cdot \sqrt{\text{s}}}{\text{mm}^2}$, da blanker Schutzleiter aus Cu verwendet werden soll.

Lösung:

1. Querschnittsermittlung nach Tabelle 13.1

Bei Außenleiterquerschnitt von 95 mm² Cu gilt:

$$S_{PE} = \frac{1}{2} \cdot S = \frac{1}{2} \cdot 95 \text{ mm}^2 \text{ Cu} = 47{,}5 \text{ mm}^2 \text{ Cu}.$$

Der nächsthöhere Normquerschnitt ist 50 mm² Cu.

2. Querschnittsermittlung durch Berechnung

$$S_{PE} = \frac{\sqrt{I_F^2 \cdot t}}{k}.$$

t, die Ansprechzeit der 200-A-gG-Sicherung, kann aus Bild 11.1 für den gegebenen Kurzschlussstrom von 2 000 A entnommen werden.

t beträgt danach 0,8 s.

Somit ist:

$$S_{\mathrm{PE}} = \frac{\sqrt{2\,000\ \mathrm{A}^2 \cdot 0{,}8\ \mathrm{s}}}{228\ \frac{\mathrm{A} \cdot \sqrt{\mathrm{s}}}{\mathrm{mm}^2}} = 7{,}85\ \mathrm{mm}^2\ \mathrm{Cu}.$$

Der nächsthöhere Normquerschnitt ist 10 mm² Cu.

Bemerkung: Die Berechnung erlaubt in vorliegendem Beispiel eine Reduzierung des Schutzleiterquerschnitts von 50 mm² Cu (nach Tabelle) auf 10 mm² Cu.

Die Anwendung der Berechnung ist jedoch meist nur dort sinnvoll, wo es sich um kurze Schutzleiterstrecken (Verbindungen) handelt. Bei langen, querschnittreduzierten Schutzleiterstrecken werden die Kurzschlussströme unter Umständen soweit verringert, dass die Abschaltbedingungen für nachgeschaltete Verbraucher nicht mehr erfüllt werden können.

Beispiel 13d:

In einer Verbraucheranlage mit der Schutzmaßnahme TT-Netz mit Fehlerstrom-Schutzeinrichtung ist der erforderliche Schutzleiterquerschnitt für die getrennt verlegten Schutzleiter durch Berechnung zu ermitteln. Der Schutzerdungswiderstand (Fundamenterder) in der Verbraucheranlage beträgt 2 Ω.

Der Nennfehlerstrom der Fehlerstrom-Schutzeinrichtung ist 0,5 A.

Lösung:

$$S_{\mathrm{PE}} = \frac{\sqrt{I_{\mathrm{F}}^2 \cdot t}}{k},$$

$$k = 143\ \frac{\mathrm{A} \cdot \sqrt{\mathrm{s}}}{\mathrm{mm}^2},$$ da PVC-isolierte Schutzleiter verwendet werden sollen.

$t = 40$ ms, Ansprechzeit der RCD nach DIN EN 61008-1 (**VDE 0064-10**).

Im TT-System gilt:

$$I_{\mathrm{F}} = \frac{U_0}{R_{\mathrm{S}} + R_{\mathrm{B}} + R_{\mathrm{L}}};$$

$U_0 = 230$ V,

$R_{\mathrm{S}} = 2\ \Omega$ (Schutzerdungswiderstand),

$R_{\mathrm{B}} =$ Betriebserdung vernachlässigt,

$R_{\mathrm{L}} =$ Leitungswiderstände vernachlässigt,

$$I_F = \frac{230\ \text{V}}{2\ \Omega} = 115\ \text{A},$$

$$S_{PE} = \frac{\sqrt{115\ \text{A}^2 \cdot 0{,}04\ \text{s}}}{143\ \frac{\text{A}\cdot\sqrt{\text{s}}}{\text{mm}^2}} = 0{,}16\ \text{mm}^2\ \text{Cu}.$$

Mindestquerschnitt aufgrund der mechanischen Festigkeit $S_{PE} = 2{,}5\ \text{mm}^2$ Cu.

Bemerkung: In einem TT-Netz mit Fehlerstrom-Schutzeinrichtung wird der aufgrund der mechanischen Festigkeit geforderte Mindestquerschnitt immer ausreichend sein. Nach DIN VDE 0100-540:2012-06, Abschnitt 543.1.1 darf in TT-Systemen der Leiterquerschnitt der Schutzleiter begrenzt werden auf:

- 25 mm^2 Kupfer,
- 35 mm^2 Aluminium.

13.3 Bemessung der Schutzpotentialausgleichsleiter

Der Querschnitt des Hauptpotentialausgleichsleiters S_{PA} muss mindestens dem halben Querschnitt des der Hauptleitung zugeordneten Schutzleiters S_{PE} entsprechen.

Als Hauptleitung zählt die vom Hausanschlusskasten oder, wo dieser nicht benötigt wird, vom Hauptverteiler abgehende querschnittsstärkste Leitung.

$$S_{PA} = \frac{1}{2} \cdot S_{PE}.$$

Zusätzlich gilt:

- Mindestquerschnitt 6 mm^2 Cu;
- mögliche Begrenzung 25 mm^2 Cu.

Beispiel 13e:

Der vom Hausanschlusskasten abgehende stärkste Außenleiterquerschnitt S beträgt 50 mm^2 Cu.

Welcher Mindestquerschnitt ist für den Hauptpotentialausgleich erforderlich?

$$S_{PE} = \frac{1}{2} \cdot S = \frac{1}{2} \cdot 50\ \text{mm}^2\ \text{Cu} = 25\ \text{mm}^2\ \text{Cu},$$

$$S_{PA} = \frac{1}{2} \cdot S_{PE} = \frac{1}{2} \cdot 25\ \text{mm}^2\ \text{Cu} = 12{,}5\ \text{mm}^2\ \text{Cu}\,.$$

Der nächst höhere Normquerschnitt ist S_{PA} = 16 mm^2 Cu.

14 Prüfung und Inbetriebnahme von Elektroinstallationen

14.1 Beurteilung von Messfehlern

Bei jeder Messung sind Fehler zu berücksichtigen, die durch das Messgerät und die Messmethode verursacht werden. Besonders im Grenzbereich ist deshalb eine Abschätzung der möglichen Messabweichungen notwendig.

Es gilt:

Der *absolute Fehler F* ergibt sich aus der Differenz des mit Fehlern behafteten angezeigten Istwerts A und des wahren Werts W, dem sogenannten Sollwert.

$$F = A - W\,. \tag{14.1}$$

Der Fehler ist positiv, wenn der angezeigte Wert größer als der wahre ist.

Der Fehler wird im Regelfall als *relativer Fehler f* angegeben.

$$f = \frac{F}{W} = \frac{A-W}{W} = \frac{A}{W} - 1\,. \tag{14.2}$$

Zu unterscheiden ist zwischen systematischen und zufälligen Fehlern. Durch Berichtigungen lassen sich nur die systematischen Fehler aufheben, die durch die Messgeräte und die messbaren Umwelteinflüsse entstehen.

Zufällige Fehler, wie unbestimmbare Schwankungen der Umwelteinflüsse und Beobachtungsfehler, lassen sich nur durch mehrere Messungen und Mittelwertbildungen einschränken.

Die möglichen Messabweichungen bei den für den Elektroinstallateur besonders wichtigen Messungen des Kurzschlussstroms bzw. Schleifenwiderstands, des Erdungswiderstands und des Isolationswiderstands sollen hier kurz aufgezeigt werden.

14.2 Messen des Schleifenwiderstands

Schleifenwiderstände bzw. Kurzschlussströme werden gemessen, um den Schutz durch Abschaltung oder den Schutz bei Kurzschluss beurteilen zu können. Es sind dazu Schleifenwiderstandsmessgeräte nach DIN EN 61557-3 (**VDE 0413-3**) zu verwenden. Der maximal zulässige Gebrauchsfehler dieser Geräte liegt bei ±30 %. Weitere Fehlerquellen sind: Leitertemperatur (Sollwert nach DIN EN 60909-0 (**VDE 0102**) 80 °C), $\cos\varphi$ (Sollwert nach DIN EN 61557-3 (**VDE 0413-3**): 0,95 … 1) und Spannungsschwankungen im Netz.

Die Fehler führen dazu, dass der gemessene Schleifenwiderstand zu klein bzw. der Kurzschlussstrom zu groß angezeigt wird.

In der Praxis empfiehlt sich deshalb folgende Korrektur:

$$Z_{\mathrm{k}} = Z_{\mathrm{km}} \cdot f; \qquad (14.3)$$

Z_{k} wahrer Schleifenwiderstand (Kurzschlussimpedanz),

Z_{km} gemessener, angezeigter Schleifenwiderstand,

f relativer Fehler bzw. Korrekturfaktor 1,5.

$$I_{\mathrm{F}} = \frac{I_{\mathrm{m}}}{f}; \qquad (14.4)$$

I_{F} wahrer Kurzschlussstrom,

I_{m} gemessener, angezeigter Kurzschlussstrom,

f relativer Fehler bzw. Korrekturfaktor 1,5.

Mit etwas Mühe lässt sich der maximale Fehler eingrenzen. Der nach DIN EN 61557-3 (**VDE 0413-3**) zulässige Gebrauchsfehler bezieht sich nämlich auf den vom Hersteller angegebenen Messbereich. Da der Gebrauchsfehler in etwa proportional zur Höhe des Kurzschlussstroms ist, gilt:

$$f \approx 1 + \frac{I_{\mathrm{m}}}{I_{\mathrm{g}}} 0{,}5, \qquad (14.5)$$

I_{g} Messbereich des Messgeräts.

Beispiel 14a:

Der erforderliche Abschaltstrom für den Schutz durch Abschaltung beträgt 150 A. Gemessen wurde ein Kurzschlussstrom von 180 A.

Wie hoch ist der wahre Kurzschlussstrom?

$$I_F = \frac{I_m}{f} = \frac{180\text{ A}}{1{,}5} = 120\text{ A}. \qquad \text{nach Gl. (14.4)}$$

Der Schutz durch Abschaltung wäre somit nicht sichergestellt.

Beispiel 14b:

Die Messung nach Beispiel 14a erfolgte mit einem Messgerät, dessen Messbereich 500 A beträgt.

Es gilt dann:

$$f = 1 + \frac{I_m}{I_g} 0{,}5 = 1 + \frac{180\text{ A}}{500\text{ A}} 0{,}5 = 1{,}18, \qquad \text{nach Gl. (14.5)}$$

$$I_F = \frac{I_m}{f} = \frac{180\text{ A}}{1{,}18} = 153\text{ A}. \qquad \text{nach Gl. (14.4)}$$

Der Schutz durch Abschaltung ist somit erfüllt.

14.3 Messen des Erdungswiderstands

Erdungsmessgeräte nach DIN EN 61557-5 (**VDE 0413-5**), die nach dem Kompensations-Messverfahren arbeiten, und solche nach DIN EN 61557-7 (**VDE 0413-7**), die nach dem Strom-Spannungs-Messverfahren arbeiten, haben einen maximal zulässigen Gebrauchsfehler von ± 30 %. Hinzu kommen jahreszeitliche Schwankungen des spezifischen Erdwiderstands infolge Hitze, Frost, Feuchtigkeit und Trockenheit. Es besteht auch vielfach die Gefahr, dass Erder, Hilfserder und Sonde sich nicht im neutralen Bereich voneinander befinden. Letztgenanntes kann nur durch mehrere Messungen mit Umsetzen der Sonden zum Teil eliminiert werden. Der höchste der gemessenen Werte kann als der richtige angesehen werden, da die Fehlereinflüsse immer einen zu kleinen Erdungswiderstand anzeigen. Um Gebrauchsfehler und Fehlereinflüsse der Messmethode zu berücksichtigen, sollte der gemessene Wert wie folgt korrigiert werden (siehe auch Beispiel 7c):

$$R_A = R_m \cdot f; \qquad \text{nach Gl. (14.5)}$$

R_A wahrer Erdungswiderstand,

R_m gemessener Erdungswiderstand,

f relativer Fehler bzw. Korrekturfaktor 1,5.

14.4 Messen des Isolationswiderstands

Der zulässige Gebrauchsfehler für Isolationsmessgeräte nach DIN EN 61557-1 (**VDE 0413-1**) beträgt ±30 %.

Fehlereinflüsse durch die Messmethode können vernachlässigt werden. Der Messwert muss unter der Annahme des ungünstigsten Falls korrigiert werden.

Es gilt:

$$R_i = \frac{R_m}{f};$$

R_i wahrer Isolationswert,

R_m gemessener Isolationswert,

f relativer Fehler bzw. Korrekturfaktor 1,3.

Beispiel 14c:

Der nach DIN VDE 0100-600 geforderte Mindestisolationswert beträgt 0,5 MΩ bis 500 V und 1 MΩ bei höheren Spannungen.

Wie hoch muss der am Messgerät abzulesende Wert sein, um diese Bedingungen zu erfüllen?

$$R_m = R_i \cdot f = 0{,}5\ \text{M}\Omega \cdot 1{,}3 = 0{,}65\ \text{M}\Omega \text{ bzw. } 1{,}3\ \text{M}\Omega.$$

Eine elektrische Anlage muss während der Errichtung oder nach Fertigstellung nach DIN VDE 0100-600 von einer Elektrofachkraft geprüft werden. Die Prüfung besteht aus dem

- Besichtigen,
- Erproben und Messen.

Für die folgenden Messungen muss ein Prüfprotokoll erstellt werden. Die Grenzwerte der einzelnen Messungen legt die Elektrofachkraft fest.

- Isolationswiderstand,
- Schleifenimpedanz/Schleifenwiderstand,
- Widerstand von Erdungsleitern und Schutzleitern einschließlich Schutzpotentialausgleichsleitern,
- Erdungswiderstand,
- Wirksamkeit der Schutzmaßnahme mit Fehlerstrom-Schutzeinrichtungen (RCD),
- Drehfeldrichtung,
- Spannungs- und Strommessung.

Der Bundesfachbereich „Elektrotechnik“ des Zentralverbands der Deutschen Elektro- und Informationstechnischen Handwerke (ZVEH) hat einen Vordruck „Prüfung elektrischer Anlagen, Übergabebericht/Zustandsbericht“ erarbeitet, der dem Elektrofachmann eine wertvolle Hilfe bei der Protokollierung der Prüfergebnisse sein kann; er ist nachfolgend abgedruckt. Das Prüfprotokoll eignet sich sowohl für elektrische Anlagen im Wohnungsbau als auch in gewerblich genutzten Gebäuden. Die Verwendung des abgebildeten ZVEH-Prüfprotokolls mit der „e-Marke“ ist Betrieben der elektro- und informationstechnischen Handwerke gestattet, die e-Markenvertragspartner in einer Elektroinnung sind. Zu beziehen sind die Vordrucke (mit e-Blitz, mit e-Marke oder ohne Logo) einschließlich eines Leitfadens mit Begriffserklärungen und Hinweisen zur Handhabung der Formulare bei der

Wirtschaftsförderungsgesellschaft der Elektrohandwerke mbH (WFE)
Lilienthalallee 4
60487 Frankfurt am Main

Prüfung elektrischer Anlagen
Prüfprotokoll[1] Nr.:

Kunden-Nr.: Blatt von	Auftrag-Nr.:
Auftraggeber (Anlagenbetreiber):[2]	Auftragnehmer:[3]

Anlage:

Prüfung[4] nach: DIN VDE 0100-600 — Neuanlage ☐ Änderung ☐ Erweiterung ☐ | DIN VDE 0105-100 — Wiederholungsprüfung ☐ Instandsetzung ☐

E-CHECK ☐ DGUV Vorschrift 3 ☐ BetrSichV ☐

Beginn der Prüfung: Uhrzeit:	Ende der Prüfung: Uhrzeit:

Netz ____ / ____ V ____ Hz Netzbetreiber: ____ Netzsystem: TN-C ☐ TN-S ☐ TN-C-S ☐ TT ☐ IT ☐

Besichtigen	i.O.	n.i.O.		i.O.	n.i.O.
Auswahl der Betriebsmittel	☐	☐	Schutz-, Sicherheits- und Überwachungseinrichtungen	☐	☐
Trenn- und Schaltgeräte	☐	☐	Basisschutz (Schutz gegen direktes Berühren)	☐	☐
Brandabschottungen	☐	☐	Zugänglichkeit (HAK/Verteiler)	☐	☐
Gebäudesystemtechnik	☐	☐	Schutzpotentialausgleich	☐	☐
Kabel, Leitungen, Stromschienen	☐	☐	Zus. Schutzpotentialausgleich	☐	☐
Kennzeichnung Stromkreis, Betriebsmittel	☐	☐	Funktionspotentialausgleich	☐	☐
Kennzeichnung N- und PE-Leiter	☐	☐	Dokumentation[6] siehe Ergänzungsblätter ☐		
Leiterverbindungen	☐	☐			
Erproben					
Funktionsprüfung der Anlage	☐	☐	Rechtsdrehfeld (Drehstromsteckdosen)	☐	☐
FI-Schutzschalter (RCD)	☐	☐	Überprüfung Spannungsfall	☐	☐
Funktion der Schutz-, Sicherheits-,			Gebäudesystemtechnik	☐	☐
und Überwachungseinrichtungen	☐	☐	Spannungspolarität	☐	☐

Spannungsfall nachgewiesen[10] ____ % **Erdungswiderstand:** R_E ____

Durchgängigkeit Potentialausgleichsystem[9] (≤ 1 Ω nachgewiesen)

Fundamenterder	☐	Hauptwasserleitung	☐	Klimaanlage	☐	Blitzschutzanlage	☐
Ringerder	☐	Hauptschutzleiter	☐	Aufzugsanlage	☐	Antennenanlage/BK	☐
Haupterdungsschiene	☐	Gasinnenleitung	☐	EDV-Anlage	☐	Gebäudekonstruktion	☐
Wasserzwischenzähler	☐	Heizungsanlage	☐	Telefonanlage	☐	____	☐

Verwendete Messgeräte nach VDE ____	Fabrikat: Typ:	Fabrikat: Typ:	Fabrikat: Typ:

Messen Stromkreisverteiler Nr.: (siehe Folgeseite/n)

Stromkreis		Leitung/Kabel		Durch-gängigkeit	R_{iso}		Fehlerstrom-Schutzeinrichtung (RCD)						Überstrom-Schutzeinrichtung				Fehler-code siehe auch [7]
Nr.	Zielbezeichnung	Typ	Leiter Anzahl Quers. (mm²)	Schutz-leiter (Ω)	U_{Mess} bei R_{iso} (V)	R_{iso} (MΩ)	Typ Ausl. Charak-teristik	I_n (A)	$I_{\Delta n}$ (mA)	$U_L \leq$ V U_B (V)	Ausl.-Zeit t_A (ms)	$I_\Delta \leq I_{\Delta N}$ (mA)	Cha-rakte-ristik	I_n (A)	Z_s (Ω)☐ I_a(A)☐ L-PE	Z_i (Ω)☐ I_k(A)☐ L-N	
			x														
			x														
			x														

Stromkreis		Leitung/Kabel		Durch-gängigkeit	Isolationsmessung												
								Detailsmessung zur Isolationsmessung, R_{iso}									
Nr.	Zielbezeichnung	Typ	Leiter Anzahl Quers. (mm²)	Schutz-leiter (Ω)	U_{Mess} bei R_{iso} (V)	Verbraucher angeschlossen ja	nein	N-PE (MΩ)	L1-PE (MΩ)	L1-N (MΩ)	L2-PE (MΩ)	L2-N (MΩ)	L3-PE (MΩ)	L3-N (MΩ)	L1-L2 (MΩ)	L1-L3 (MΩ)	L2-L3 (MΩ)
			x														
			x														
			x														

keine Mängel festgestellt ☐ Mängel festgestellt ☐	Prüf-Plakette Ja ☐ Nein ☐	Nächster Prüftermin:	**Unterschrift Prüfer:**

Prüfung elektrischer Anlagen
Prüfprotokoll[①] (Folgeblatt 1) Nr.

Kunden-Nr.: Blatt von Auftrag-Nr.:

Messen Stromkreisverteiler Nr.:

Stromkreis		**Leitung/Kabel**		Durchgängigkeit	R_{iso}		**Fehlerstrom-Schutzeinrichtung (RCD)**						**Überstrom-Schutzeinrichtung**				**Fehlercode**
Nr.	Zielbezeichnung	Typ	Leiter Anzahl Quers. (mm²)	Durchgängigkeit Schutzleiter (Ω)	U_{Mess} bei R_{iso} (V)	R_{iso} (MΩ)	Typ Ausl. Charakteristik	I_n (A)	$I_{\Delta n}$ (mA)	$U_L \leq$ ...V U_B (V)	Ausl.-Zeit t_A (ms)	$I_\Delta \leq I_{\Delta N}$ (mA)	Charakteristik	I_n (A)	Z_s (Ω)☐ I_a(A)☐ L-PE	Z_i (Ω)☐ I_k(A)☐ L-N	siehe auch ⑦
			x														
			x														
			x														
			x														
			x														
			x														
			x														
			x														
			x														
			x														
			x														
			x														
			x														
			x														
			x														
			x														
			x														
			x														

Stromkreis		**Leitung/Kabel**		Durchgängigkeit	**Isolationsmessung**												
						Verbraucher angeschlossen		Detailsmessung zur Isolationsmessung, R_{iso}									
Nr.	Zielbezeichnung	Typ	Leiter Anzahl Quers. (mm²)	Durchgängigkeit Schutzleiter (Ω)	U_{Mess} bei R_{iso} (V)	ja	nein	N-PE (MΩ)	L1-PE (MΩ)	L1-N (MΩ)	L2-PE (MΩ)	L2-N (MΩ)	L3-PE (MΩ)	L3-N (MΩ)	L1-L2 (MΩ)	L1-L3 (MΩ)	L2-L3 (MΩ)
			x														
			x														
			x														
			x														
			x														
			x														
			x														
			x														
			x														
			x														
			x														
			x														
			x														
			x														
			x														
			x														
			x														
			x														

Prüfung elektrischer Anlagen

Übergabebericht[7] ☐ **Zustandsbericht**[7] ☐ **Nr.:**

Kunden-Nr.:	Blatt	von	Auftrag-Nr.:
Zähler-Nr.:		Zählerstand:	kWh

	Ort/Anlagenteil[8] / Anzahl Betriebsmittel ☐ / Fehler-Code ☐																	
Elektroinstallationsgeräte	Stromkreisverteiler																	
	Aus-/Wechselschalter																	
	Serienschalter																	
	Taster																	
	Dimmer																	
	Jalousietaster/-schalter																	
	Schlüsseltaster/-schalter																	
	Nottaster/-schalter																	
	Zeitschalter/-taster																	
	Steckdose																	
	Bewegungsmelder																	
	Geräteanschlussdose																	
	Telefonanschlusseinheit																	
	TV-Anschlussdose																	
	EDV-Anschlussdose																	
	Sprechstelle																	
	Gong/Summer																	
	KNX/EIB-Aktor																	
	KNX/EIB-Sensor																	
	Leuchten-Auslass																	
	Leuchte																	

Auftraggeber:[2] ______________________
oder Beauftragter des Auftraggebers Name

☐ Gemäß Übergabebericht und Prüfprotokoll vollständig übernommen
☐ Zustandsbericht und Prüfprotokoll erhalten
☐ Dokumentation übergeben

Ort/Datum ______________ Unterschrift ______________

Prüfer:[5] ______________________
Name

☐ Die elektrische Anlage entspricht den anerkannten Regeln der Technik
☐ Die elektrische Anlage entspricht den anerkannten Regeln der Technik zum Zeitpunkt der Errichtung (Wiederholungsprüfung)
☐ Die elektrische Anlage entspricht NICHT den anerkannten Regeln der Technik

Ort/Datum ______________ Unterschrift ______________

15 Transformatoren und deren Parallelbetrieb

Werden Transformatoren parallel geschaltet, dann müssen, um gefährliche Ausgleichsströme oder Überlastungen zu vermeiden, folgende Bedingungen erfüllt sein:

1. Die Beiträge der Nennspannungen müssen für Ober- und Unterspannung gleich sein.
2. Das Verhältnis der Bemessungsleistungen soll nicht größer als 3 : 1 sein.
3. Die Phasenlage der Spannungen muss gleich sein. Drehstromtransformatoren müssen somit in der Regel die gleichen Kennzahlen haben, z. B. Dy5 parallel mit Yz5.
4. Die relativen Kurzschlussspannungen sollten annähernd gleich sein.

15.1 Lastverteilung bei gleichen relativen Kurzschlussspannungen

$$S_X = S_{nX} \frac{S}{S_n}; \tag{15.1}$$

S_X Scheinleistungsübernahme des jeweiligen Transformators,

S Scheinleistungen aller Verbraucher,

S_{nX} Nenn-Scheinleistungen des jeweiligen Transformators,

S_n Nenn-Scheinleistungen aller Transformatoren.

Beispiel 15a:

Zwei Drehstrom-Transformatoren mit einer Nenn-Scheinleistung S_n von 500 kVA und 630 kVA sowie einer relativen Kurzschlussspannung 4 % sind parallel geschaltet und werden mit einer Scheinleistung S von 1 000 kVA belastet.

Mit welcher Scheinleistung wird jeder der Transformatoren belastet?

$$S_1 = S_{n1} \frac{S}{S_n} = 500\ \text{kVA} \cdot \frac{1\,000\ \text{kVA}}{500\ \text{kVA} + 630\ \text{kVA}} = 442\ \text{kVA}.$$

$$S_2 = S_{n2} \frac{S}{S_n} = 630\ \text{kVA} \cdot \frac{1\,000\ \text{kVA}}{500\ \text{kVA} + 630\ \text{kVA}} = 558\ \text{kVA}.$$

15.2 Lastverteilung bei verschiedenen relativen Kurzschlussspannungen

$$S_X = S_{nX} \frac{S}{S_n} \cdot \frac{u_{km}}{u_{kX}}; \tag{15.2}$$

$$u_{km} = \frac{S_n}{\frac{S_{n1}}{u_{K1}} + \frac{S_{n2}}{u_{K2}} + \ldots + \frac{S_{nn}}{u_{Kn}}}; \tag{15.3}$$

u_k Kurzschlussspannung der einzelnen Transformatoren,

u_{km} mittlere oder resultierende relative Kurzschlussspannung.

Beispiel 15b:

Zwei Drehstrom-Transformatoren mit einer Nenn-Scheinleistung von je 400 kVA und einer relativen Kurzschlussspannung von 4 % bzw. 6 % werden parallel geschaltet.

Wie groß darf bei Dauerbelastung die zulässige Gesamtleistung sein?

Lösung:

Die Transformatoren werden entsprechend dem Verhältnis $\frac{u_{km}}{u_k}$ belastet. Der Transformator mit dem kleinsten u_K wird dabei am höchsten belastet. Um ihn nicht zu überlasten, darf die Gesamtbelastung nicht größer sein als:

$$S = \frac{S_n}{\frac{u_{km}}{u_k}}; \qquad u_{km} = \frac{S_n}{\frac{S_{n1}}{u_{k1}} + \frac{S_{n2}}{u_{k2}}} = \frac{400\ \text{kVA} + 400\ \text{kVA}}{\frac{400\ \text{kVA}}{4\ \%} + \frac{400\ \text{kVA}}{6\ \%}} = 4{,}8\ \%;$$

$$S = \frac{400\ \text{kVA} + 400\ \text{kVA}}{\frac{4{,}8\ \%}{4\ \%}} = 667\ \text{kVA}.$$

16 Selektiver Netzaufbau
DIN VDE 0100-710, DIN VDE 0100-718

16.1 Grundsätzliche Anforderungen

Unter einem selektiven Netzaufbau versteht man die Abstimmung der Schutzeinrichtungen untereinander in der Form, dass bei einem Fehler nur die Schutzeinrichtung auslöst, die dem Fehler elektrisch am nächsten liegt. Nach dem Fortschalten des Fehlers durch die zuständige Schutzeinrichtung können die anderen Verbraucher ohne Beeinträchtigung weiterbetrieben werden.

Der selektive Netzaufbau wird *gefordert* für alle elektrische Anlagen, für solche Sicherheitszwecke (DIN VDE 0100-560), für die Sicherheitsstromversorgung in medizinisch genutzten Räumen (DIN VDE 0100-710), für die allgemeine Stromversorgung und für die Sicherheitsstromversorgung in baulichen Anlagen für Menschenansammlungen (DIN VDE 0100-718). Der selektive Verteilungsaufbau wird *empfohlen* für den Aufbau von Niederspannungs-Schaltgerätekombinationen DIN EN 61439-1 (**VDE 0660-600-1**).

In der Niederspannungstechnik kommen sehr unterschiedliche Schutzgeräte zum Einsatz. Üblich sind Leitungsschutzsicherungen, Leitungsschutzschalter, Leistungsschalter mit Nullpunktlöschung, Leistungsschalter mit Strombegrenzung, Leistungsschalter mit Zeitstaffelung, Sekundärrelais mit Überstromauslösung und Differenzialschutzrelais. Um diese Schutzgeräte selektiv aufeinander abzustimmen, ist eine frühere Absprache aller Gewerkeplaner und/oder -errichter erforderlich, die elektrische Leistung benötigen (z. B. Fördertechnik, Raumlufttechnik). Bei bestehenden Anlagen ist die Nachrüstung eines selektiven Schutzes nahezu unmöglich.

Zur Koordination der Überstrom-Zeit-Kennlinien von Sicherungen und Leistungsschaltern sind für Sicherungen die Schmelzzeit- bzw. die Ausschaltzeit-Strom-Kennlinien nach DIN EN 60269-1 (**VDE 0636-1**) anzuwenden. Bei Leistungsschaltern werden die Auslösekennlinien des jeweiligen Herstellers verwendet, wobei die zulässigen Toleranzen von ±20 % zu beachten sind.

Anmerkung: Die von den Schaltgeräteherstellern in den Gerätekatalogen aufgeführten Selektivitätstabellen sind nur bedingt anwendbar, da sie sich auf die Sicherungskennlinien bestimmter Hersteller beziehen.

Grundsätzliche Aussagen zur Koordination von Schutzeinrichtungen sind in DIN EN 60947-2 (**VDE 0660-101**) zu finden. Für die Abstimmung der am häufigsten eingesetzten Schutzgeräte gelten folgende Zusammenhänge:

Leitungsschutzsicherung zu Leitungsschutzsicherung

Die spezifische Schmelzenergie der vorgeschalteten Schutzeinrichtung muss größer sein als die spezifische Ausschaltenergie der nachgeschalteten Schutzeinrichtung. Dies wird eingehalten, wenn der Unterschied zwischen den Sicherungsnennströmen bei gleicher Charakteristik (z. B. gG) mindestens zwei Stufen beträgt.

Beispiel: 80 A zu 50 A, 100 A zu 63 A oder 250 A zu 160 A.

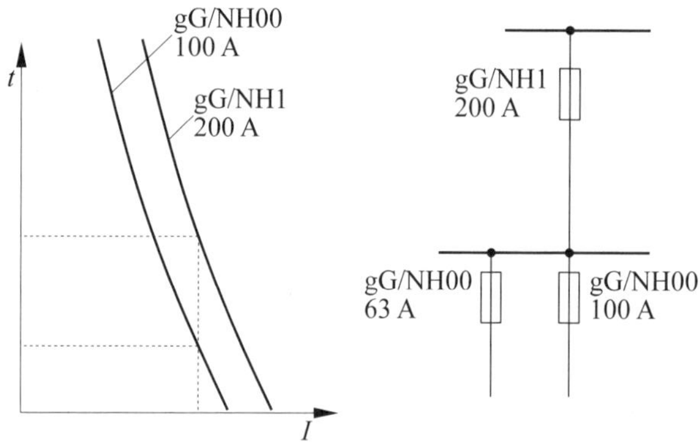

Leitungsschutzsicherung zu Leitungsschutzschalter

Die spezifische Schmelzenergie der vorgeschalteten Sicherung muss größer sein als die spezifische Durchlassenergie des nachgeschalteten LS-Schalters. Da Sicherung und LS-Schalter unterschiedliche Charakteristika haben, ist die Selektivitätsgrenze abhängig vom Kurzschlussstrom. In der **Tabelle 16.1** sind die Maximalwerte der Kurzschlussströme eingetragen, bei denen noch Selektivität herrscht.

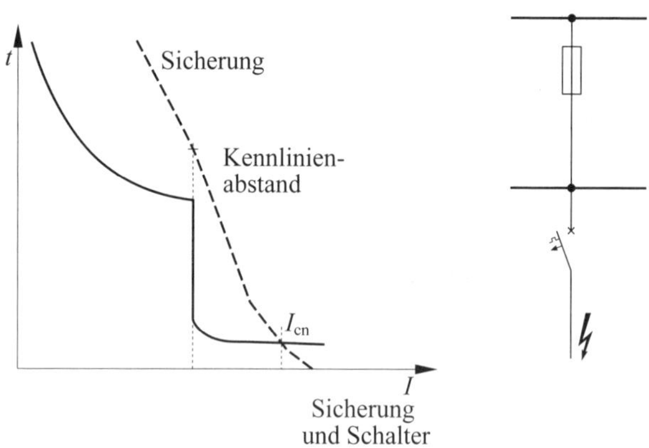

LS-Schalter (MCB)	Sicherung					
	25 A gG	35 A gG	50 A gG	63 A gG	80 A gG	100 A gG
B 6 A	690 A	1400 A	2440 A	4000 A	7200 A	> 70 kA
B 10 A	650 A	1300 A	2200 A	3500 A	5800 A	10 kA
B 16 A	620 A	1200 A	2000 A	3000 A	4600 A	7200 A
B 20 A	600 A	1100 A	1800 A	2500 A	3700 A	6000 A
B 25 A	580 A	1000 A	1500 A	2150 A	3000 A	4360 A

Tabelle 16.1 Selektivitätsgrenzen zwischen MCB und gG-Sicherungen

Leitungsschutzschalter zu Leitungsschutzsicherung

Der Durchlassstrom der Sicherung darf den Ansprechstrom des magnetischen Schnellauslösers des LS-Schalters nicht überschreiten. Diese Bedingung wird nur bei Sicherungen mit sehr kleinen Nennströmen und geringen Kurzschlussströmen eingehalten.

Beispiel: LS-Schalter B 16 A zu 2 A gG-Sicherung ist selektiv bis zu einem Kurzschlussstrom von 100 A, LS-Schalter C 16 A zu 4 A gG ist selektiv bis zu einem Kurzschlussstrom von 300 A.

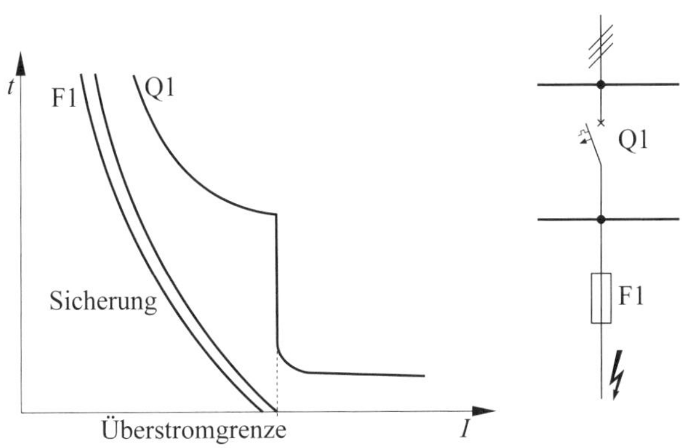

Leistungsschalter ohne Zeitverzögerung zu Leitungsschutzsicherung

Die nachgeschaltete Sicherung muss den Kurzschlussstrom so weit begrenzen, dass der Ansprechstrom des magnetischen Schnellauslösers nicht überschritten wird. Dies ist nur bei Sicherungen gegeben, deren Nennstrom sehr viel kleiner als der Schalternennstrom ist. In der **Tabelle 16.2** sind, abhängig vom maximal möglichen Kurzschlussstrom eines Transformators, die größtmöglichen Abgangssicherungen aufgeführt. Die Werte beziehen sich auf 400 V, $u_{kr} = 6$ %, Schalterauslösetoleranz 20 %. Die Tabelle 16.2 gilt nicht für Summenkurzschlussströme, die z. B. über einen Kuppelschalter fließen.

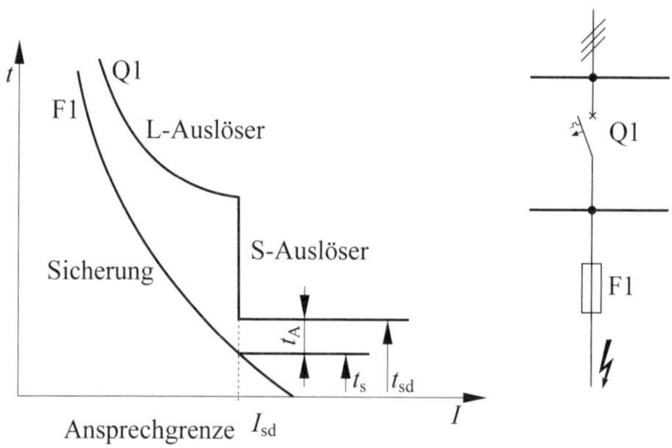

Transformatorleistung in kVA	400	500	630	800	1 000	1 250	1 600
Schaltergröße I_n in A (MCCB)	630	800	1 000	1 250	1 600	2 000	2 500
größtmögliche Abgangssicherung, gG							
$I > 8 \cdot I_n$	50 A	80 A	100 A	100 A	160 A	160 A	200 A
$I > 10 \cdot I_n$	63 A	100 A	125 A	160 A	200 A	224 A	250 A
$I > 12 \cdot I_n$	100 A	125 A	160 A	200 A	224 A	315 A	355 A

Tabelle 16.2 Selektivität zwischen MCCB und gG-Sicherungen

Leistungsschalter unverzögert zu Leistungsschalter unverzögert

Die Selektivitätsgrenze liegt bei Kurzschlussströmen, die über dem Ansprechwert des magnetischen Schnellauslösers des vorgelagerten Schalters liegen.

Beispiel:

Schalter Q1: $I_n = 2\,000$ A, $I > 2$ bis $12 \cdot I_n$;

Schalter Q2: $I_n = 500$ A, $I > 2$ bis $12 \cdot I_n$;

Kurzschlussstrom am Einbauort von Q 2: $I_k = 4\,000$ A.

Der magnetische Schnellauslöser von Schalter Q1 muss auf 4 000 A (oder kleiner) eingestellt werden, um bei einem Kurzschluss unmittelbar vor Schalter Q2 noch auszulösen. Die Selektivitätsgrenze liegt in diesem Fall bei 4 000 A.

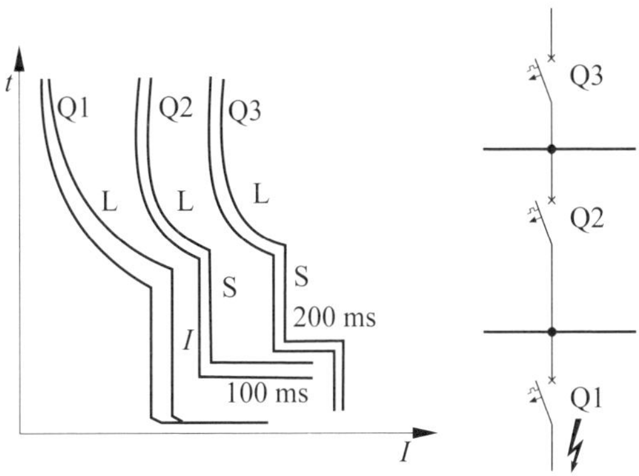

Leistungsschalter mit Zeitstaffelung zu Leistungsschalter mit Zeitstaffelung

Bei dieser Kombination ist eine selektive Staffelung immer gegeben, sofern die Verzögerungszeit des vorgelagerten Schalters größer ist als die Gesamtausschaltzeit des nachgeschalteten Schalters. Die Staffelzeiten sind abhängig von der Art des Auslösers und vom Fabrikat. Bei elektronischen Auslösern sind Staffelzeiten vom 70 ms (bei einigen Herstellern auch 50 ms) möglich. Bei mechanischen Auslösern sind Staffelzeiten von 150 ms, bei mechanischen Auslösern unterschiedlicher Hersteller auch bis zu 220 ms erforderlich. Sofern die Auslöser zusätzliche unverzögert wirkende Schnellauslöser haben, wird bei Kurzschlüssen in der Nähe der Schalter die selektive Staffelung unterlaufen. Es empfiehlt sich deshalb, diese Auslöser stillzusetzen. Ein Nachteil der Zeitstaffelung ist die lange Kurzschlussdauer bei Kurzschlüssen in der Nähe des – in Energierichtung – ersten Schalters. Je nach Anzahl der in Reihe liegenden Schalter ergeben sich Kurzschlusszeiten von bis zu 500 ms.

Einige Hersteller bieten deshalb bei Schaltern des gleichen Typs die Möglichkeit eines Signalaustausches zwischen den Kurzschlussauslösern. Die Verzögerungszeit ist nur wirksam, wenn der nachgeordnete Schalter einen Kurzschluss meldet. Liegt der Fehlerort zwischen den beiden Schaltern, schaltet der vorgelagerte Schalter unverzögert ab und entlastet dadurch die einzelnen Anlagenteile.

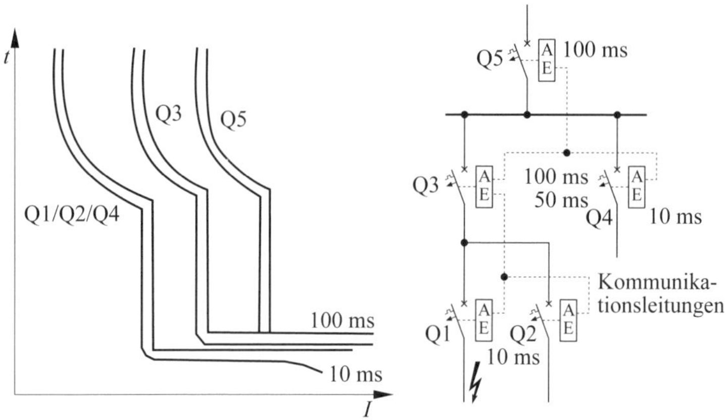

Leitungsschutzschalter zu Leitungsschutzschalter

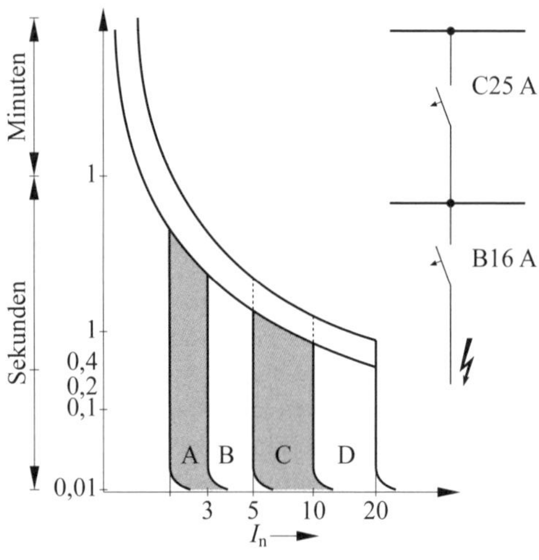

In Endstromkreisen können Kurzschlussströme bis 1 kA auftreten. Da die Leitungsschutzschalter diesen Fehler unter 10 ms abschalten und die Abschaltströme eine definierte Größe haben (· I_n), sind diese Schalter zueinander nicht selektiv. Der Faktor 1,6 oder 2 gilt nur für Sicherungen, nicht für Leitungsschutzschalter.

16.2 Grundsätzliche Vorgehensweise

Bei der Planung eines selektiven Netzaufbaus empfiehlt sich folgende Vorgehensweise.

Nach der Ermittlung und Bestimmung der Leitungsquerschnitte, -längen und -typen werden die größten und die kleinsten Kurzschlussströme berechnet. Dazu ist es erforderlich, die Betriebsarten des Netzes zu kennen. Betriebsarten sind z. B. Parallelbetrieb mehrerer Transformatoren, Inselbetrieb mit einem Ersatzstromaggregat, Parallelbetrieb Netz und Netzersatz (monatlicher Probelastbetrieb) usw. Ebenfalls zu berücksichtigen sind größere motorische Lasten, die einen nicht unerheblichen Anteil zum Kurzschlussstrom beitragen können. Die Kenntnis der größten Kurzschlussströme ist für die Auslegung der Schutzgeräte und der Einstellung erforderlich. Mit den Werten der kleinsten Kurzschlussströme wird die Ansprechsicherheit der Schutzgeräte überprüft.

Die Auslegung der Schutzgeräte erfolgt vom Endverbraucher zum Hauptverteiler. Es sollten nur dort Schutzeinrichtungen vorgesehen werden, wo es zwingend notwendig ist. Beispielsweise ist es nicht notwendig, eine Verteilung mit einer Eingangssicherung (Eingangsschalter) auszurüsten. Zu bedenken ist auch, dass eine selektive Staffelung den Verzicht von Vorsicherungen (Back-up-Schutz) erfordert. Alle Schaltgeräte müssen deshalb den an ihrem Einbauort fließenden Kurzschlussstrom ausschalten können.

Bei der Einstellung der Schutzgeräte sind folgende Randbedingungen zu beachten:

- Die Auswahl von Schmelzsicherungen, die Einstellung von Überstromansprechwerten von magnetischen Schnellauslösern und/oder deren Zeitverzögerung dürfen den Kurzschlussschutz der Leitungen nicht gefährden.
- Die maximal zulässigen Ausschaltzeiten für die Schutzmaßnahmen gegen gefährliche Körperströme (0,2 s; 0,4 s; 5 s) dürfen nicht überschritten werden.
- Bei Betrieb durch ein Ersatzstromaggregat dürfen zu lange Kurzschlusszeiten nicht zu einer Instabilität des Antriebsmotors bzw. zu einer thermischen Überlastung des Generators führen. Kurzschlusszeiten von mehr als 500 ms führen in der Regel zu einer Drehzahlinstabilität und damit zu einem Ansprechen des Drehzahlschutzes des Motors. Dies kann bereits bei Leitungsschutzsicherungen zutreffen, deren Nennstrom 10 % des Generatornennstroms beträgt.
- Das Ausschaltvermögen von Leistungsschaltern und Leitungsschutzschaltern darf durch den Verzicht von Vorsicherungen nicht überschritten werden.

16.3 Selektivitätsnachweis

DIN VDE 0100-710 und DIN VDE 0100-718 fordern, dass nach Fertigstellung eines elektrischen Netzes die selektive Fehlerausschaltung nachzuweisen ist. Um diesen Nachweis nachvollziehen zu können, sind mindestens folgende Angaben notwendig:

- die der Berechnung zugrunde gelegten Betriebsmitteldaten der Stromerzeuger, Transformatoren und Motoren,
- die größten und kleinsten Kurzschlussströme an allen Netzpunkten,
- die Überstrom-/Zeitkennlinien der Schutzgeräte,
- die Überstrom-/Energiekennlinien ($I^2\,t$) der Schutzgeräte,
- die Überstrom-/Durchlassstromkennlinien der Schutzgeräte,
- die Datenblätter der Stromerzeuger und Transformatoren, aus denen die zulässige Kurzschlussdauer hervorgeht,
- die Datenblätter der Schaltgeräte, aus denen die zulässige Kurzschlussdauer und das Schaltvermögen hervorgehen.

Bei Leitungsschutzsicherungen sind die Überstrom-/Zeitkennlinien und die Überstrom-/Energiekennlinien ($I^2\,t$) nach DIN EN 60269-1 (**VDE 0636-1**) zu verwenden. Es können auch die Herstellerangaben verwendet werden, wenn je nach betrachtetem Fehlerfall eine Sicherungsstufe höher oder niedriger gewählt wird. Bei Überstrom-/Durchlassstromkennlinien (Strombegrenzungskurven) von Leitungsschutzsicherungen gibt es keine genormten Kennlinien; es sind die Herstellerkennlinien heranzuziehen, wobei auch hier gilt, dass zum Ausgleich der Toleranzen der einzelnen Hersteller je nach betrachtetem Fehlerfall eine Sicherungsstufe höher oder niedriger gewählt werden muss. Bei allen anderen Kennlinien sind die Herstellerangaben maßgebend.

Beispiel 16a:

Bei der nebenstehenden Anordnung soll überprüft werden, ob bei einem Kurzschlussstrom von 7 000 A an der Fehlerstelle F1 noch eine selektive Abschaltung gegeben ist.

Der vorgelagerte Schalter hat einen Nennstrom von 400 A und einen Kurzschlussauslöser mit einem Einstellbereich von 1 600 A bis 4 800 A. Die nachgeschaltete Sicherung hat einen Nennstrom von 80 A gG.

Lösung:

Der Kurzschlussstrom an der Fehlerstelle F1 muss durch die Sicherung so weit begrenzt werden, dass der Auslösestrom des Kurzschlussauslösers nicht erreicht bzw.

überschritten wird. Der Vergleich der Durchlassstromkennlinie eines bestimmten Herstellers ergibt, dass bei einem Kurzschluss von 7 000 A der Durchlassstrom einer 80-A-Sicherung noch 5 000 A beträgt. Da der Auslösestrom des vorgelagerten Schalters als Effektivwert angegeben ist, muss er in einen Momentanwert umgerechnet werden. Der Momentanwert beträgt $4\,800\text{ A} \cdot \sqrt{2} = 6\,788\text{ A}$. Mit der Toleranz des Auslösers von 20 % ergibt sich ein Anregestrom von 5 430 A. Der Durchlassstrom der Sicherung liegt unter dem Anregestrom des Schalters. Eine selektive Abschaltung ist somit gegeben.

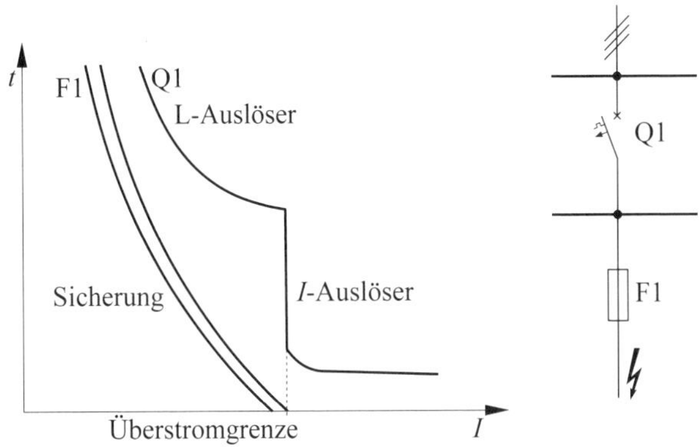

Um die Herstellertoleranzen zu berücksichtigen, muss nachgeprüft werden, ob die selektive Abschaltung auch noch mit der Kennlinie einer Sicherung mit einem Nennstrom von 100 A eingehalten ist. Der Durchlassstrom einer 100-A-Sicherung des betreffenden Herstellers beträgt bei einem Kurzschlussstrom von 7 000 A noch 6 260 A und liegt damit über dem Anregestrom von 5 430 A. Um eine selektive Abschaltung sicher zu gewährleisten, ist deshalb eine Sicherung mit einem maximalen Nennstrom von 63 A erforderlich.

16.3.1 Selektivitätsnachweis durch Messung

In Netzen, in denen nur generatorferne Kurzschlüsse vorkommen, können die Kurzschlussströme durch die Messung der Schleifenwiderstände ermittelt werden. Voraussetzung hierfür ist, dass die unterschiedlichen Netzbetriebsarten (Parallelbetrieb mehrerer Transformatoren, Ringversorgung usw.) für die Dauer der Messung hergestellt werden können. Da die Kurzschlussströme auch von der zum Zeitpunkt der Messung anstehenden Spannung und der aktuellen Leitertemperatur abhängig sind, ist eine Umrechnung der Messergebnisse auf die größten und kleinsten Kurzschlussströme erforderlich. Wie in Kapitel 4 erläutert, werden die größten Kurzschlussströme bei Nennspannung und einer Leitertemperatur von 20 °C ermittelt. Die kleinsten Kurzschlussströme ergeben sich bei 0,95 · U_n (400/230 V) und einer Leitertemperatur von 80 °C oder 160 °C. Bei großen Kurzschlussströmen (ab ca. 5 000 A) ist der Messfehler der üblicherweise eingesetzten Schleifenwiderstandsmessgeräte so groß, dass das Messergebnis nicht mehr verwendet werden darf. Messgeräte, die auch bei Kurzschlussströmen von 50 000 A und darüber noch eine vertretbare Genauigkeit aufweisen, sind einerseits unhandlich in der Anwendung und andererseits sehr teuer.

Beispiel 16b:

Die Messung des Schleifenwiderstands an einer Unterverteilung zwischen Außenleiter und Schutzleiter liefert folgendes Ergebnis:

Schleifenwiderstand $Z = 180$ mΩ,

Kurzschlussstrom $I_k = 1\,261$ A,

Kurzschlusswinkel $\varphi = 28°$,

Spannung während der Messung $U = 227$ V.

Es sollen der größte und der kleinste Kurzschlussstrom berechnet werden.

Der größte Kurzschlussstrom ergibt sich bei Nennspannung und 20 °C Leitertemperatur. Da die Leitertemperatur im Leitungsverlauf beim Messen nicht bekannt ist, wird eine Durchschnittstemperatur von 30 °C angenommen.

$$R = 180\ \text{m}\Omega \cdot \cos 28° = 159\ \text{m}\Omega\,,$$

$$X = 180\ \text{m}\Omega \cdot \sin 28° = 85\ \text{m}\Omega,$$

$$R_{20\,°\text{C}} = R_{30\,°\text{C}} \cdot \left(1 + 0{,}004/°\text{C}\,(20\ °\text{C} - 30\ °\text{C})\right) = 153\ \text{m}\Omega.$$

Der kleinste Kurzschlussstrom ergibt sich bei 90 % Nennspannung und 80 °C Leitertemperatur:

$$R_{80\,°\text{C}} = R_{30\,°\text{C}} \cdot \left(1 + 0{,}004/°\text{C}\,(80\ °\text{C} - 30\ °\text{C})\right) = 190\ \text{m}\Omega,$$

$$I_{\text{k}\max} = \frac{230\ \text{V}}{\sqrt{(153\ \text{m}\Omega)^2 + (85\ \text{m}\Omega)^2}} = 1\,314\ \text{A}\,,$$

$$I_{\text{k}\min} = \frac{0{,}9 \cdot 230\ \text{V}}{\sqrt{(190\ \text{m}\Omega)^2 + (85\ \text{m}\Omega)^2}} = 994{,}5\ \text{A}\,.$$

Die Extremwerte des Kurzschlussstroms liegen zwischen 80 % und 104 % des gemessenen Werts. Diese Abweichungen treten insbesondere bei langen Leitungen auf, da hierbei der ohmsche Anteil überwiegt.

16.3.2 Selektivitätsnachweis durch Berechnung

Beispiel 16c:

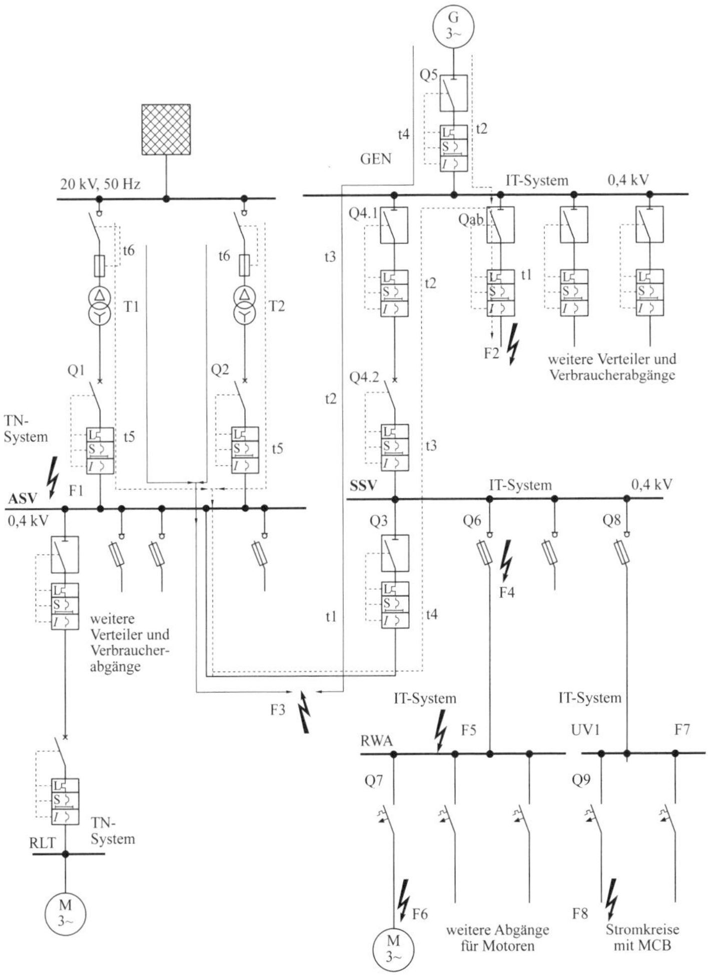

Die Stromversorgung eines Gebäudes ist der nachfolgenden Skizze zu entnehmen. Für die Sicherheitsstromversorgung (SSV) nach DIN VDE 0100-718 ist ein Notstromaggregat vorhanden, das neben diesem Gebäude noch drei weitere Gebäudeteile versorgt. Dieses Aggregat wird für den monatlichen Probelasttest parallel mit dem Netz der allgemeinen Stromversorgung (ASV) betrieben.

Die Schutzmaßnahme gegen gefährliche Körperströme bei Versorgung aus dem Netz der allgemeinen Stromversorgung ist das TN-System mit Abschaltung durch Überstrom-Schutzeinrichtung. Bei Versorgung durch das Notstromaggregat ist die Schutzmaßnahme gegen gefährliche Körperströme das IT-Netz mit Isolationsüberwachung. Der größte Verbraucher im SSV-Netz ist ein Brandgasventilator, der mit einem Asynchronmotor mit einer Nennleistung von 160 kW angetrieben wird. Die größten Verbraucher im ASV-Netz sind eine Motorengruppe in einer Lüftungszentrale mit einer Motorleistung von 800 kW. Für die dargestellten Fehlerorte soll überprüft werden, ob eine selektive Fehlerabschaltung gegeben ist.

Betriebsmitteldaten:

Netz: $S''_{\mathrm{kQmax}} = 390\ \mathrm{MVA}$, $S''_{\mathrm{kQmin}} = 190\ \mathrm{MVA}$;

T1, T2: 1 600 kVA, 20/0,4 kV, Dyn 5, $u_{\mathrm{kr}} = 6\ \%$, $P_{\mathrm{kr}} = 20\ \mathrm{kW}$;

G1: $S_{\mathrm{rT}} = 1\,100\ \mathrm{kVA}$, $U_{\mathrm{n}} = 400\ \mathrm{V}$, $x''_{\mathrm{d}} = 9{,}8\ \%$, $x_2 = 10{,}9\ \%$, $x_0 = 3{,}8\ \%$;

$R_{\mathrm{g}} = 1{,}1\ \%$, $I_{\mathrm{k}} = 7\ \mathrm{kA}$, $3\ t_{\mathrm{k}} = 4\ \mathrm{s}$.

Schutzgeräte:

Q1 … Q5: Leistungsschalter mit elektronischen zeitselektiven Auslösern;

Q6: Sicherungslasttrennschalter NH3;

Q7: strombegrenzender Leistungsschalter mit mechanischem Überlast- und Kurzschlussauslöser;

Q8: Sicherungslasttrennschalter NH2;

Q9: strombegrenzender Leistungsschalter (Motorschutzschalter) mit mechanischem Überlast- und Kurzschlussauslöser.

Die Staffelung der Schutzeinrichtungen erfolgt vom Endverbraucher zum Erzeuger. Begonnen wird in der Verteilung RWA.

Ein Fehler an der Fehlerstelle F6 darf nur durch den Schalter Q7 weggeschaltet werden. Keinesfalls darf der Sicherungslasttrennschalter Q6 in der Verteilung SSV mit auslösen. Q6 und Q7 sind beides strombegrenzende Schutzeinrichtungen. Selektivität ist gegeben, wenn die spezifische Durchlassenergie von Q7 kleiner ist als die spezifische Schmelzenergie des Sicherungseinsatzes von Q6. Zur Festlegung des Schmelzeinsatzes von Q6 ist die Kenntnis des größten Kurzschlussstroms an der Fehlerstelle F6 maßgebend.

Bei einem Kurzschluss an der Fehlerstelle F5 muss der Schmelzeinsatz im Schalter Q6 noch sicher auslösen. Für diese Überprüfung ist die Kenntnis des kleinsten Kurzschlussstroms an der Fehlerstelle F5 erforderlich.

Mit der selektiven Staffelung für die Verteilung RWA ist die größte Abgangsschutzeinrichtung in der Verteilung SSV festgelegt. Diese Schutzeinrichtung ist maßgebend für die Festlegung und Einstellung der Einspeiseschutzeinrichtungen der Verteilung SSV (Schalter Q3 und Q4.2). Die längste Kurzschlussdauer der Abgangsschutzeinrichtung, deren Kurzschlussstrom noch über dem Anregewert des Einspeiseleistungsschalters liegt, muss kleiner sein als die kürzeste Verzögerungszeit der Einspeiseschalter. Zur Überprüfung ist die Kenntnis des kleinsten Kurzschlussstroms bei Netz- und bei Generatoreinspeisung an der Fehlerstelle F4 erforderlich.

Die Zeitverzögerung der Schalter Q1, Q2 und Q5 richtet sich nach den Verzögerungszeiten der Schalter Q3 und Q4.2. Die Schalter Q4.1 und Q4.2 sind am Anfang und am Ende der gleichen Leitung angeordnet und brauchen zueinander nicht selektiv ausschalten. Sie erhalten deshalb gleichlautende Einstellwerte. Zur Ermittlung der Stromanregewerte der Schalter Q1, Q2, Q3, Q4.1 (Q4.2) und Q5 sind die Teilkurzschlussströme bei Netzparallelbetrieb an den Fehlerstellen F1, F2 und F3 zu ermitteln.

Das vorliegende Netz verfügt über mehrere Einspeisungen (Netz, Generator, Motoren). Die Berechnung von Kurzschlussströmen bei mehrfach gespeisten Fehlern ist wesentlich aufwendiger als es die bisher behandelten Fälle waren. Es empfiehlt sich deshalb ein Kurzschlussberechnungsprogramm einzusetzen. Für die Ermittlung der Kurzschlussströme des vorliegenden Beispiels wird das Netzberechnungsprogramm DIgSILENT eingesetzt.

Zur Festlegung der selektiven Staffelung werden folgende Betriebsfälle untersucht:

- Netzbetrieb: Die Versorgung der Verbraucher erfolgt ausschließlich über einen Transformator. Dieser Betriebsfall ergibt die minimalen einpoligen Kurzschlussströme.
- Generatorbetrieb: Die Versorgung der notstromberechtigten Verbraucher erfolgt über das SSV-Aggregat. Dieser Betriebsfall ergibt die minimalen dreipoligen Kurzschlussströme.
- Netzparallelbetrieb: Netz und SSV-Aggregat laufen parallel; alle motorischen Verbraucher werden bei der Kurzschlussstromberechnung berücksichtigt. Dieser Betriebsfall ergibt die größten Kurzschlussströme.

Eine Besonderheit bietet in diesem Beispiel die Sternpunktbehandlung des Generators. Obwohl der Sternpunkt isoliert ist, liefert der Generator über die parallel geschalteten geerdeten Sternpunkte der Transformatoren Anteile zum einpoligen Kurzschlussstrom. Dies ist entscheidend für die Einstellung des Kurzschlussauslösers des Kuppelschalters ASV-SSV.

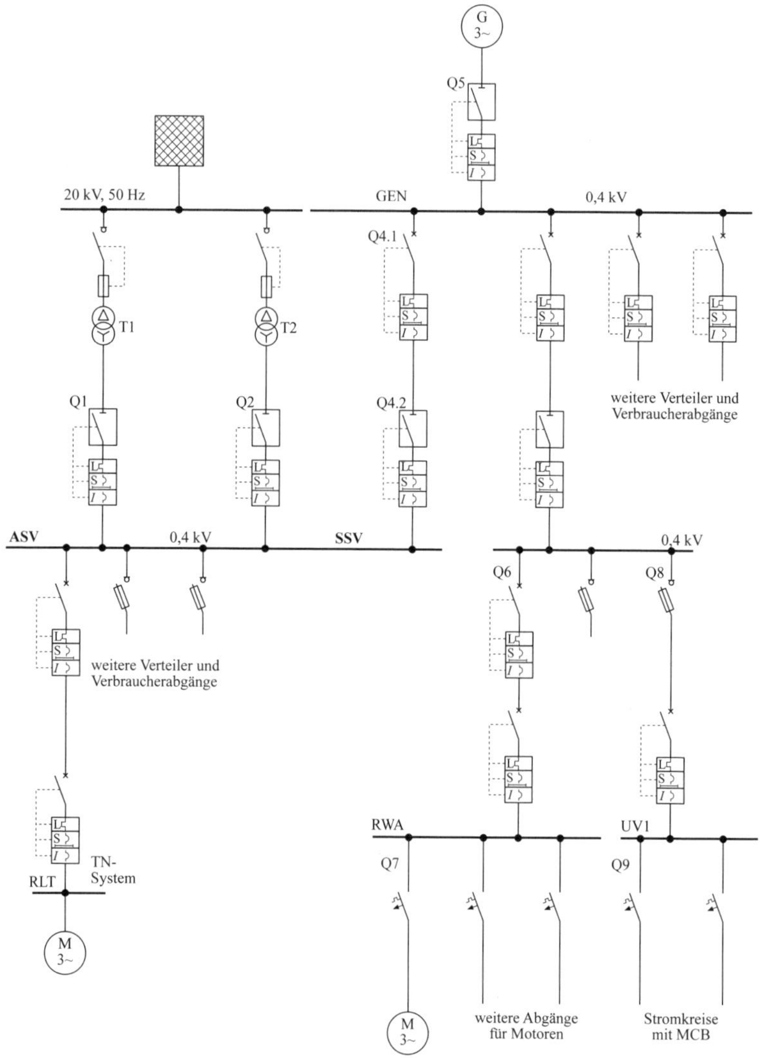
G
3~
Q5
20 kV, 50 Hz
GEN
0,4 kV
Q4.1
T1
T2
Q1
Q2
Q4.2
weitere Verteiler und
Verbraucherabgänge
ASV
0,4 kV
SSV
0,4 kV
Q6
Q8
weitere Verteiler und
Verbraucherabgänge
RWA
UV1
Q7
Q9
TN-
System
RLT
M
3~
M
3~
weitere Abgänge
für Motoren
Stromkreise
mit MCB

Weitere Vorschläge zur Verbesserung der Selektivität beim Beispiel 16c

1. Ändern des Netzsystems bei AV-/SV-Versorgung

Eine Veränderung des Netzsystems von TN bei AV-Versorgung auf IT bei SV-Versorgung ist nur dann möglich, wenn

a) kein verteilter N-Leiter vorliegt oder

b) die Isolationsspannung der Betriebsmittel mindestens der Außenleiterspannung entspricht.

2. Schutzstaffelung der Kupplung AV-/SV-Netz

Bei einem Fehler im AV-Netz (Fehlerort F2) muss die Auslösung in der folgenden Reihe erfolgen:

Qab → t1,
Q4.1 → t2,
Q4.2 → t3,
Q3 → t4,
Q1 und Q2 → t5,
Q0.1 und Q0.2 → t6.

3. Schutzstaffelung der Kupplung AV-/SV-Netz

Bei einem Fehler im AV-Netz (Fehlerort F3) muss die Auslösung in der folgenden Reihe erfolgen:

Q3 → t1,
Q4.2 → t2,
Q4.1 → t3.

Nur mit einem hochwertigen Schutzrelais aus der MS-Schutztechnik, z. B. richtungsunabhängiger Maximal-Zeitschutz (UMZ), ist eine unterschiedliche Staffelung in zwei Richtungen möglich.

4. Grundsätzlicher sternförmige Netzaufbau

Bei einem Fehler im SV-Netz (Fehlerort F2) muss die Auslösung in der folgenden Reihe erfolgen:

Qab → t1,
Q4.1 → t2,
Q4.2 → t3,
Q3 → t4,
Q1 und Q2 → t5,
Q0.1 und Q0.2 → t6.

1. Fall: Netzparallelbetrieb, Ergebnisausdruck (auszugsweise)

	Beispiel zum Selektivitaetsnachweis 3_pol_max:Sk"=390MVA, T1=T2=1, RWA=1, RLT=1, G1=1	DIgSILENT Version 9.1	Auftrag:prj_hilfe Datum:
Tabelle B	Kurzschlussberechnung IEC		Anlage:01 / 1
Netzgruppe: Test			Fehlerart: 3Pha

Nr Knoten	Un [kV]	P h	U [kV]	U [grd]	c	Sk" [MVA]	Ik" [kA]	Ik" [grd]	Ip [kA]	Ia [kA]	Sa [MVA]	Ik [kA]	Ith [kA]
9 SSV	0.40	*	0.00	180.00	1.00	40.6	58.66	103.8	125.9	52.1	36.1	51.18	59.11
	LN	ASV	/ 6	*		31.1	44.82	100.4	100.5				
	LN	GEN	/ 10	*		8.8	12.67	114.6	22.7				
	LN	F4	/ 13	*		1.0	1.51	115.9	2.7				
	LN	UV_1	/ 15	*		0.0	0.00	0.0	0.0				
10 GEN	0.40	*	0.00	180.00	1.00	26.4	38.18	116.9	74.3	31.7	21.9	31.39	34.81
	LN	SSV	/ 9	*		15.9	23.01	129.9	35.8				
	LN	G1	/ 11	*		11.5	16.59	98.7	38.5				
11 G1	0.40	*	0.00	180.00	1.00	25.6	36.98	116.0	74.9	30.2	20.9	29.96	33.64
	LN	GEN	/ 10	*		15.0	21.69	131.3	33.4				
	SYNM	G1	/ 11	*		11.8	17.05	-96.4	41.5				
12 RWA	0.40	*	0.00	180.00	1.00	11.1	16.06	139.0	24.5	14.6	10.1	14.24	16.09
	LN	F4	/ 13	*		10.1	14.63	141.8	21.5				
	LN	F6	/ 14	*		1.1	1.61	112.8	3.0				
13 F4	0.40	*	0.00	180.00	1.00	40.1	57.86	104.7	120.1	51.5	35.7	50.56	58.24
	LN	RWA	/ 12	*		1.0	1.51	115.9	2.7				
	LN	SSV	/ 9	*		39.1	56.39	104.4	117.4				
14 F6	0.40	*	0.00	180.00	1.00	11.0	15.90	139.1	24.3	14.4	10.0	14.09	15.93
	LN	RWA	/ 12	*		10.0	14.47	141.9	21.3				
	ASYM	F6	/ 14	*		1.1	1.61	-112.8	3.0				
15 UV_1	0.40	*	0.00	180.00	1.00	6.4	9.28	155.3	13.4	9.2	6.4	9.17	9.29
	LN	SSV	/ 9	*		6.4	9.28	155.3	13.4				
	LN	F8	/ 16	*		0.0	0.00	0.0	0.0				
16 F8	0.40	*	0.00	180.00	1.00	6.4	9.18	155.4	13.3	9.1	6.3	9.07	9.19
	LN	UV_1	/ 15	*		6.4	9.18	155.4	13.3				

2. Fall: Netzbetrieb, Ergebnisausdruck (auszugsweise)

```
--------------------------------------------------------------------------------------------------------------------
|              | Beispiel zum Selektivitaetsnachweis                                | DIgSILENT | Auftrag:prj_hilfe |
|              | 1_pol_min:Sk"=190MVA, T1=1, T2=0, RWA=0, RLT=0, G1=0               |  Version  |-------------------|
|              |                                                                    |    9.1    | Datum:            |
--------------------------------------------------------------------------------------------------------------------
| Tabelle B    |  Kurzschlussberechnung  IEC                                                  | Anlage:02   /   1 |
|------------------------------------------------------------------------------------------------------------------|
| Netzgruppe: Test                                                                            | Fehlerart: 1PmE   |
|------------------------------------------------------------------------------------------------------------------|
|  Nr     Knoten  Nennspg P           U                  c        Sk"         Ik"            Ip        Ia       EFF  |
|                  [kV]   h     [kV]    [p.u.]  [grd]             [MVA]     [kA]    [grd]    [kA]      [kA]     [p.u]|
|------------------------------------------------------------------------------------------------------------------|
|    9 SSV         0.40  L1     0.00   0.000   180.00    0.95     4.273    18.50   100.68    42.222   18.502        |
|                        L2     0.24   1.030    51.50             0.000     0.00     0.00     0.000    0.000   1.085 |
|                        L3     0.24   1.056   -52.60             0.000     0.00     0.00     0.000    0.000   1.112 |
|                                                                                                                  |
|                        LN   ASV          /   6   L1             4.273    18.50   100.68    42.222                  |
|                                                  L2             0.000     0.00     0.00     0.000                  |
|                                                  L3             0.000     0.00     0.00     0.000                  |
|                                                                                                                  |
|   10 GEN         0.40  L1     0.00   0.000   180.00    0.95     1.977     8.56   144.43    13.907    8.562        |
|                        L2     0.25   1.100    34.88             0.000     0.00     0.00     0.000    0.000   1.158 |
|                        L3     0.31   1.359   -48.40             0.000     0.00     0.00     0.000    0.000   1.431 |
|                                                                                                                  |
|                        LN   SSV          /   9   L1             1.977     8.56   144.43    13.907                  |
|                                                  L2             0.000     0.00     0.00     0.000                  |
|                                                  L3             0.000     0.00     0.00     0.000                  |
|                                                                                                                  |
|   11 G1          0.40  L1     0.00   0.000   180.00    0.95     1.845     7.99   146.27    12.805    7.988        |
|                        L2     0.26   1.113    34.58             0.000     0.00     0.00     0.000    0.000   1.172 |
|                        L3     0.32   1.367   -47.87             0.000     0.00     0.00     0.000    0.000   1.439 |
|                                                                                                                  |
|                        LN   GEN          /  10   L1             1.845     7.99   146.27    12.805                  |
|                                                  L2             0.000     0.00     0.00     0.000                  |
|                                                  L3             0.000     0.00     0.00     0.000                  |
|                                                                                                                  |
|   12 RWA         0.40  L1     0.00   0.000   180.00    0.95     1.125     4.87   155.83     7.342    4.871        |
|                        L2     0.27   1.188    33.83             0.000     0.00     0.00     0.000    0.000   1.250 |
|                        L3     0.32   1.394   -44.93             0.000     0.00     0.00     0.000    0.000   1.467 |
|                                                                                                                  |
|                        LN   F4           /  13   L1             1.125     4.87   155.83     7.342                  |
|                                                  L2             0.000     0.00     0.00     0.000                  |
|                                                  L3             0.000     0.00     0.00     0.000                  |
|
```

2. Fall: Netzbetrieb (Fortsetzung)

Beispiel zum Selektivitaetsnachweis | DIgSILENT Version 9.1 | Auftrag:prj_hilfe
1_pol_min:Sk"=190MVA, T1=1, T2=0, RWA=0, RLT=0, G1=0 | | Datum:

Tabelle B | Kurzschlussberechnung IEC | Anlage:02 / 1

Netzgruppe: Test | Fehlerart: 1PmE

Nr	Knoten	Nennspg [kV]	P h	[kV]	U [p.u.]	[grd]	c	Sk" [MVA]	Ik" [kA]	Ik" [grd]	Ip [kA]	Ia [kA]	EFF [p.u]
13	F4	0.40	L1	0.00	0.000	180.00	0.95	4.238	18.35	101.89	41.450	18.351	
			L2	0.24	1.025	51.07		0.000	0.00	0.00	0.000	0.000	1.078
			L3	0.25	1.065	-52.81		0.000	0.00	0.00	0.000	0.000	1.121
			LN	SSV	/ 9	L1		4.238	18.35	101.89	0.000		
						L2		0.000	0.00	0.00	0.000		
						L3		0.000	0.00	0.00	0.000		
14	F6	0.40	L1	0.00	0.000	180.00	0.95	1.112	4.82	156.00	7.251	4.815	
			L2	0.27	1.189	33.83		0.000	0.00	0.00	0.000	0.000	1.252
			L3	0.32	1.394	-44.87		0.000	0.00	0.00	0.000	0.000	1.467
			LN	RWA	/ 12	L1		1.112	4.82	156.00	7.251		
						L2		0.000	0.00	0.00	0.000		
						L3		0.000	0.00	0.00	0.000		
15	UV_1	0.40	L1	0.00	0.000	180.00	0.95	0.604	2.62	166.70	3.793	2.617	
			L2	0.30	1.287	33.91		0.000	0.00	0.00	0.000	0.000	1.355
			L3	0.33	1.415	-40.95		0.000	0.00	0.00	0.000	0.000	1.489
			LN	SSV	/ 9	L1		0.604	2.62	166.70	3.793		
						L2		0.000	0.00	0.00	0.000		
						L3		0.000	0.00	0.00	0.000		
16	F8	0.40	L1	0.00	0.000	180.00	0.95	0.597	2.59	166.80	3.749	2.586	
			L2	0.30	1.288	33.92		0.000	0.00	0.00	0.000	0.000	1.356
			L3	0.33	1.415	-40.92		0.000	0.00	0.00	0.000	0.000	1.489
			LN	UV_1	/ 15	L1		0.597	2.59	166.80	3.749		
						L2		0.000	0.00	0.00	0.000		
						L3		0.000	0.00	0.00	0.000		

3. Fall: Generatorbetrieb, Ergebnisausdruck (auszugsweise)

	Beispiel zum Selektivitaetsnachweis 3_pol_min: Notstrombetrieb	DIgSILENT Version 9.1	Auftrag:prj_hilfe Datum:
Tabelle B	Kurzschlussberechnung IEC		Anlage:03 / 1
Netzgruppe: Test			Fehlerart: 3Pha min

Nr Knoten	Un [kV]	P h	U [kV]	U [grd]	c	Sk" [MVA]	Ik" [kA]	Ik" [grd]	Ip [kA]	Ia [kA]	Sa [MVA]	Ik [kA]
9 SSV	0.40	*	0.00	180.00	0.95	5.6	8.05	109.3	15.5	6.5	4.5	6.46
	LN GEN		/ 10	*		5.6	8.05	109.3	15.5			
	LN F4		/ 13	*		0.0	0.00	0.0	0.0			
	LN UV_1		/ 15	*		0.0	0.00	0.0	0.0			
10 GEN	0.40	*	0.00	180.00	0.95	6.6	9.53	95.4	23.7	7.0	4.8	6.96
	LN SSV		/ 9	*		0.0	0.00	0.0	0.0			
	LN G1		/ 11	*		6.6	9.53	95.4	23.7			
11 G1	0.40	*	0.00	180.00	0.95	6.7	9.68	93.7	25.0	7.0	4.8	7.00
	LN GEN		/ 10	*		0.0	0.00	0.0	0.0			
	SYNM G1		/ 11	*		6.7	9.68	-93.7	25.0			
12 RWA	0.40	*	0.00	180.00	0.95	3.9	5.60	126.3	8.9	5.1	3.6	5.12
	LN F4		/ 13	*		3.9	5.60	126.3	8.9			
	LN F6		/ 14	*		0.0	0.00	0.0	0.0			
13 F4	0.40	*	0.00	180.00	0.95	5.6	8.03'	109.4	15.4	6.5	4.5	6.45
	LN RWA		/ 12	*		0.0	0.00	0.0	0.0			
	LN SSV		/ 9	*		5.6	8.03	109.4	15.4			
14 F6	0.40	*	0.00	180.00	0.95	3.9	5.58	126.5	8.9	5.1	3.5	5.11
	LN RWA		/ 12	*		3.9	5.58	126.5	8.9			
	ASYM F6		/ 14	*		0.0	0.00	0.0	0.0			
15 UV_1	0.40	*	0.00	180.00	0.95	3.1	4.55	138.0	6.8	4.4	3.0	4.35
	LN SSV		/ 9	*		3.1	4.55	138.0	6.8			
	LN F8		/ 16	*		0.0	0.00	0.0	0.0			
16 F8	0.40	*	0.00	180.00	0.95	3.1	4.52	138.2	6.7	4.3	3.0	4.33
	LN UV_1		/ 15	*		3.1	4.52	138.2	6.7			

Zusammenstellung der maximalen und minimalen Kurzschlussströme

Fehlerort	F1 (ASV-Sammelschiene)	F2 (GEN)	F3 (SSV)	F4 (nach Schalter Q6)	F5 (RWA)	F6 (nach Schalter Q7)	F7 (UV-1)	F8 (nach Schalter Q9)
$\Sigma\ I_{kmax}$ in kA	63,46	38,18	58,66	57,86	16,06	15,90	9,28	9,18
Teilkurzschlussstrom in kA anteilig	25,76 (T1)	23,01 (SSV)	44,82 (ASV)	56,39 (SSV)	14,63 (SSV)	14,47 (SSV)	9,28 (SSV)	9,18 (SSV)
	22,61 (T2)	16,59 (G1)	12,67 (GEN)					
	5,49 (RLT)							
	9,98 (SSV)							
$\Sigma\ I_{kmin}$ in kA	40,7	6,96	35,96	6,46	4,87	4,82	2,62	2,59
Teilkurzschlussstrom in kA anteilig	20,60 (T1)	6,96 (G1)	14,5 (T1)	6,46 (SSV)	4,87 (SSV)	4,82 (SSV)	2,62 (SSV)	2,59 (SSV)
	16,7 (T2)		16,1 (T2)					
	3,44 (SSV)		4,4 (GEN)					

Mit der Kenntnis der maximalen Kurzschlussströme werden nun die einzelnen Schutzeinrichtungen untereinander koordiniert.

1. Schritt: Q7 mit Q6

Q7 ist ein strombegrenzender Leistungsschalter mit mechanischem Überlast- und Kurzschlussauslöser. Um zueinander selektiv auszuschalten, muss die spezifische Durchlassenergie des Schalters kleiner sein als die Schmelzenergie des Sicherungseinsatzes von Schalter Q6. In **Bild 16.1** ist die Kurzschlussstrom-/Durchlassenergie-Kennlinie für den Schalter dargestellt. Bei einem Kurzschlussstrom von 14,46 kA beträgt die spezifische Durchlassenergie $1{,}5 \cdot 10^6\ \mathrm{A^2s}$. In **Tabelle 16.3** sind die spezifischen Schmelzenergien von Sicherungseinsätzen mit der Charakteristik gG dargestellt. Erforderlich ist eine Schmelzsicherung, deren Schmelzenergie größer ist als $1{,}5 \cdot 10^6\ \mathrm{A^2s}$. Dies wird durch eine Sicherung mit einem Nennstrom von 630 A erfüllt.

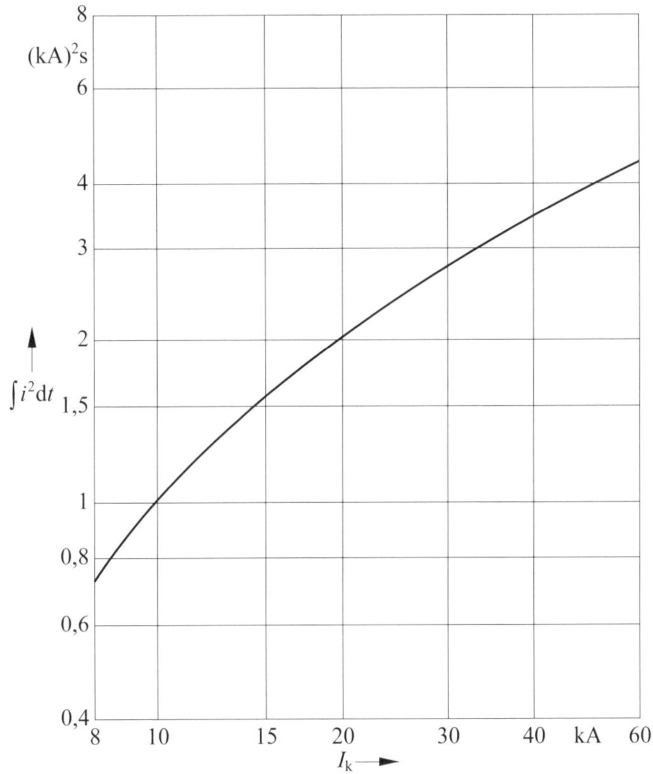

Bild 16.1 Spezifische Durchlassenergie als Funktion des Kurzschlussstroms für den Schalter Q7

I_n	$I^2 t_{min}$	$I^2 t_{max}$	$I^2 t_{min}$ (t_{vs} = 1 ms)
	für Selektivitätsprüfung		
	A²s	A²s	A²s
2	0,68	16,4	–
4	4,9	67,6	–
6	16,4	194	–
10	67,6	640	–
16	291	1 210	250
20	640	2 500	450
25	1 210	4 000	810
32	1 740	5 750	1 400
35	3 030	6 750	2 000
40	4 000	9 000	2 500
50	5 750	13 700	4 000
63	9 000	21 200	6 300
80	13 700	36 000	10 000
100	21 200	64 000	16 000
125	36 000	104 000	24 000
160	64 000	185 000	42 500
200	104 000	302 000	78 000
224	139 000	412 000	–
250	185 000	557 000	–
315	302 000	900 000	–
400	557 000	1 600 000	–
500	900 000	2 700 000	–
630	1 600 000	5 470 000	–
800	2 700 000	10 000 000	–
1 000	5 470 000	17 400 000	–
1 250	10 000 000	33 100 000	–

Tabelle 16.3 Spezifische Schmelzenergie von Sicherungseinsätzen mit der Charakteristik gG nach DIN EN 60269-1 (**VDE 0636-1**)

2. Schritt: Überprüfung der Ansprechsicherheit der 630-A-Sicherung

Mit den kleinsten Kurzschlussströmen wird überprüft, ob die Schutzmaßnahmen gegen gefährliche Körperströme eingehalten und die zulässige Kurzschlussdauer für das Notstromaggregat nicht überschritten werden. Der kleinste einpolige Kurzschlussstrom im Netzbetrieb beträgt 4,87 kA an der Fehlerstelle F5. Die zugehörige Ausschaltzeit liegt bei 6,29 s und somit über 5 s. Die Schutzmaßnahme bei indirektem Berühren für die Verteilung RWA ist damit nicht eingehalten.

Der kleinste dreipolige Kurzschlussstrom an der Fehlerstelle F5 beträgt im Notstrombetrieb 5,12 kA. Dies ergibt eine Ausschaltzeit von 5,17 s. Im Ergebnisausdruck „Fall 3" ist auch die Kurzschlussleistung angegeben. Am Fehlerort RWA beträgt sie 3,6 MVA. Mit dem zugehörigen Kurzschlusswinkel ergibt sich eine Wirkkomponente von $3{,}6\ \text{MVA} \cdot \cos(126{,}3°) = -2{,}13\ \text{MW}$ (das Minuszeichen bedeutet, dass es sich um eine Erzeugerleistung handelt). Das einspeisende Aggregat hat eine Leistung von 1,1 MVA. Mit dem Leistungsfaktor 0,8 ergibt sich eine Wirkkomponente von 880 kW. Das heißt, das Aggregat wird durch den Kurzschluss mit dem Faktor 2,4 für die Dauer von 5,17 s belastet. Stromerzeugungsaggregate reagieren sehr empfindlich auf starke Laständerungen. Bei der Kurzschlussdauer von 5,17 s und der Belastung mit 2,4-facher Nennleistung wird das Aggregat so stark abgebremst, dass die Drehzahlüberwachung des Motors das Aggregat abschaltet. Zur Aufrechterhaltung der Notstromversorgung ist es deshalb erforderlich, den Kurzschluss so schnell wie möglich und doch selektiv fortzuschalten. Dies erfordert den Einbau eines Leistungsschalters anstelle des Sicherungslasttrennschalters Q6.

3. Schritt: Wiederholung von Schritt 1 mit einem Leistungsschalter anstelle des Sicherungslasttrennschalters

Die Verzögerungszeit von Q6 muss länger sein als die Gesamtausschaltzeit von Q7. Die Gesamtausschaltzeit von Schalter Q7 beträgt laut Herstellerangaben 6 ms. Die kürzeste Verzögerungszeit von Q6 beträgt 80 ms. Da die Schalter Q6 und Q7 von unterschiedlichen Herstellern sind und der Schalter Q7 mit einem elektromechanischen Auslöser versehen ist, wird als Staffelzeit nicht 80 ms, sondern 150 ms gewählt. Der Stromeinstellwert ergibt sich aus dem kleinsten Kurzschlussstrom abzüglich eines Sicherheitsabschlags von 30 % für Herstellertoleranzen und sonstige nicht erfassbare Ungenauigkeiten. Der kleinste Kurzschlussstrom beträgt 4,87 kA. Der Stromeinstellwert errechnet sich zu $0{,}7 \cdot 4{,}87\ \text{kA} = 3{,}41\ \text{kA}$.

4. Schritt: Q9 mit Q8

Q9 ist ein strombegrenzender Leistungsschalter (Motorschutzschalter), $I_n = 16$ A, mit mechanischem Überlast- und Kurzschlussauslöser. Um zueinander selektiv auszuschalten, muss die spezifische Durchlassenergie des Schalters kleiner sein als die Schmelzenergie des Sicherungseinsatzes von Schalter Q8. In **Bild 16.2** ist die Kurzschlussstrom-/Durchlassenergie-Kennlinie für den Schalter dargestellt. Bei einem Kurzschlussstrom von 9,18 kA beträgt die spezifische Durchlassenergie $50 \cdot 10^3$ A^{2}s. In **Tabelle 16.3** sind die spezifischen Schmelzenergien von Sicherungseinsätzen mit der Charakteristik gG dargestellt. Erforderlich ist eine Schmelzsicherung, deren Schmelzenergie größer ist als $50 \cdot 10^3$ A^{2}s. Dies wird durch eine Sicherung mit einem Nennstrom von 160 A erfüllt.

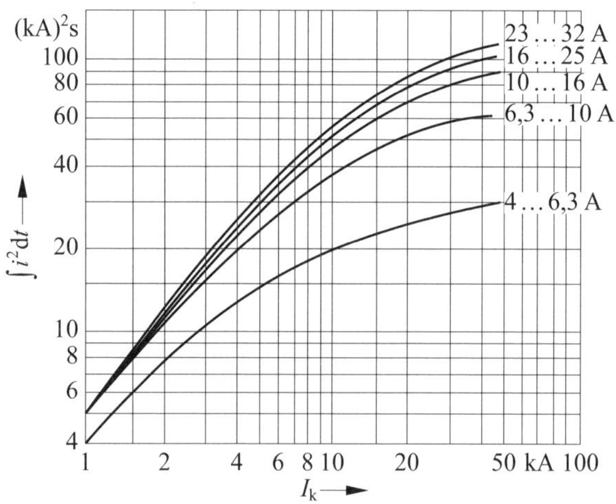

Bild 16.2 Spezifische Durchlassenergie als Funktion des Kurzschlussstroms für den Schalter Q9

5. Schritt: Überprüfung der Ansprechsicherheit der 160-A-Sicherung

Mit den kleinsten Kurzschlussströmen wird überprüft, ob die Schutzmaßnahmen gegen gefährliche Körperströme eingehalten und die zulässige Kurzschlussdauer für das Notstromaggregat nicht überschritten werden. Der kleinste einpolige Kurzschlussstrom im Netzbetrieb beträgt 2,62 kA an der Fehlerstelle F7. Die zugehörige Ausschaltzeit liegt bei 111 ms. Die Schutzmaßnahme bei indirektem Berühren für die Verteilung RWA ist damit eingehalten. Der kleinste dreipolige Kurzschlussstrom an der Fehlerstelle F7 beträgt im Notstrombetrieb 4,35 kA. Dies ergibt eine Ausschaltzeit von 17 ms. Die zulässige Kurzschlussdauer für das Aggregat wird nicht überschritten. Die selektive Staffelung für den betrachteten Abgang ist gegeben.

6. Schritt: Festlegung der Staffelzeiten und Stromeinstellwerte für die Schalter Q3 und Q4.1 (4.2)

Die Staffelzeiten richten sich nach den Gesamtausschaltzeiten von Schalter Q6 und dem Sicherungseinsatz von Q8. Die Gesamtausschaltzeit von Q6 setzt sich zusammen aus der Verzögerungszeit 150 ms, der Ausschaltzeit 50 ms und der Lichtbogendauer 15 ms (Herstellerangabe). Die erforderliche Verzögerungszeit für die Schalter Q3 und Q4.1 (Q4.2) muss über der Gesamtausschaltzeit liegen. Da die Schalter Q6, Q3 und Q4.1 (Q4.2) vom gleichen Hersteller *und* typgleich sind, können die Herstellerempfehlungen herangezogen werden. Die nächstmögliche Staffelzeit beträgt 220 ms.

Im Netzparallelbetrieb liegen die Schalter Q3 und Q4.1 (Q4.2) in Reihe. Bei einem Kurzschluss im ASV-Bereich würden beide Schalter (Q3 und Q4.1) auslösen. Der Schalter Q4.1 (Q4.2) muss deshalb zum Schalter Q3 selektiv gestaffelt werden. Für den Schalter Q4.1 (Q4.2) ergibt sich eine Staffelzeit von 300 ms.

Die Stromeinstellwerte ergeben sich aus den kleinsten Kurzschlussströmen, die bei einem Kurzschluss an der Fehlerstelle F3 über die einzelnen Einspeisungen fließen. Die kleinsten Teilkurzschlussströme ergeben sich im Netzbetrieb und im Netzparallelbetrieb. Im Netzbetrieb beträgt der Kurzschlussstrom 18,5 kA über Schalter Q3, im Netzparallelbetrieb 4,4 kA über Schalter Q4.1 (Q4.2). Mit dem Sicherheitsfaktor 0,7 ergibt sich für Schalter Q3 der Einstellwert 13 kA und für Schalter Q4.1 (Q4.2) 3,1 kA.

Schalter Q3 muss auch auslösen, wenn bei Netzparallelbetrieb ein Kurzschluss an der Fehlerstelle F1 auftritt. Wie bereits erwähnt, liefert der Generator – trotz des nicht herausgeführten Generatorsternpunkts – über die parallel geschalteten Transformatorsternpunkte Anteile zum einpoligen Kurzschlussstrom. Der vom Generator gelieferte einpolige Kurzschlussstrom beträgt 3,44 kA. Der Einstellwert beträgt dann $0{,}7 \cdot 3{,}44\ \text{kA} = 2{,}4\ \text{kA}$.

7. Schritt: Festlegung der Staffelzeiten und Stromeinstellwerte für die Schalter Q1, Q2 und Q5

Die Staffelzeiten richten sich nach den Gesamtausschaltzeiten der Schalter Q3 und Q4.1 (Q4.2). Für Q1 und Q2 ergeben sich Staffelzeiten von 300 ms; für Q5 muss die Staffelzeit 400 ms betragen.

Die Stromeinstellwerte ergeben sich aus den kleinsten Kurzschlussströmen, die bei einem Kurzschluss direkt an den Schaltern Q3 bzw. Q4.2 über die einzelnen Einspeisungen fließen. Die kleinsten Teilkurzschlussströme ergeben sich im Netzparallelbetrieb. Der Anteil von Transformator T1 beträgt 14,5 kA, von Transformator T2 beträgt dieser 16,1 kA und vom Generator 4,4 kA. Für die Schalter Q1 und Q2 ergeben sich damit Einstellwerte von 10,1 kA; für Schalter Q5 ergeben sich 3,1 kA.

Mit den berechneten Werten ergibt sich der folgende Staffelplan:

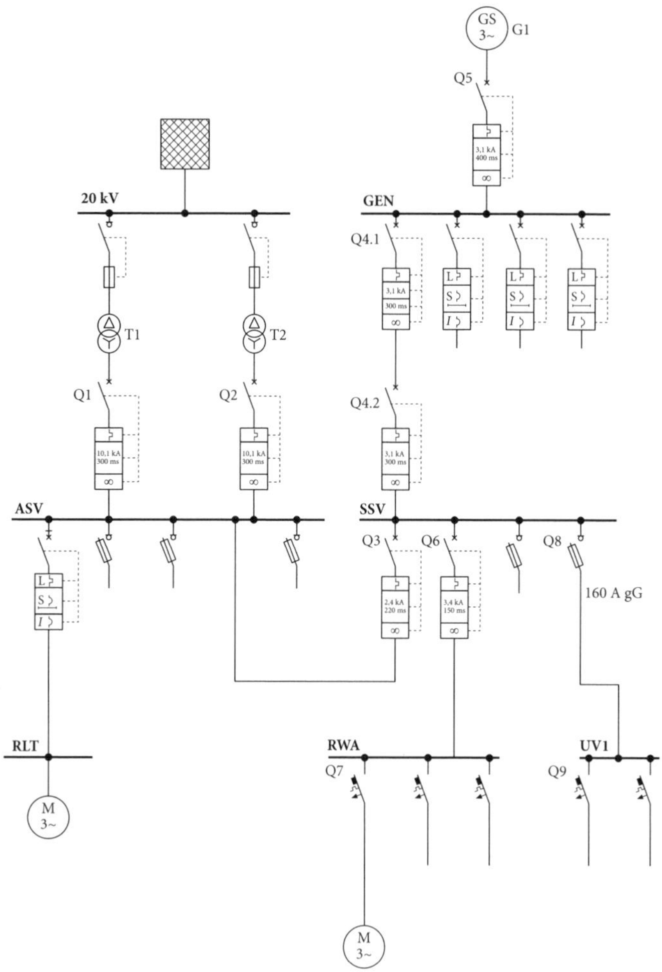

17 Blindstromkompensation

Bei der Blindstromkompensation wird durch Kondensatoren der Blindstrom, den Motoren, Leuchtstoffleuchten und dgl. benötigen, verbrauchernah bereitgestellt.

Durch die Blindstromkompensation können Stromkosten gesenkt werden. Zudem werden die Transformatoren, Kabel und Leitungen vom Blindstrom entlastet.

Die Kondensatoren können dem einzelnen Verbraucher direkt zugeordnet werden – man spricht dann von der Einzelkompensation – oder aber für alle Verbraucher zur sogenannten Zentralkompensation zusammengefasst werden. Zentralkompensationsanlagen werden im Allgemeinen als Regeleinheit verwendet, die, je nach Blindleistungsbedarf der eingeschalteten Verbraucher, Kondensatoren zu- bzw. abschaltet.

In allen Stromlieferungsverträgen der NB ist in irgendeiner Form die Blindleistung mit berücksichtigt (Leistungsfaktor, $\cos\varphi$). Vielfach verlangt der NB einen mittleren monatlichen Leistungsfaktor $\cos\varphi$ von 0,95.

In **Bild 17.1** sind die Stromvektoren einer unkompensierten Anlage ($\cos\varphi = 0{,}7$) und einer auf $\cos\varphi = 0{,}95$ kompensierten Anlage dargestellt.

Beim $\cos\varphi = 0{,}7$ besteht zwischen Wirkstrom und Scheinstrom ein Winkel von 46°, der sich bei einer Kompensation auf $\cos\varphi = 0{,}95$ auf 18° verringert.

Für die Berechnung gilt:

$$I = \sqrt{I_\mathrm{R}^2 + \left(I_L - I_C\right)^2}\,,$$

$$I = \frac{U}{Z},$$

$$Z = \frac{1}{\sqrt{\left(\frac{1}{R}\right)^2 + \left(\frac{1}{X_L} - \frac{1}{X_C}\right)^2}}.$$

Bei Wechselstrom:

$S = U \cdot I\,,$ — S Scheinleistung in VA,

$P = U \cdot I \cdot \cos\varphi = S \cdot \cos\varphi\,,$ — P Wirkleistung in W,

$Q = U \cdot I \cdot \sin\varphi = P \cdot \tan\varphi\,,$ — Q Blindleistung in var.

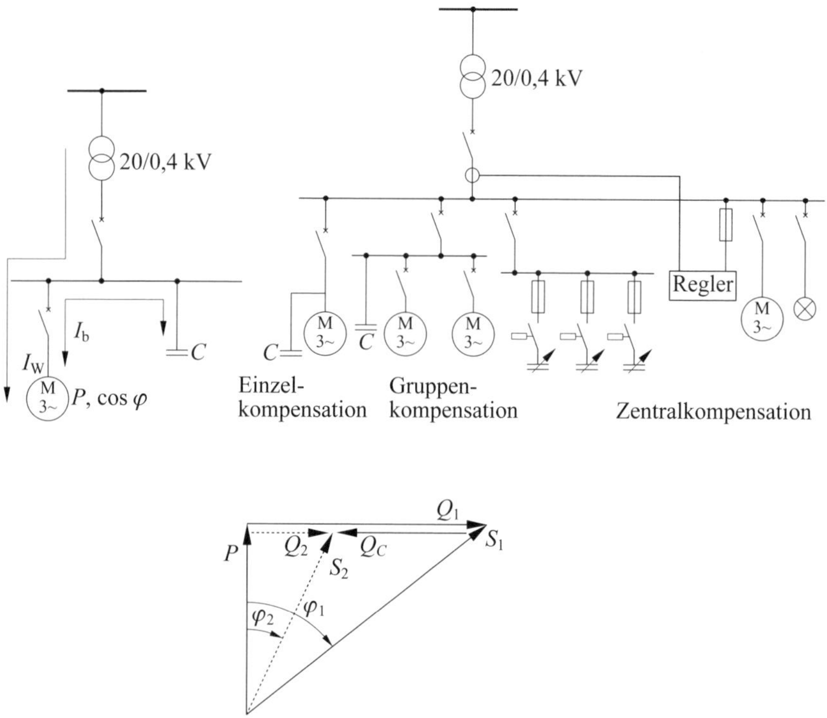

Bild 17.1 Blindstromkompensation

Bei Drehstrom:

$$S = \sqrt{3} \cdot U \cdot I,$$

$$P = \sqrt{3} \cdot U \cdot I \cdot \cos\varphi = S \cdot \cos\varphi,$$

$$Q = S \cdot \sin\varphi = P \cdot \tan\varphi.$$

Allgemein:

$$\cos\varphi_1 = \frac{P}{S} = \frac{I_R}{I};$$

$$\tan\varphi_2 = \frac{Q}{P} = \frac{I_L - I_C}{I_R}; \qquad \text{(siehe auch Kapitel 2.2)}$$

$$\tan\varphi_1 = \frac{Q_L}{P} = \frac{I_L}{I_R};$$

$$\tan\varphi_2 = \frac{Q_L}{P} = \frac{I_C}{I_R}; \qquad \tan\varphi_2 = \tan\varphi_1 - \tan\varphi;$$

$$Q_C = -P \cdot \tan\varphi_2; \qquad Q_C \text{ Kondensatorleistung in var;}$$

$$I_C = I_R \cdot \tan\varphi_2.$$

Aus Bild 17.1:

Vorhandener $\cos\varphi_1 = 0{,}7$ entspricht $\tan\varphi_1 = 1{,}02$ (mittels Rechner);

Wunsch $\cos\varphi = 0{,}95$ entspricht $\tan\varphi = 0{,}32$;

$$\tan\varphi_2 = \tan\varphi_1 - \tan\varphi = 1{,}02 - 0{,}32 = 0{,}7;$$

$$Q_C = -P \cdot \tan\varphi_2 = -P \cdot 0{,}7.$$

Beispiel 17a:

Für einen Produktionsbetrieb mit einer Leistungsspitze von 500 kW bei einem $\cos\varphi = 0{,}75$ ist eine Zentralkompensation vorzusehen. Welche Kondensatorleistung ist erforderlich, um einen $\cos\varphi = 0{,}95$ zu erreichen?

Rechengang:

vorhandener $\cos\varphi_1 = 0{,}75 \mathrel{\widehat{=}} \tan\varphi_1 = 0{,}88$,

Wunsch $\cos\varphi = 0{,}95 \mathrel{\widehat{=}} \tan\varphi = 0{,}32$,

$$\tan\varphi_2 = \tan\varphi_1 - \tan\varphi = 0{,}75 - 0{,}0 = 0{,}75,$$

$$Q_C = -P \cdot \tan\varphi_2 = -80 \text{ kW} \cdot 0{,}75 = -60 \text{ kvar}.$$

Beispiel 17b:

Ein Maschinenantrieb hat eine Leistung von 80 kW bei einem $\cos\varphi$ von 0,8. Für welchen Strom ist die Zuleitung zu dimensionieren

a) bei Einzelkompensation auf $\cos\varphi = 1$,

b) bei Zentralkompensation auf $\cos\varphi = 1$?

Welche Leistung muss der Kompensations-Kondensator haben?

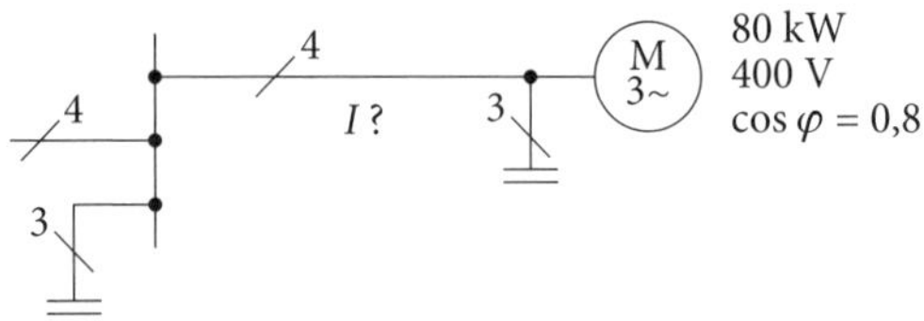

Rechengang:

Unkompensiert errechnet sich der Strom aus:

$$P = \sqrt{3} \cdot U \cdot I \cdot \cos\varphi \quad \rightarrow$$

$$I = \frac{P}{\sqrt{3} \cdot U \cdot \cos\varphi} = \frac{80\ \text{kW}}{\sqrt{3} \cdot 400\ \text{V} \cdot 0{,}8} = 144\ \text{A}\,.$$

a) Strom bei Einzelkompensation auf $\cos\varphi = 1$

$$I = \frac{P}{\sqrt{3} \cdot U \cdot \cos\varphi} = \frac{80\ \text{kW}}{\sqrt{3} \cdot 400\ \text{V} \cdot 1} = 115\ \text{A}\,.$$

b) Strom bei Zentralkompensation auf $\cos\varphi = 1$

Bei Zentralkompensation fließt in der Zuleitung zum Maschinenantrieb der gleiche Strom wie im unkompensierten Fall (144 A).

Kondensatorleistung:

$$\cos\varphi_1 = 0{,}8 \Rightarrow \tan\varphi_1 = 0{,}75,$$

$$\cos\varphi\ = 1 \quad \Rightarrow \tan\varphi\ = 0{,}0,$$

$$\tan\varphi_2 = \tan\varphi_1 - \tan\varphi = 0{,}75 - 0{,}0 = 0{,}75\,,$$

$$Q_C = -P \cdot \tan\varphi_2 = -80\ \text{kW} \cdot 0{,}75 = -60\ \text{kvar}\,.$$

Beispiel 17c:

Eine Leuchtstoffleuchte mit einer Lampenleistung von 65 W hat aufgrund des Vorschaltgeräts einen Leistungsfaktor $\cos\varphi = 0{,}5$. Welche Kondensatorengröße ist bei Parallelschaltung zur Leuchte erforderlich, um den Leistungsfaktor auf 0,95 zu verbessern?

Die Verlustleistung des Vorschaltgeräts beträgt 13 W.

Rechengang:

$$I_R = \frac{P_L + P_V}{U} = \frac{65\ \text{W} + 13\ \text{W}}{230\ \text{V}} = 0{,}34\ \text{A};$$

$$\cos\varphi_1 = 0{,}5 \ \hat{=} \tan\varphi_1 = 1{,}73,$$

$$\cos\varphi = 0{,}95 \ \hat{=} \tan\varphi = 0{,}33,$$

$$\tan\varphi_2 = \tan\varphi_1 - \tan\varphi = 1{,}73 - 0{,}33 = 1{,}4.$$

$$I_C = I_R \cdot \tan\varphi_2 = 0{,}34\ \text{A} \cdot 1{,}4 = 0{,}47\ \text{A},$$

$$I_C = C \cdot \omega \cdot U_C, \quad \text{(siehe Kapitel 3)}$$

$$C = \frac{I_C}{\omega \cdot U_C}; \qquad \omega = 2 \cdot \pi \cdot f = 2 \cdot 3{,}14 \cdot 50\ \frac{1}{\text{s}} = 314\ \frac{1}{\text{s}},$$

$$C = \frac{0{,}47\ \text{A}}{314\ \frac{1}{\text{s}} \cdot 230\ \text{V}} = 6{,}5\ \mu\text{F}.$$

18 Innenraum-Beleuchtungsanlagen
DIN EN 12464-1, DIN 5035-7, DIN 5034-1

Die europäische Norm EN 12464-1 „Beleuchtung von Arbeitsstätten in Innenräumen“ ist im Jahr 2003 erschienen und ersetzt damit die wesentlichen Teile der bisherigen DIN 5035 „Beleuchtung mit künstlichem Licht“. In Deutschland wurde die Norm DIN 5035-7 veröffentlicht.

Der Lichtplaner muss folgende neue und erhöhte Anforderungen beachten [23]. Er muss

1. die Größe und Lage des Bereichs der Sehaufgabe und des Umgebungsbereichs festlegen,
2. ein geeignetes Beleuchtungskonzept auswählen,
3. den Wartungsfaktor bestimmen und einen Wartungsplan erstellen,
4. geeignete Leuchten, Lampen und Betriebsgeräte auswählen,
5. die Reflexionsgrade der Raumbegrenzungsflächen und der Möblierung der Beleuchtungsanlage hinsichtlich des Wartungsfaktors und damit bezogen auf die Investitions- und Betriebskosten optimieren,
6. die Wartungswerte der Beleuchtungsstärke und die anderen lichttechnischen Gütemerkmale ermitteln,
7. die Beleuchtungsstärken für beide Sehbereiche berechnen,
8. die Begrenzung der Direktblendung nach dem neuen UGR-Verfahren (Unified Glare Rating) beurteilen und
9. bei Leuchten für Bildschirmarbeitsplätze die höheren Grenzausstrahlungswinkel und Leuchtdichtegrenzen berücksichtigen.

Licht ist elektromagnetische Strahlung im Wellenlängenbereich von 380 nm bis 780 nm, die mit dem relativen spektralen Hellempfindlichkeitsgrad des menschlichen Auges für das Tagessehen bewertet wird. Mithilfe von **Bild 18.1** werden die wichtigsten lichttechnischen Begriffe veranschaulicht.

Lampen sind technische Ausführungen von künstlichen Lichtquellen, die in erster Linie zur Lichterzeugung bestimmt sind, also leuchten und beleuchten sollen. Sie wandeln elektrische Energie in Licht um.

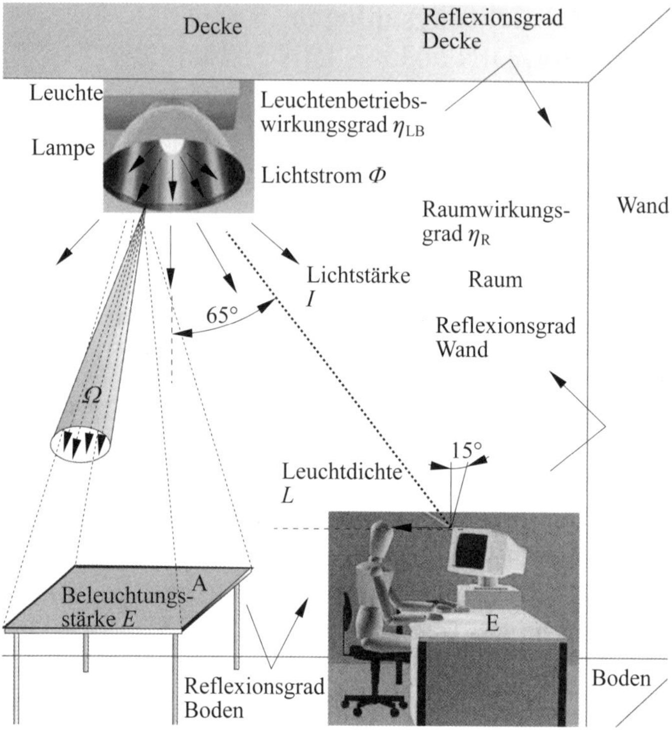

Bild 18.1 Schematische Darstellung verschiedener lichttechnischer Größen [2]

Leuchten haben die Aufgabe, den von einer Lichtquelle erzeugten Lichtstrom so zu beeinflussen, dass eine optimale Beleuchtung einer Anlage erreicht wird. Sie sind also elektrische Betriebsmittel, die Lampen und Zubehör enthalten und das von den Lampen ausgestrahlte Licht in die gewünschte Richtung lenken.

Lichtstrom Φ: Der Lichtstrom ist die von einer Quelle ausgestrahlte oder von einer Fläche empfangene Lichtleistung. Die abgegebene Strahlungsleistung der Lichtquelle wird mit der spektralen Empfindlichkeit des Auges bewertet. Der Lichtstrom wird in Lumen (lm) gemessen.

Lichtstärke I: Die Lichtstärke ist ein Maß für die räumliche Verteilung des Lichtstroms in eine Richtung, bezogen auf einen Raumwinkel. Das Lichtfeld der Lichtquellen wird in Lichtstärkeverteilungskurven (LVK) dargestellt und bezieht sich auf 1 000 lm für verschiedene Bezugsebenen. Die Angabe erfolgt in cd (Candela) = lm/sr (sr = Steradiant).

Leuchtdichte L: Die Leuchtdichte beschreibt das von einer Lichtquelle ausgehende Licht. Sie ist ein physikalisches Maß des Reizes, der den Helligkeitseindruck hervorruft und bestimmt bei großen Leuchtdichteunterschieden die Blendung. Die Einheit ist cd/m^2.

Beleuchtungsstärke E: Die Beleuchtungsstärke beschreibt den auf eine bestimmte Fläche auftretenden Lichtstrom. Sie wird in Lux (lx) angegeben und ist eine wichtige Dimensionierungsgröße für die Planung von Innenraumbeleuchtungsanlagen.

Lichtausbeute η: Die Lichtausbeute ist ein Maß für die Effektivität einer Lampe. Die Einheit ist lm/W.

Leuchtenwirkungsgrad η_L: Der Leuchtenwirkungsgrad kennzeichnet das Verhältnis des aus der Leuchte austretenden Lichtstroms zum abgegebenen Gesamtlichtstrom der Lampe.

Raumwirkungsgrad η_R: Der Raumwirkungsgrad ist das Verhältnis des von der Bezugsfläche empfangenen Lichtstroms zu der Summe der Gesamtlichtströme der einzelnen Leuchten der Beleuchtungsanlage in %.

Beleuchtungswirkungsgrad η_B: Der Beleuchtungswirkungsgrad fasst den Leuchtenwirkungsgrad und den Raumwirkungsgrad in % zusammen.

Lichtfarbe: Die Lichtfarbe einer Lampe bezieht sich auf die wahrgenommene Farbe des von ihr abgestrahlten Lichts. Sie wird durch ihre ähnlichste Farbtemperatur in Kelvin beschrieben.

18.1 Beleuchtungskonzepte

Der Lichtplaner muss sich mit dem Betreiber oder Nutzer über die Größe des Bereichs der Sehaufgabe abstimmen. Wenn der Bereich der Sehaufgabe nicht bekannt ist, muss derjenige Bereich angenommen werden, in dem die Sehaufgabe auftreten kann. Um den Bereich der Sehaufgabe schließt sich der unmittelbare Umgebungsbereich mit mindestens 0,5 m Breite an. Die Beleuchtungsstärke und die Helligkeit im weiteren Umfeld hängen von anderen Arbeitsplätzen/Sehaufgaben im Raum ab. Da in der DIN EN 12464-1 die Bereiche nicht genau abgegrenzt werden, legt DIN 5035-7 für drei Beleuchtungskonzepte die Größe und die Lage der Arbeitsbereiche und die Anforderungen dafür fest. Diese sind:

1. raumbezogene Beleuchtung,
2. arbeitsbereichsbezogene Beleuchtung und
3. teilflächenbezogene Beleuchtung.

18.1.1 Raumbezogene Beleuchtung

Hierunter versteht man eine gleichmäßige Beleuchtung des Raums. Damit werden überall etwa gleiche Sehbedingungen erreicht. Die Bewertungsebene entspricht der Grundfläche des Raums, jedoch bleibt ein Streifen von 0,5 m am Rand unberücksichtigt, wenn ausgeschlossen ist, dass dort Arbeitsplätze angeordnet werden.

Das Konzept „Raumbezogene Beleuchtung" bietet Vorteile, wenn

1. im gesamten Raum gleiche Sehbedingungen notwendig sind,
2. bei der Planung die örtliche Zuordnung und die räumliche Ausdehnung der Arbeitsbereiche nicht bekannt sind,
3. die Bildschirmarbeitsplätze variabel angeordnet werden sollen oder
4. im gesamten Raum eine gleichmäßige Lichtwirkung erzielt werden soll.

18.1.2 Arbeitsbereichsbezogene Beleuchtung

Bei diesem Konzept werden die Arbeitsbereiche und der Umgebungsbereich beleuchtet. In Büroräumen wird zwischen den Arbeitsbereichen Bildschirmarbeit, Besprechung und Lesetätigkeit an Schrank und Regalflächen unterschieden.

Der Arbeitsbereich ist nicht nur auf den eigentlichen Schreib- oder Besprechungstisch begrenzt. Es gehören auch Flächen dazu, auf denen Arbeitsmittel angeordnet sind, die dem unmittelbaren Fortgang der Arbeit dienen, und Flächen, die bei der funktions- und sachgerechten Ausübung der Tätigkeit für den Benutzer mindestens erforderlich sind. Die Benutzerflächen haben am Schreibtisch eine Mindesttiefe von 1,00 m, bei Besucher- und Besprechungsplätzen sind 0,80 m ausreichend. Dadurch, dass der Arbeitsbereich auch die Benutzerfläche umfasst, werden auch Sehaufgaben berücksichtigt, die in zurückgelehnter Sitz- oder stehender Arbeitshaltung ausgeführt werden. Dynamisches Sitzen im Wechsel zwischen vorgeneigter, mittlerer und zurückgelehnter Sitzposition sowie gelegentliches Stehen sind für ein ergonomisches Arbeiten von großer Bedeutung.

Das Konzept „Arbeitsbereichsbezogene Beleuchtung" bietet Vorteile, wenn

1. die Arbeitsaufgaben, Arbeitsplätze und damit die Arbeitsbereiche bekannt sind oder
2. Arbeitsplätze mit unterschiedlichen Aufgaben vorgesehen sind, die differenzierte Beleuchtungsbedingungen verlangen.

Die unterschiedlichen Helligkeitsniveaus der einzelnen Arbeitsbereiche und des Umgebungsbereichs schaffen Lichtzonen, welche die Atmosphäre des Raums positiv beeinflussen können. Bei der Planung muss jedoch besonders auf ausgewogene Leuchtdichteverhältnisse im Raum geachtet werden.

18.1.3 Teilflächenbezogene Beleuchtung

Bei diesem Konzept werden Teilflächen innerhalb der Arbeitsbereiche beleuchtet. Die Beleuchtungsstärke der Teilfläche soll deutlich höher sein als die des Arbeitsbereichs und einen weichen Übergang haben. Dieses Konzept kann mit Arbeitsplatzleuchten nach DIN 5035-8 realisiert werden.

„Teilflächenbezogene Beleuchtung“ bietet Vorteile, wenn

1. es erforderlich ist, die Beleuchtung innerhalb des Arbeitsbereichs an unterschiedliche Tätigkeiten bzw. Sehaufgaben anzupassen,
2. schwierige Sehaufgaben zu bewältigen sind,
3. die Beleuchtung an das individuelle Sehvermögen und andere Erfordernisse des Beschäftigten anpassbar sein soll oder
4. eine Individualisierbarkeit der Beleuchtungsbedingungen gewünscht wird.

Die Konzentration auf eine Teilfläche innerhalb des Arbeitsbereichs wird durch eine erhöhte Beleuchtungsstärke unterstützt.

Die Norm für Bildschirmarbeitsplätze enthält auch detaillierte Vorgaben für vertikale Beleuchtungsstärken zum Lesen von Beschriftungen auf Aktenordnern und Buchrücken in Schränken und Regalen und für zylindrische Beleuchtungsstärken zum Erkennen von Gesichtern, Mimik und Gestik als Voraussetzung für eine gute visuelle Kommunikation.

18.2 Wartungswert und Wartungsfaktor

Alle bisher in der DIN 5035 festgelegten Beleuchtungsstärken waren Nennwerte, d. h. örtliche und zeitliche Mittelwerte. Die Beleuchtungsanlage musste erst dann gewartet werden, wenn die Beleuchtungsstärke 80 % des Nennwerts erreicht hatte. Bei der Projektierung wurde der Lichtrückgang infolge von

1. Alterung der Lampen,
2. Verschmutzung der Lampen und Leuchten,
3. Ausfall von Lampen und
4. Verschmutzung der Raumbegrenzungsflächen und Oberflächen der Einrichtung durch genormte Planungsfaktoren berücksichtigt.

Für saubere Räume, wie Büros, wurde mit einem Planungsfaktor $p = 1{,}25$ gerechnet. Der Neuwert der Beleuchtungsanlage war damit 25 % höher als der Nennwert. Heute sind die in den neuen Normen (DIN 12464-1 und DIN 5035-7) festgelegten Beleuchtungsstärken als Wartungswerte angegeben, d. h. als Mindestwerte, nach deren Unterschreitung die Anlage gewartet werden muss. Im Gegensatz zu früher enthält die europäische Norm DIN EN 12464-1 keine zahlenmäßigen Empfehlungen zum Wartungsfaktor. Für die Innenraumbeleuchtung werden die Referenzwerte nach **Tabelle 18.1** empfohlen.

Referenz-Wartungsfaktor	Referenz-Nennwertfaktor	Anwendungsbeispiel
0,8	1,25	sehr sauberer Raum Anlage mit geringer jährlicher Nutzungszeit
0,67	1,5	sauberer Raum Jährlicher Wartungszyklus
0,57	1,75	Außenbeleuchtungsanlagen dreijähriger Wartungszyklus
0,5	2,00	Außenbeleuchtungsanlagen starke Verschmutzung

Tabelle 18.1 Empfohlene Referenzwartungswerte für die Innenraumbeleuchtung

18.3 Beurteilung der Begrenzung der Direktblendung

Blendung ist eine Störung durch zu hohe Leuchtdichten und/oder zu große Leuchtdichteunterschiede im Gesichtsfeld. Blendung kann das Sehen erheblich erschweren und verantwortlich sein für Unfälle, Ermüdung und Unbehagen. Bei der Beurteilung der Direktblendung wurde in Deutschland bisher die grafische Methode mit Leuchtdichte-Grenzkurven angewendet. Heute erfolgt die Bewertung nach der internationalen UGR-Methode.

Der UGR-Wert wird von folgenden Größen beeinflusst:

1. Raumgröße,
2. Leuchtdichte der Blendquelle (z. B. gesehene leuchtende Fläche einer Leuchte),
3. vom Beobachter aus gesehene Größe der Blendquelle,
4. Lage der Blendquelle im Gesichtsfeld und
5. Umfeldleuchtdichte.

Je größer der UGR-Wert, desto höher ist die Wahrscheinlichkeit der Blendung. Zur Feststellung der Normenkonformität dienen UGR-Tabellen, die von den Leuchtenherstellern zur Verfügung gestellt werden. Der Lichtplaner hat darauf zu achten, dass die projektierten Leuchten die in den Normen genannten UGR-Grenzwerte nicht überschreiten. Damit gestaltet sich die Anwendung des Verfahrens in der Praxis sehr einfach.

18.4 Lichttechnische Anforderungen

An eine Beleuchtungsanlage werden je nach Art und Schwierigkeit der Sehaufgabe Anforderungen an die

- Beleuchtungsstärke,
- Gleichmäßigkeit,
- Begrenzung der Blendung,
- Lichtrichtung und Schattigkeit,
- Lichtfarbe und Farbwiedergabe

gestellt.

18.5 Beleuchtungsstärke

Nach DIN 5035 „Beleuchtung mit künstlichem Licht“ bzw. den Arbeitsstättenrichtlinien 7/3 „Künstliche Beleuchtung“ ist an ständig besetzten Arbeitsplätzen eine Nennbeleuchtungsstärke von mindestens 200 lx, in Räumen oder Raumzonen, die dem ständigen Aufenthalt von Personen dienen, eine von mindestens 100 lx erforderlich. Die Nennbeleuchtungsstärke E_n ist die mittlere Beleuchtungsstärke im eingerichteten Raum oder in der einer bestimmten Tätigkeit dienenden Raumzone. Sie bezieht sich im Allgemeinen auf die horizontale Arbeitsfläche in 0,85 m Höhe über dem Fußboden.

Aus **Tabelle 18.2** sind die in DIN 5035-2 und DIN 5035-4 geforderten Nennbeleuchtungsstärken, abhängig von der Art des Raums bzw. der Tätigkeit, zu ersehen.

Beleuchtungsstärke	Raumart
50 lx	Verkehrswege für Personen, Lagerräume für gleichartiges oder großteiliges Lagergut
100 lx	Verkehrswege für Personen und Fahrzeuge, Treppen, Lagerräume mit Suchaufgabe, Empfangsräume, Pausen-, Umkleide-, Wasch- und Toilettenräume, Räume für haustechnische Anlagen, wie Heizung und Elektro
200 lx	Räume mit Publikumsverkehr, Kantinen, Arbeitsräume mit grober Sehaufgabe, wie Schmieden, Sägereien, Versand
300 lx	Büroräume mit tageslichtorientierten Arbeitsplätzen in Fensternähe, Unterrichtsräume, Besprechungsräume, Arbeitsräume mit mittlerer Sehaufgabe, wie Schlossereien, Metzgereien, Wäschereien
500 lx	Büroräume, spezielle Unterrichtsräume, wie Werk- und Bastelräume, Laboratorien; Arbeitsräume mit erhöhter Sehaufgabe, wie Schreinereien, Reparaturwerkstätten für Kleinteile
750 lx	Großraumbüros, Arbeitsplätze mit hoher Sehaufgabe, wie technisches Zeichnen, Fehlerkontrolle etc.
1 000 lx bis 1 500 lx	Arbeitsplätze mit sehr hoher Sehaufgabe, wie Herstellung von Schmuckwaren, Farbprüfung etc.

Tabelle 18.2 Nennbeleuchtungsstärken E_n für Innenräume

18.6 Berechnung der Beleuchtungsstärke

Die mittlere horizontale Beleuchtungsstärke $\overline{E}$ lässt sich am einfachsten nach dem Wirkungsgradverfahren berechnen:

$$\overline{E} = \frac{n \cdot \Phi \cdot \eta_B}{p \cdot A}$$

n Lampenanzahl

Φ Lichtstrom einer Lampe in lm (siehe **Tabelle 18.3**)

η_B Beleuchtungswirkungsgrad, $h_B = h_{LB} \cdot h_R$ (siehe **Tabelle 18.4** und **Tabelle 18.5**)

p Planungsfaktor, im Normalfall 1,25 (siehe Tabelle 18.7)

A beleuchtete Fläche in m^2; im Allgemeinen Grundfläche des Raums

Lampenleistung in W	25	40	60	75	100	150	200
Lichtstrom in lm	230	430	730	960	1380	2220	3150

Tabelle 18.3 Lichtstrom Φ von Lampen: Glühlampen – Allgebrauchslampen

Stabförmige Dreibanden-Leuchtstofflampen (Rohrdurchmesser 26 mm)								
Lampenleistung in W	15		18		36		58	
Lichtfarbe*	nw	ww	nw	ww	nw	ww	nw	ww
Lichtstrom in lm	1000	950	1450	1300	3450	3250	5400	5200

Stabförmige Standard-Leuchtstofflampen (Rohrdurchmesser 38 mm)						
Lampenleistung in W	20		40		65	
Lichtfarbe*	nw	ww	nw	ww	nw	ww
Lichtstrom in lm	1250	1150	3200	3000	5100	4800

* nw = neutralweiß, ww = warmweiß

Leuchtenart	η_{LB}
Leuchten für Leuchtstofflampen:	
Kastenleuchte • Abschlussscheibe getrübt	0,50 0,45
Wannenleuchte • Deckeneinbau (Abdeckung getrübt) • Deckenanbau (Abdeckung getrübt)	 0,50 (0,45) 0,65 (0,60)
Reflektorleuchte • Raster • Lamelle • offen	 0,68 0,73 0,80
Pendelleuchte	0,85
Leuchten für Glühlampen und Hochdruck-Entladungslampen:	
Reflektorleuchte • breitstrahlend geschlossen • breitstrahlend offen • tiefstrahlend geschlossen • tiefstrahlend offen	 0,60 0,65 0,65 0,70

Tabelle 18.4 Leuchtenbetriebswirkungsgrade η_{LB} (Mittelwerte)

Einlampige Leuchten haben meist höhere Wirkungsgrade als mehrlampige Leuchten.

Raumindex k	Beleuchtungsart							
	direkt		vorwiegend direkt		gleichförmig		vorwiegend indirekt	
	hell	dunkel	hell	dunkel	hell	dunkel	hell	dunkel
0,6	0,52	0,42	0,43	0,32	0,28	0,19	0,21	0,11
0,8	0,63	0,50	0,55	0,40	0,36	0,24	0,28	0,16
1	0,71	0,58	0,63	0,48	0,44	0,30	0,35	0,20
1,25	0,80	0,65	0,71	0,56	0,52	0,35	0,42	0,24
1,5	0,86	0,70	0,80	0,62	0,58	0,40	0,48	0,28
2	0,94	0,76	0,86	0,69	0,67	0,46	0,57	0,34
2,5	1,00	0,82	0,92	0,74	0,74	0,51	0,65	0,39
3	1,05	0,85	0,98	0,78	0,80	0,55	0,70	0,43
4	1,10	0,90	1,05	0,83	0,87	0,60	0,78	0,48
5	1,14	0,92	1,08	0,86	0,92	0,63	0,84	0,52

Tabelle 18.5 Raumwirkungsgrade η_R (Mittelwerte)

Der Raumwirkungsgrad ist abhängig von der Beleuchtungsart (direkt, indirekt), den Reflexionsgraden (hell, dunkel), den begrenzenden Flächen (Decke, Wände, Boden) und dem Raumindex k, der sich berechnen lässt aus:

$$k = \frac{a \cdot b}{h \cdot (a + b)};$$

a Raumbreite,

b Raumtiefe,

h Höhe der Leuchten über Nutzebene.

Ein Raum wird als „hell“ bezeichnet, wenn die Decke, die Wände und der Fußboden die Reflexionsgrade 0,8, 0,5 und 0,3 aufweisen (siehe **Tabelle 18.6**). Ein Raum wird als „dunkel“ bezeichnet, wenn die genannten Raumbegrenzungsflächen die Reflexionsgrade 0,5, 0,3 und 0,1 aufweisen.

Direkte Beleuchtung ist durch Decken-Einbauleuchten gegeben. Vorwiegend direkte Beleuchtung wird z. B. durch Wannen-Aufbauleuchten erreicht.

Gleichförmige Beleuchtung ergibt sich z. B. durch frei strahlende Pendelleuchten.

Vorwiegend indirekte Beleuchtung erzielt man z. B. durch nach unten abgedeckte Pendelleuchten.

Der Planungsfaktor p berücksichtigt die Verminderung der Beleuchtungsstärke durch Verschmutzung und Alterung von Lampen, Leuchten und Räumen (**Tabelle 18.7**).

Stoffart	ρ	**Farbe**	ρ
Aluminium, matt	0,58	beige	0,60
Aluminium, poliert	0,70	dunkelblau	0,10
Beton, hell	0,40	dunkelbraun	0,15
Beton, dunkel	0,20	dunkelgrau	0,15
Chrom, poliert	0,65	dunkelgrün	0,15
Holz, hell	0,40	dunkelrot	0,15
Holz, dunkel	0,17	gelb	0,60
Marmor, weiß	0,65	hellblau	0,50
Messing, matt	0,50	hellgrün	0,55
Messing, poliert	0,60	hellrot	0,40
Mörtel, hell	0,40	orange	0,35
Mörtel, dunkel	0,25	rosa	0,50
Sandstein	0,25	steingrau	0,45
Stahl, poliert	0,60	schwarz	0,06
Ziegel, hell	0,35	weiß	0,80
Ziegel, dunkel	0,20		

Tabelle 18.6 Reflexionsgrade ρ verschiedener Stoffe und Farben (Mittelwerte)

Zu erwartender Verschmutzungsgrad der Leuchten	p
normal	1,25
erhöht	1,43
stark	1,67

Tabelle 18.7 Planungsfaktor p nach DIN 5035-1

Beispiel 18a:

Ein Büroraum mit einer Grundfläche von 6 m × 5 m soll durch vier Leuchtstoffwannenleuchten, die mit je zwei Dreibanden-Leuchtstofflampen 58 W, neutralweiß, bestückt werden sollen, beleuchtet werden. Die Wannenleuchten sollen an die Decke montiert werden. Die Raumhöhe beträgt 2,65 m. Die Decke des Raums ist weiß gestrichen, die Wände sind beige. Der Fußboden besteht aus hellem Holz.

Wird die erforderliche mittlere Beleuchtungsstärke von 500 lx durch die vier Leuchten gewährleistet?

Rechengang:

$$E = \frac{n \cdot \Phi \cdot \eta}{p \cdot A};$$

n Lampenzahl = 4 · 2 = 8,

Φ Lichtstrom einer Lampe aus Tabelle 18.3 = 5 400 lm,

η_B Beleuchtungswirkungsgrad = $\eta_{LB} \cdot \eta_R$,

η_{LB} aus Tabelle 18.4 für Wannenleuchte bei Deckenanbau = 0,65,

η_R aus Tabelle 18.5.

- Berechnung des Raumindex k:

$$k = \frac{a \cdot b}{h \cdot (a + b)};$$

a Raumbreite 6 m;

b Raumtiefe 5 m;

h Höhe der Leuchten über Nutzebene 2,65 m – 0,85 m = 1,8 m.

$$k = \frac{6\text{ m} \cdot 5\text{ m}}{1{,}8\text{ m} \cdot (6\text{ m} + 5\text{ m})} = 1{,}5;$$

- Beleuchtungsart bei Wannen-Aufbau-Leuchten ist vorwiegend direkt;
- Raum „hell“, da Reflexionsgrade laut Tabelle 18.6 für weiße Decke 0,8, beige Wände 0,6 und hellen Holzfußboden 0,4 betragen und somit größer bzw. gleich den Werten 0,8/0,5/0,3 sind.

Daraus ergibt sich: $\eta_R = 0{,}8$,

$$\eta_B = \eta_{LB} \cdot \eta_R = 0{,}65 \cdot 0{,}8 = 0{,}52;$$

p Planungsfaktor für Büroräume nach Tabelle 18.7 = 1,25,

A Grundfläche des Raums = 6 m × 5 m = 30 m^2.

$$\overline{E} = \frac{n \cdot \Phi \cdot \eta_B}{p \cdot A} = \frac{8 \cdot 5\,400\text{ lm} \cdot 0{,}52}{1{,}25 \cdot 30\text{ m}^2} = 599\text{ lx}.$$

18.7 Erforderliche Leuchtenanzahl *z*

Bei vorgegebener Nennbeleuchtungsstärke E_n kann die erforderliche Leuchtenanzahl *z* der ausgewählten Leuchte wie folgt bestimmt werden:

$$z = \frac{E_n \cdot p \cdot A}{a \cdot \Phi \cdot \eta_B};$$

E_n Nennbeleuchtungsstärke (siehe Tabelle 18.2),

p Planungsfaktor, im Normalfall 1,25 (siehe Tabelle 18.7),

A beleuchtete Fläche in m^2 (Grundfläche des Raums),

a Anzahl der Lampen je Leuchte ($a \cdot z = n$, siehe Kapitel 18.6),

Φ Lichtstrom einer Lampe in lm (siehe Tabelle 18.3),

η_B Beleuchtungswirkungsgrad $\eta_B = \eta_{LB} \cdot \eta_R$ (siehe **Tabelle 18.4** und **Tabelle 18.5**)

Beispiel 18b:

Ein heller Flur mit einer Länge von 20 m und einer Breite von 1,8 m soll mit breitstrahlenden geschlossenen Reflektorleuchten, die mit je 2 × 75 W Glühlampen bestückt sind, beleuchtet werden. Die Montagehöhe der Leuchten beträgt 2,5 m.

Wie viele Leuchten *z* sind erforderlich, um eine Nennbeleuchtungsstärke von 50 lx zu gewährleisten?

$$z = \frac{E_n \cdot p \cdot A}{a \cdot \Phi \cdot \eta_B};$$

$E_n = 50$ lx,

$p = 1{,}25$ (Tabelle 18.7),

$A = 20\ \text{m} \cdot 1{,}8\ \text{m} = 36\ \text{m}^2$,

$a = 2$,

$\Phi = 960$ lm (Tabelle 18.3),

$\eta_B = \eta_{LB} \cdot \eta_R$,

$\eta_{LB} = 0{,}60$ (Tabelle 18.4).

η_R aus Tabelle 18.5.

- $k = \dfrac{a \cdot b}{h(a+b)}$; $a = 20$ m, $b = 1{,}8$ m, $h = 2{,}5$ m $- 0{,}2$ m $= 2{,}3$ m,

  $$k = \frac{20 \cdot 1{,}8}{2{,}3\,(20 + 1{,}8)} = 0{,}7;$$

- Beleuchtungsart bei breitstrahlenden Reflektorleuchten ist vorwiegend direkt
- Flur „hell“ (vorgegebene Annahme).

Daraus ergibt sich:
η_R (bei $k = 0{,}6$) $= 0{,}43$,
η_R (bei $k = 0{,}8$) $= 0{,}55$,
η_R (bei $k = 0{,}7$) $= 0{,}49$ (Mittelwert),

$$\eta_B = \eta_{LB} \cdot \eta_R = 0{,}60 \cdot 0{,}49 = 0{,}294,$$

$$z = \frac{E_n \cdot p \cdot A}{a \cdot \Phi \cdot \eta_B} = \frac{50 \cdot 1{,}25 \cdot 36}{2 \cdot 960 \cdot 0{,}294} = 4.$$

Falls es sich um einen fensterlosen Flur handelt, ist es wirtschaftlicher, Leuchtstofflampen einzusetzen, à 15 W bis 20 W.

18.8 Gleichmäßigkeit der Beleuchtung

Zur Erzielung einer ausgewogenen Leuchtdichteverteilung sollte für die horizontale Nutzebene im Arbeitsraum bzw. in der einer bestimmten Tätigkeit dienenden Raumzone eine Gleichmäßigkeit der Beleuchtungsstärke von $E_{min} : \overline{E}$ von etwa $1 : 1{,}5$ eingehalten werden.

Um diese Gleichmäßigkeit zu erreichen, darf der Längs- und Querabstand der Leuchten voneinander die in **Tabelle 18.8** enthaltenen Werte nicht überschreiten. Die angegebenen Längs- und Querabstände gelten für Räume mit den Reflexionsgraden 0,7/0,5/0,2 für Decke/Wände/Boden. Sie sind für zwei unterschiedliche Raumhöhen (2,5 m und 3 m) angegeben. Werte für abweichende Raumhöhen können durch Interpolation ermittelt werden. Die horizontale Nutzebene wurde mit 0,85 m über Boden berücksichtigt.

Leuchtenart	Raumhöhe	quer	längs
Leuchten für Leuchtstofflampen			
Kastenleuchte	2,5 m 3,0 m	2,7 m 3,6 m	1,2 m 1,5 m
Wannenleuchte	2,5 m 3,0 m	3,5 m 4,5 m	1,2 m 1,5 m
Reflektorleuchte	2,5 m 3,0 m	2,8 m 3,7 m	1,2 m 1,5 m

Tabelle 18.8 Leuchtenabstände für $E_{min} : \overline{E} = 1:1,5$ (Mittelwerte)

Beispiel 18c:

Bei der Büroraumbeleuchtung nach Beispiel 18a soll der Längsabstand der Leuchten voneinander 1,3 m, der Querabstand 2,0 m betragen. Wird die geforderte Gleichmäßigkeit erreicht (Leuchtstoffwannenleuchte, Raumhöhe 2,75 m)?

Lösung:

Die maximalen Längsabstände für 2,5 m und 3 m Raumhöhe betragen nach Tabelle 18.8 1,2 m bzw. 1,5 m. Daraus ergibt sich für eine Raumhöhe von 2,75 m ein höchstzulässiger Längsabstand von 1,35 m (Mittelwert). Die maximalen Querabstände für 2,5 m und 3 m Raumhöhe betragen nach Tabelle 18.8 3,5 m bzw. 4,5 m. Daraus ergibt sich für eine Raumhöhe von 2,75 m ein höchstzulässiger Querabstand von 4,0 m.

In beiden Fällen ist der gewünschte Montageabstand der Leuchten geringer als der zulässige. Die Forderung nach Gleichmäßigkeit ist somit erfüllt.

18.9 Begrenzung der Blendung

Blendung kann durch die Leuchte bzw. Lampe selbst (Direktblendung) oder durch die Spiegelung hoher Leuchtdichten auf glänzende Flächen (Reflexblendung) hervorgerufen werden. Durch geeignete Maßnahmen, z. B. Bauart der Leuchten und Anordnung der Leuchten, ist die Blendung zu begrenzen.

18.9.1 Begrenzung der Direktblendung

Abhängig von der Art des Raums bzw. der Tätigkeit werden nach DIN 5035 Innenraumbeleuchtungsanlagen in drei Güteklassen, die Anforderungen an die Begrenzung der Direktblendung enthalten, eingestuft (**Tabelle 18.9**):

Güteklasse 1: hohe Anforderungen;

Güteklasse 2: mittlere Anforderungen;

Güteklasse 3: geringe Anforderungen.

Güteklasse	Art des Raums bzw. der Tätigkeit
1	Arbeiten mit erhöhter Sehaufgabe ($E_n \geq 500$ lx), Büroräume, Besprechungsräume, Unterrichtsräume, Verkaufsräume etc.
2	Arbeiten mit mittlerer Sehaufgabe ($E_n \sim 300$ lx), Kfz-Werkstätten, Schlossereien, Bauschreinereien, Maschinenhallen, Küchen, Treppen etc.
3	Arbeiten mit geringer Sehaufgabe ($E_n \approx 100$ lx), Flure, Lagerräume, Haustechnikräume etc.

Tabelle 18.9 Güteklasse der Begrenzung der Direktblendung

Die Direktblendung gilt als ausreichend begrenzt, wenn die mittlere Leuchtdichte der Leuchten im für die Blendung kritischen Winkelbereich $45° \leq \gamma \leq 85°$ (siehe **Bild 18.2**) die Werte der Leuchtdichtegrenzkurven nach **Bild 18.3** und **Bild 18.4** nicht überschreitet.

Die Grenzkurven müssen für Ausstrahlungswinkel $\gamma \geq 45°$ bis zu dem Winkelwert eingehalten werden, der sich im Raum aufgrund des maximalen Abstands a und h_s ergibt (Bild 18.2).

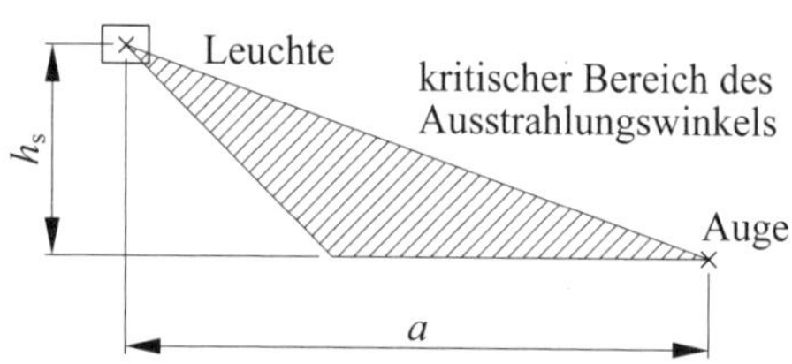

Bild 18.2 Ausstrahlungsbereich einer Leuchte, in dem die Leuchtdichtebegrenzung eingehalten werden muss

a ist der horizontale Abstand zwischen Beobachterauge und der am weitesten entfernten Leuchte im Raum

h_s ist der senkrechte Abstand zwischen Augenhöhe (1,20 m/1,65 m bei sitzender/stehender Tätigkeit) und Leuchte

Güteklasse	Gültig für Nennbeleuchtungsstärke (lx)							
1	2 000	1 000	750	500	≤300			
2				2 000	1 000	500	≤300	
3					2 000	1 000	500	≤300

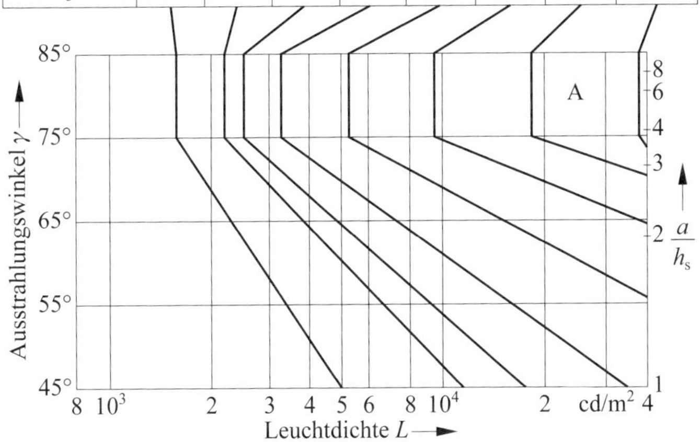

Bild 18.3 Leuchtdichtegrenzkurven für lang gestreckte Leuchten, die parallel zur Blickrichtung montiert sind und Leuchten ohne leuchtende Seitenteile sowie Leuchten, deren leuchtende Seitenteile nicht höher als 30 mm sind

Güteklasse	Gültig für Nennbeleuchtungsstärke (lx)							
1	2 000	1 000	750	500	≤300			
2				2 000	1 000	500	≤300	
3					2 000	1 000	500	≤300

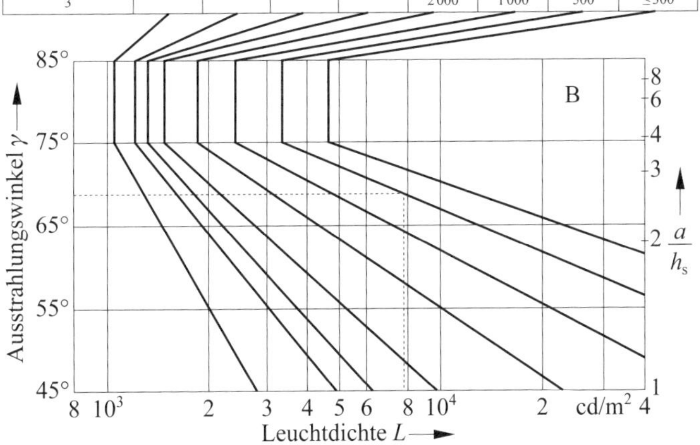

Bild 18.4 Leuchtdichtegrenzkurve für quer zur Blickrichtung angeordnete lang gestreckte, quadratische und runde Leuchten mit leuchtenden Seitenteilen, z. B. frei strahlende Leuchten und Wannenleuchten

Die Grenzkurven sind mit den Leuchtdichteverteilungskurven der beiden Hauptebenen (Leuchtenlängsachse *parallel* bzw. *quer* zur Blickrichtung) der Leuchte zu vergleichen (siehe **Bild 18.5** und **Bild 18.6**). Da die Leuchtdichteverteilungskurven auf 1 000 lm bezogen sind, müssen die aus den Kurven entnommenen Werte mit dem Lichtstrom der in der Leuchte eingesetzten Lampen in klm multipliziert werden.

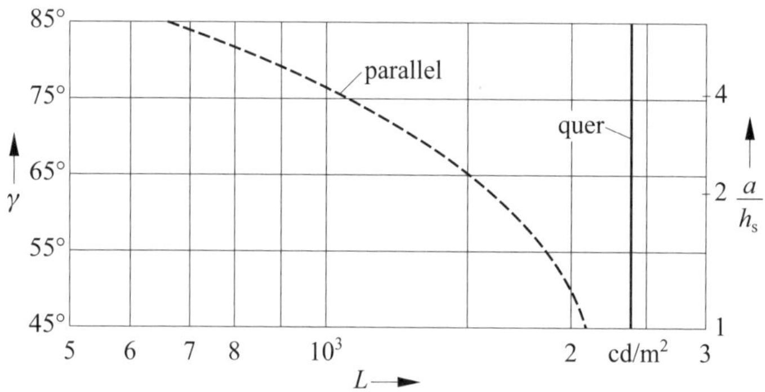

Bild 18.5 Leuchtdichteverteilungskurve für 1 klm Lampenlichtstrom einer frei strahlenden 40-W-Leuchtstoffleuchte

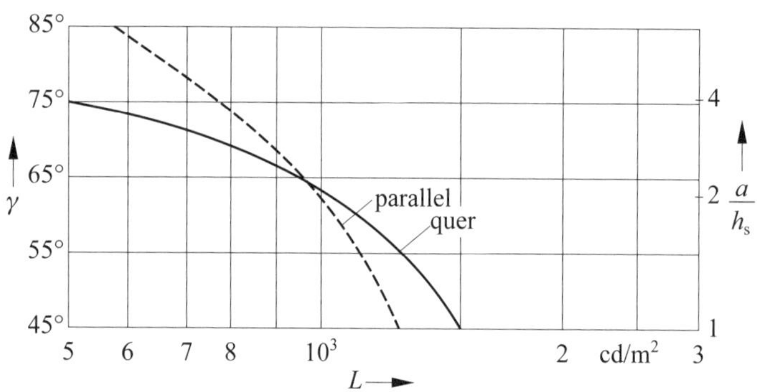

Bild 18.6 Leuchtdichteverteilungskurve für 1 klm Lampenlichtstrom einer 40-W-Reflektor-Leuchtstoffleuchte

Beispiel 18d:

In einer Kfz-Werkstatt sollen frei strahlende 40-W-Leuchtstoffleuchten montiert werden. Bis zu welchem Ausstrahlungswinkel γ sind die Leuchten im Hinblick auf die Direktblendung geeignet, bei einer mittleren Beleuchtungsstärke von 300 lx und einem Lampenlichtstrom von 3 200 lm?

Lösung:

Die Blendungsbegrenzung in Kfz-Werkstätten muss nach Tabelle 18.9 der Güteklasse 2 entsprechen.

Für die quer zur Blickrichtung angeordnete Leuchte beträgt die Leuchtdichte für den gesamten kritischen Ausstrahlungsbereich nach Bild 18.5:

$2\,400\ \text{cd/m}^2 \cdot 3{,}2$ (Lampenlichtstrom in klm) $= 7\,680\ \text{cd/m}^2 \approx 0{,}77 \cdot 10^4\ \text{cd/m}^2$.

Nach Bild 18.4 erlaubt die Grenzkurve (für die Güteklasse 2 und eine Beleuchtungsstärke von 300 lx) bei einer Leuchtdichte von $0{,}77 \cdot 10^4\ \text{cd/m}^2$ einen Ausstrahlungswinkel von maximal 68° für eine Leuchte quer zur Blickrichtung (siehe ---- Linie). Für die parallel zur Blickrichtung angeordneten Leuchten sind die Verhältnisse wesentlich günstiger (siehe Bild 18.3).

Bemerkung: Frei strahlende Leuchtstoffleuchten dürfen, wie aus den Grenzkurven hervorgeht, nicht in allen Bereichen verwendet werden. Für Büroräume und dgl., die bezüglich der Blendungsbegrenzung unter die Güteklasse 1 fallen, eignen sich frei strahlende Leuchtstoffleuchten im Allgemeinen nicht. Frei strahlende Glühlampen haben eine noch wesentlich höhere Leuchtdichte als Leuchtstofflampen; sie sind deshalb grundsätzlich abzuschirmen.

Beispiel 18e:

In einem Büroraum sollen Reflektor-Leuchtstoffleuchten nach Bild 18.6 montiert werden. Das Verhältnis a/h_s beträgt 4. Ergibt sich dabei eine unzulässige Direktblendung, bei parallel zur Blickrichtung angeordneten Leuchten?

Lichtstrom der Lampen 6 400 lm, Beleuchtungsstärke 500 lx.

Lösung:

Die Blendungsbegrenzung in Büros muss nach Tabelle 18.9 der Güteklasse 1 entsprechen.

Für die parallel zur Blickrichtung angeordnete Leuchte beträgt die Leuchtdichte für das Verhältnis $a/h_s = 4$ nach Bild 18.6:

$0{,}75 \cdot 10^3\ \text{cd/m}^2 \cdot 6{,}4$ (Lampenlichtstrom in klm) $= 4{,}8 \cdot 10^3\ \text{cd/m}^2$.

Nach Bild 18.3 ist bei dem Verhältnis $a/h = 4$, der Güteklasse 1 und einer Beleuchtungsstärke von 500 lx eine Leuchtdichte von maximal $3{,}3 \cdot 10^3\ \text{cd/m}^2$ zulässig. Die Leuchtdichte der Reflektor-Leuchtstoffleuchte ist mit $4{,}8 \cdot 10^3\ \text{cd/m}^2$ höher als nach Bild 18.3 zulässig. Es müsste deshalb eine Leuchte mit Lamellenraster verwendet werden, um die Blendung parallel zur Blickrichtung weiter zu begrenzen.

Die Leuchtdichteverteilungskurven derartiger Leuchten sind den Herstellerangaben zu entnehmen.

18.9.2 Begrenzung der Reflexblendung

Reflexblendung entsteht durch Lichtreflexe, die auf glänzenden Oberflächen von Arbeitsplätzen (Papier etc.) entstehen. Sie kann zu Kontrastminderung und Blendstörung und damit zu verschlechterten Sehbedingungen führen.

Reflexblendung kann durch folgende Maßnahmen eingeschränkt werden:

- helle Decken und Wände;
- Anordnung der Leuchten seitlich vom Arbeitsplatz;
- Verwendung von Leuchten mit geringer Leuchtdichte für die kritischen Ausstrahlungsrichtungen.

18.10 Lichtrichtung und Schattigkeit

Von der Art des Lichteinfalls hängen die Schattenbildung und das Entstehen von Reflexblendung ab.

Durch eine Allgemeinbeleuchtung erhält man geringe Schattentiefe und weiche Schattenränder, die störende Körperschatten (Kopf- und Handschatten) vermeiden. Nur in Sonderfällen, in denen das Erkennen der Körperlichkeit eines Gegenstands von großer Bedeutung ist, ist eine ausgeprägte Schattigkeit durch gerichtetes Licht erwünscht.

18.11 Lichtfarbe und Farbwiedergabe

Leuchtstofflampen werden bezüglich ihrer Lichtfarbe in drei Gruppen eingeteilt:

ww – → warmweiß;

nw – → neutralweiß;

tw – → tageslichtweiß.

Für Arbeitsstätten ist die Lichtfarbe „nw“ zu bevorzugen; für Büros auch die Lichtfarbe „ww“. Bei Arbeitsplätzen, die der Farbbemusterung dienen, empfiehlt sich die Lichtfarbe „tw“.

Zur Bewertung der Farbwiedergabeeigenschaft dient der allgemeine Farbwiedergabeindex. Sein Maximalwert beträgt 100. Je niedriger der Farbwiedergabeindex, desto schlechter ist die Farbwiedergabeeigenschaft. Für die praktische Anwendung ist der Farbwiedergabeindex in sechs Stufen unterteilt 1 a bis 4, **Tabelle 18.10**.

Index	100 … 90	… 80	… 70	… 60	… 40	… 20
Stufe	1 A	1 B	2 A	2 B	3	4

Tabelle 18.10 Farbwiedergabe

Bei der Kennzeichnung der Lichtfarbe von Leuchtstofflampen gibt die erste Ziffer an, welchen Farbwiedergabeindex die Lampe hat; eine 9 z. B. steht für 90 … 100, also 1 A, eine 8 für 80 … 90, also 1 B usw. Die beiden letzten Ziffern geben die Farbtemperatur an: eine 27 z. B. steht für 2 700 K, eine 30 für 3 000 K usw.

19 Projektierung einer Lagerhalle

Ziel dieser Anlagenprojektierung

Nach dem Durcharbeiten dieses Buchs und Bearbeitung der kleinen Aufgaben zu jedem Thema sind Sie in der Lage, das Fachwissen zu folgenden Themen zu beherrschen und bei der Anlagenplanung einzusetzen:

- Anwendung von Gesetzen, Normen und Vorschriften,
- Grundlagen des Personenschutzes,
- Aufbau von Niederspannungsnetzen,
- Beherrschung der Projektierungsschritte,
- Berechnungen von elektrotechnischen Anlagen,
- Dimensionierung von kleinen Schaltanlagen und Verteilern,
- Einsatz und Bedienung von verschiedenen Software-Programmen,
- Erstellung und Dokumentation der Schaltungsunterlagen.

Technische Vorbemerkungen

Als Anlagenplanung ist eine Lagerhalle vorgesehen. Die Lagerhalle wird von einer Transformatorstation gespeist. Über ein direkt verlegtes Erdkabel wird die Versorgung sichergestellt. Die Messeinrichtung und die automatische Kompensationsanlage, die den $\cos\varphi$ regelt, sind in der Hauptverteilung HV2 aufgebaut. Motoren mit 5,5 kW sind direkt und 11 kW über ein Stern-Dreieck-Verfahren angelassen.

Die Umgebungstemperatur beträgt 30 °C.

Die Versorgungsspannung beträgt 230/400 V, 50 Hz. Der maximale Spannungsfall darf 4 % der Gesamtanlage nicht überschreiten. Verteilungen werden mit separatem Neutral- und Schutzleiter ausgerüstet und müssen erweiterungsfähig sein und sollen eine minimale Platzreserve von 30 % aufweisen. Die Leitungen sind an separaten Neutral- und Schutzleiterklemmen anzuschließen. Jede Leitung und jedes Kabel ist an einer eigens gekennzeichneten Klemme anzuschließen.

Die Überstrom-Schutzeinrichtungen müssen mindestens ein Schaltvermögen von 6 kA bei 400 V haben. Der Aufbau und die Auslegung müssen selektiv sein.

Die zur Anwendung kommenden Schutzmaßnahmen sind Schutz durch Abschaltung mit Hauptpotentialausgleich. Als Schutzmaßnahme ist ein TN-System vorzusehen.

Der Fundamenterder ist zwingend vorgeschrieben. Die Haupterdungsklemme und eine Anschlussfahne werden im Bereich des Hauptverteilers angebracht. Alle Verteiler sind gemäß DIN EN 61439-1 (**VDE 0660-600-1**) anzufertigen. Weiterhin sind

a) Vergabe- und Vertragsordnung für Bauleistungen VOB, Teil C, elektrische Leitungsanlagen in Gebäuden,
b) DIN 18014 Fundamenterder – Allgemeine Planungsgrundlagen,
c) DIN 18015-1 Elektrische Anlagen in Wohngebäuden – Teil 1: Planungsgrundlagen,
d) DIN 18012 Haus-Anschlusseinrichtungen – Allgemeine Planungsgrundlagen,
e) Technische Anschlussbedingungen TAB 2007,
f) das VDE-Vorschriftenwerk des VDE Verband der Elektrotechnik, Elektronik, Informationstechnik e. V. in der jeweils neuesten, gültigen Fassung, insbesondere DIN VDE 0100, DIN VDE 0298-4 und DIN EN 60909-0 (**VDE 0102**),
g) die behördlichen und gesetzlichen Vorschriften zur Unfallverhütung,
h) die einschlägigen DIN-Normen, sofern diese die Bauleistungen der Gewerke betreffen,
i) sonstige herstellerspezifische Verarbeitungs- und Ausführungsvorschriften,
j) die aus der Baugenehmigung resultierenden Auflagen für den baulichen Brandschutz

zu beachten.

Schutzmaßnahmen

- Abschaltung erfolgt durch Überstrom-Schutzeinrichtungen (SPD),
- RCD-Schutzschalter sind mit einem Nennfehlerstrom von 30 mA für alle Steckdosenstromkreise vorzusehen,
- Überspannungsschutz der Anforderungsklasse SPD 1, SPD 2 und SPD 3 im Hausanschlusskasten, im Zählerbereich und in den Endstromkreisen sind zu installieren,
- Erdungsanlagen und Hauptpotentialausgleich sind zu errichten.

Stromkreisaufteilung:

Getrennte Stromkreise für:

1. Licht (Leistungen mit 2 × 58 W),
2. Schukosteckdosen (Leistungen mit einfach 8 × 200 W),
3. je Großgerät > 2 kW Anschlusswert,
4. je Drehstromkreis > 4,4 kW Anschlusswert,
5. für WS-Motoren < 1,4 kW direkter Anschluss,
6. für DS-Motoren < 5,5 kW direkter Anschluss,
7. Drehstrom-CEE-Steckdosen sind mit 16 A und 32 A zu installieren.

Die Planung der elektrischen Gebäudeausrüstung soll nach der HOAI erfolgen, soweit die Anlagen in der DIN 276 in den verschiedenen Kostengruppen vorhanden sind.

Nach DIN 276 sollten in jedem Projekt folgende Punkte behandelt werden:

1. Vorschriften,
2. Schemata,
3. Installationsplan und Legenden,
4. Verteilerplan,
5. Verfahrensanweisungen in den Leistungsphasen.

Themen, über die die Fachplaner Kenntnisse haben sollten:

1. Beschreibung der Anlagenplanung,
2. Ermittlung des Leistungsbedarfs,
3. Auswahl von Gleichzeitigkeitsfaktoren,
4. Verwendung von DIN-, VDE-, EN-, IEC-Normen,
5. Bestimmung der Planungsgrundlagen,
6. Festlegung der Planungsschritte,
7. elektrische Energieverteilung und -versorgung von Gebäuden,
8. Aufbau von Verteilungen,
9. Planung von Installationsplänen,
10. Planung von Übersichtsschaltplänen,
11. Einsatz von Schutzeinrichtungen,
12. Schutzmaßnahmen,

13. Schutz durch Abschaltung,
14. Kurzschlussberechnung,
15. Schutz von Leitungen und Kabeln bei Überstrom,
16. Kennzeichnung von Leitungen,
17. Tabellen für Kabel und Leitungen,
18. Selektivität und Back-up-Schutz,
19. Spannungsfallberechnung,
20. Schaltungsunterlagen,
21. Haus- und Anschlusseinrichtungen in Gebäuden,
22. Festlegung der Verteilerplätze,
23. Planung und Bestimmung von Fundamenterder, Schutzleiter und Potentialausgleichsleiter,
24. elektrische Anlagen in Wohngebäuden,
25. Bemessung von Motorenzuleitungen und Schutzeinrichtungen,
26. Blindleistungskompensation,
27. Beleuchtungsanlagen,
28. Blitzschutz,
29. Kommunikationsanlagen,
30. Brandmelde- und Überfallmeldeanlagen,
31. Sicherheitstechnik,
32. Dokumentation des Projekts.

Schaltplan für die Projektierung

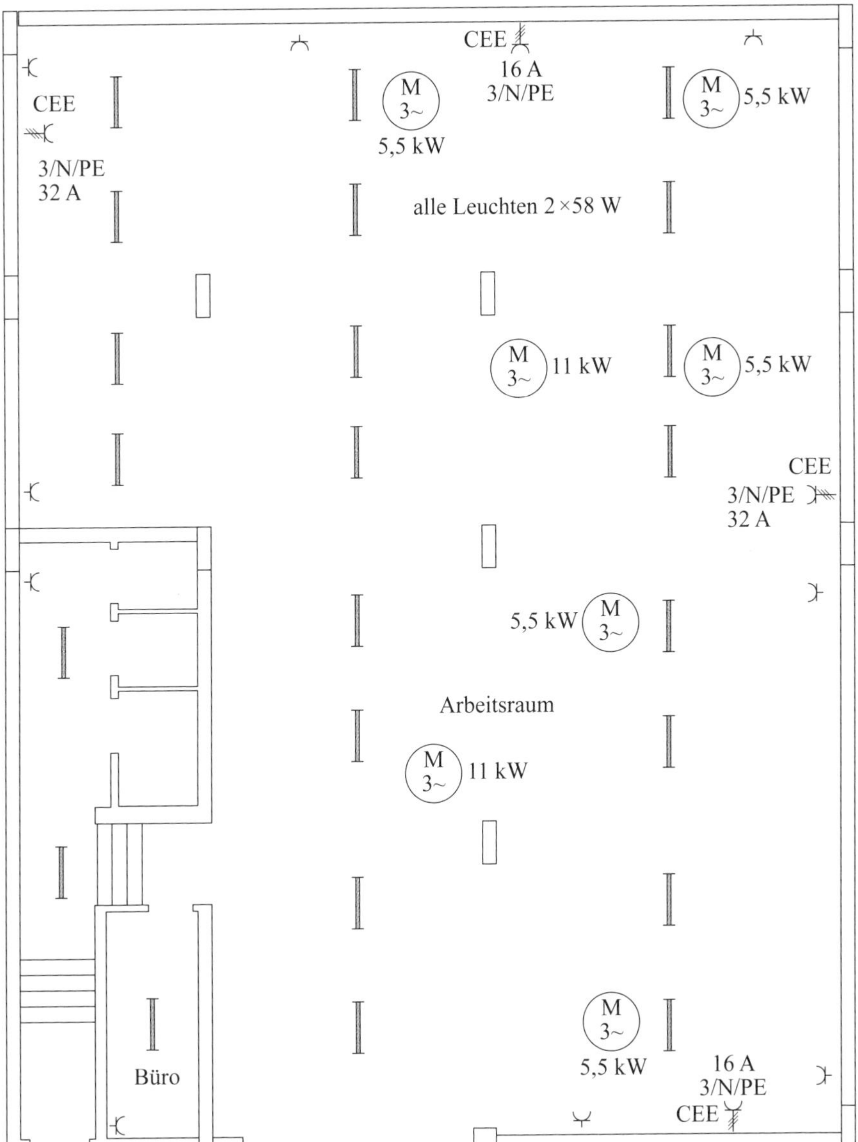

Bild 19.1 Installationsplan

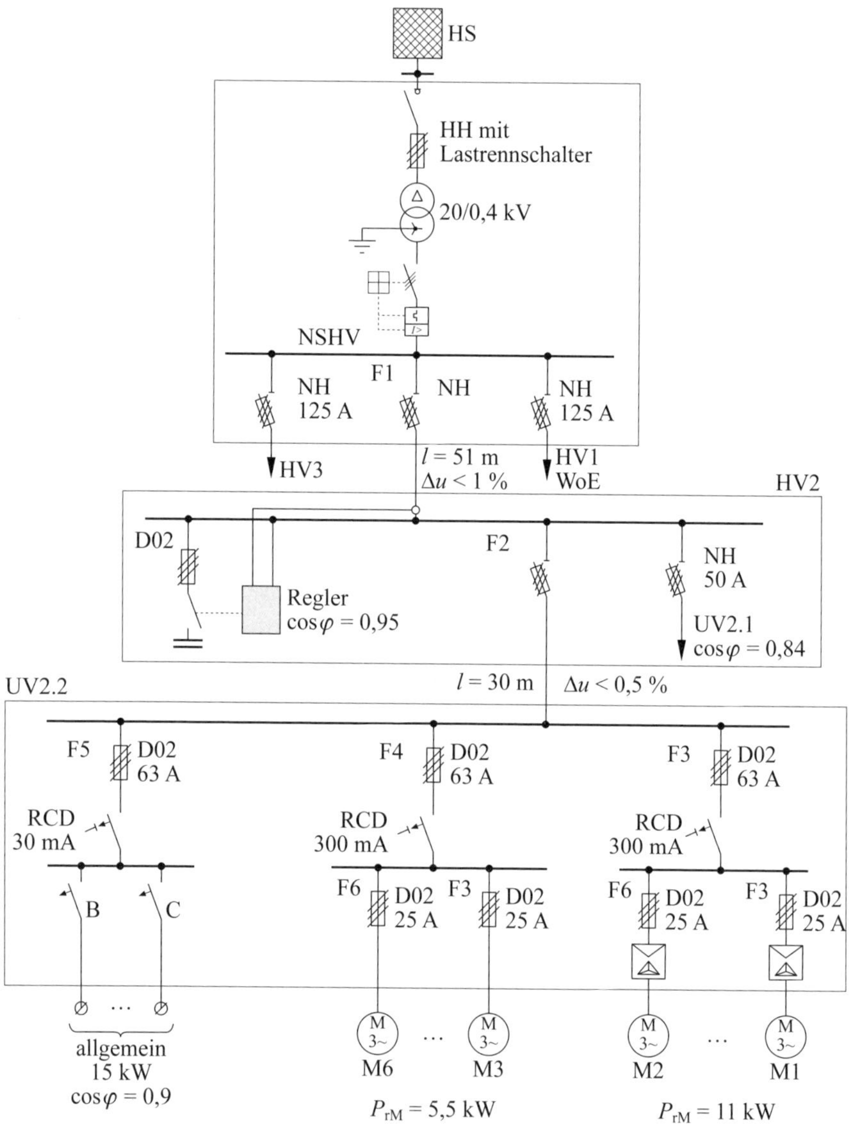

Bild 19.2 Übersichtsschaltplan

Fragen

Bestimmen Sie für den Motor M1:

1. die kleinste gG-Sicherung für die Zuleitung zum Motor M1 bei Direktanlauf, $I_A = 6 \cdot I_{rM}$, $t_A = 5$ s,
2. den für die Zuleitung M1 thermisch erforderlichen Querschnitt (NYM, zwei Leitungen im Kanal, 25 °C),
3. den für die Zuleitung M1 wegen des Spannungsfalls erforderlichen Querschnitt ($l = 55$ m, 4 % ab dem Transformator),
4. den für die Zuleitung M1 wegen des Spannungsfalls erforderlichen Querschnitt (6 % ab dem UV2.2, $\cos\varphi = 0{,}37$).
5. Wählen Sie aus 2. bis 4. den zu verlegenden Querschnitt und bestimmen Sie bei einer angenommenen Vorimpedanz am UV2.2 die für den Kurzschlussschutz kritische Länge ($Z_{UV2.2} = 100$ mΩ).
6. Führen Sie den rechnerischen Nachweis für den Kurzschlussschutz von Leitung M1.
7. Ist für M1 bei Körperschluss der *Schutz durch Abschaltung* gewährleistet? Mit Begründung.
8. Wie groß ist auf der gewählten Zuleitung M1 der Leitungsverlust und bei Vollbetrieb (8 760 h) die Jahresverlustarbeit? Welche Konsequenz ziehen Sie bei einem Arbeitspreis von 18 ct/kWh?

Bestimmen Sie (ohne Reserve!, Selektivität beachten):

9. den Betriebsstrom und mittleren $\cos\varphi$ vom UV2.2 (Gleichzeitigkeitsfaktoren von Motoren = 1),
10. die Sicherungen F2 bis F5 und RCD Q3 bis Q5. Führen Sie den Selektivitätsnachweis durch,
11. für die Leitung zum UV2.2 ohne PEN-Reduzierung mit der Verlegeart C
    a) den thermisch erforderlichen Querschnitt,
    b) den wegen des Spannungsfalls erforderlichen Querschnitt,
    c) die gewählte Leitung und den tatsächlichen Spannungsfall;
12. den Bemessungsstrom zum HV2 und zur Sicherung F1,
13. für die Leitung zum HV2, alle Fragen wie bei 11, jedoch mit PEN-Reduzierung, Verlegung in Rohr und in Erde,
14. den verfügbaren Spannungsfall ab dem UV2.2.

15. HV1 versorgt ein Mehrfamilienhaus. Wie viele Wohneinheiten sind laut DIN 18015 mit und ohne Warmwasserbereitung zulässig?
16. Die Transformatordaten wie S_{rT}, I_{rT}, R_T, X_T bei $u_k = 6\ \%$,
17. den dreipoligen, den einpoligen Kurzschluss und den Stoßkurzschlussstrom an der Transformatorschiene,
18. die Schleifenimpedanz
    a) bis HV2 und
    b) bis UV2.2;
19. den Schutz durch Abschaltung
    a) am HV2 und
    b) am UV2.2.

Bitte machen Sie Vorschläge, falls der Schutz durch Abschaltung nicht erfüllt wäre.

20. Wie viele Reihen muss UV2.2 einschl. Reihenklemmen und 30 % Reserve haben?
21. Zeichnen Sie die Stromkreisbezeichnungen der Betriebsmittel im Grundrissplan ein.
22. Zeichnen Sie einen normgerechten Übersichtsschaltplan der eingezeichneten Elektroinstallationen.
23. Zeichnen Sie Verteilerpläne von UV2.2.

Geltende Normen: DIN VDE 0100

Berechnungen für den Motor M1

1. *Gesucht* wird die kleinste gG-Sicherung für die Zuleitung des Motors.

   Gegeben: Anlaufstrom $I_A = 6 \cdot I_{rM}$ und Anlaufzeit $t_A = 5$ s

   $P_{M1,ab} = 11$ kW, $\eta = 0{,}84$.

   Als Erstes muss die abgegebene Leistung des Motors 1 berechnet werden:

$$P_{zu} = \frac{P_{ab}}{\eta} = \frac{11\ \text{kW}}{0{,}84} = 13{,}095\ \text{kW}\,.$$

   Weiter wird der Nennstrom des Motors M1 benötigt:

$$I_{rM} = I_n = \frac{P_{zu}}{\sqrt{3} \cdot U \cdot \cos\varphi} = \frac{13\,095{,}2\ \text{W}}{\sqrt{3} \cdot 400\ \text{V} \cdot 0{,}84} = 22{,}5\ \text{A}\,.$$

   Der dazugehörige Anlaufstrom beträgt: $I_A = 6 \cdot I_{rM} = 6 \cdot 22{,}5\ \text{A} = 135\ \text{A}$.

a) Per Diagramm

Aus dem Diagramm kann der Bemessungsstrom der Sicherung abgelesen werden:

x-Achse: 135 A (Anlaufstrom), y-Achse: 5 s (Abschaltzeit)

→ abgelesen: 40 A (Bemessungsstrom der gG-Sicherung)

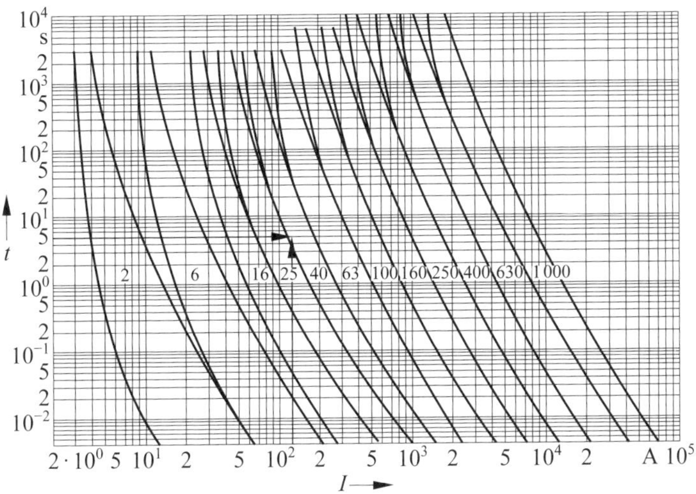

Bild 19.3 Zeit-Strom-Kennlinien für gG-Sicherungen

b) Durch Berechnung:

$I_n = 2 \cdot I_{rM} = 2 \cdot 22{,}5\ \text{A} = 45\ \text{A} \Rightarrow$ gewählt: gG-Sicherung 40 A.

Der unter b) ermittelte Sicherungswert ist höher als der Nennstrom der gewählten Sicherung. Sicherungen haben i. d. R. ±6 %…10 % Abweichung!

2. *Gesucht* wird der thermisch erforderliche Querschnitt.

Gegeben: NYM, zwei Leitungen im Kanal, 25 °C.

Hier werden meist die Umrechnungsfaktoren bestimmt:

f_1: Umgebungstemperatur 25 °C, für eine zulässige Betriebstemperatur am Leiter von 70 °C, z. B. aus Tabelle 9.3: $f_1 = 1{,}06$,

f_2: Anzahl der Leitungen im Kanal 2, für die Verlegeart B1 (Verlegung in Elektro-Installationskanal), z. B. aus Tabelle 9.3: $f_2 = 0{,}80$.

Die Strombelastbarkeit ergibt sich mithilfe der Umrechnungsfaktoren:

$$I'_{\mathrm{b}} = \frac{I_{\mathrm{b}}}{f_1 \cdot f_2} = \frac{22{,}5\ \mathrm{A}}{1{,}06 \cdot 0{,}80} = 26{,}53\ \mathrm{A}.$$

Der Überlastschutz wird so dargestellt:

$I_{\mathrm{B}} \leq I_{\mathrm{n}} \leq I_{\mathrm{z}} \;\Rightarrow\; 22{,}5\ \mathrm{A} \leq 25\ \mathrm{A} \leq 28\ \mathrm{A}.$

Der Querschnitt ist aus Tabelle 9.2 für B1/3 abzulesen:

$I'_{\mathrm{z}} = 28\ \mathrm{A},\quad I_{\mathrm{n}} = 25\ \mathrm{A},\quad S = 4\ \mathrm{mm}^2.$

Anmerkung: Der Motorschutz wird auf den Betriebsstrom 22,5 A eingestellt. Die Sicherung übernimmt den Kurzschlussschutz und ein thermisches Überstromrelais ist für den Überlastschutz zuständig.

3. *Gesucht* wird der erforderliche Querschnitt unter Berücksichtigung des Spannungsfalls an der Zuleitung zum Motor M1 ab dem Transformator.

   Gegeben: Leitungslänge $l = 55$ m, Spannungsfall 4 % ab dem Transformator,

   Spannungsfall: Transformator bis HV2: 1 %, HV2 bis UV2.2: 0,5 %.

   Berechnet wird der zulässige Spannungsfall:

   $\Delta U_{\mathrm{zul}} = 4\ \% - 1\ \% - 0{,}5\ \% = 2{,}5\ \% \;\Rightarrow\; \Delta U = 400\ \mathrm{V} \cdot 2{,}5\ \% = 10\ \mathrm{V}.$

   Daraus berechnet sich der erforderliche Querschnitt:

$$S = \frac{\sqrt{3} \cdot l \cdot I_{\mathrm{rM}} \cdot \cos\varphi \cdot R}{\kappa \cdot \Delta U} = \frac{\sqrt{3} \cdot 55\ \mathrm{m} \cdot 22{,}5\ \mathrm{A} \cdot 0{,}84 \cdot 1{,}12}{56\,\dfrac{\mathrm{m}}{\Omega\,\mathrm{mm}^2} \cdot 10\ \mathrm{V}} = 3{,}6\ \mathrm{mm}^2.$$

   Gewählt: $S = 4\ \mathrm{mm}^2$;

   Reduktionsfaktor bei 50 °C: $R_{50\,°\mathrm{C}} = R_{20\,°\mathrm{C}} \cdot \left(1 + \alpha_{20\,°\mathrm{C}} + \Delta T\right) = 1{,}12.$

4. *Gesucht* wird der erforderliche Querschnitt unter Berücksichtigung des Spannungsfalls an der Zuleitung zum Motor M1 ab dem UV2.2.

   Gegeben: Spannungsfall ab dem UV2.2: 6 %, $\cos\varphi = 0{,}37$,
   Anlaufstrom $I_{\mathrm{A}} = 6 \cdot I_{\mathrm{rM}} = 6 \cdot 22{,}5\ \mathrm{A} = 135\ \mathrm{A}$.

   Der erforderliche Querschnitt wird berechnet:

$$S = \frac{\sqrt{3} \cdot l \cdot I_{\mathrm{A}} \cdot \cos\varphi \cdot 1{,}12_{50\,°\mathrm{C}}}{\kappa \cdot U} = \frac{\sqrt{3} \cdot 55\ \mathrm{m} \cdot (6 \cdot 22{,}5\ \mathrm{A}) \cdot 0{,}37 \cdot 1{,}12}{56\,\dfrac{\mathrm{m}}{\Omega\,\mathrm{mm}^2} \cdot 24\ \mathrm{V}} = 3{,}96\ \mathrm{mm}^2;$$

   Gewählt: $S = 4\ \mathrm{mm}^2$.

5. *Gesucht* wird der zu verlegende Querschnitt und die für den Kurzschlussschutz kritische Länge (Vorimpedanz am UV2.2 berücksichtigen).

   Gegeben: Vorimpedanz am UV2.2: $Z_{UZ2.2} = 100\ \text{m}\Omega$, $\text{Querschnitt}_{2\text{-}4} = 4\ \text{mm}^2$.

   Aus z. B. DIN VDE 0100 Beiblatt 5 Tabelle 3 wird die maximal zulässige Länge ermittelt:

   mit Vorimpedanz $Z_{UV2.2} = 100\ \text{m}\Omega$, $S = 4\ \text{mm}^2$, $I_n = 40\ \text{A} \rightarrow$ maximal zulässige Länge $l_{zul,max.} = 94\ \text{m}$.

   Anmerkung: Das Ergebnis gilt nur für gG-Sicherungen, LS-Schalter mit B-Charakteristik haben andere Werte.

6. *Gesucht* wird der rechnerische Nachweis für den Kurzschlussschutz von der Leitung zum Motor M1.

   Berechnet wird die Gesamtimpedanz vom Motor zum Transformator:

$$Z_g = Z_{UV2.2} + \frac{2 \cdot l \cdot 1{,}56}{\kappa \cdot S} = 100\ \text{m}\Omega + \frac{2 \cdot 55\ \text{m} \cdot 1{,}56}{56\ \frac{\text{m}}{\Omega\,\text{mm}^2} \cdot 4\ \text{mm}^2} = 0{,}866\ \Omega.$$

   Anmerkung: Nach DIN EN 60909-0 (**VDE 0102**) kann für den einpoligen Kurzschlussschutz eine Temperatur zwischen 80 °C und 160 °C für PVC-Leitungen eingesetzt werden.

   Der minimale einpolige Kurzschlussstrom wird zur Prüfung der Abschaltbedingung berechnet:

$$I''_{k1min} = I_F = \frac{c \cdot U_n}{\sqrt{3} \cdot Z_G} = \frac{0{,}9 \cdot 400\ \text{V}}{\sqrt{3} \cdot 0{,}866\ \Omega} = 240\ \text{A}.$$

   Die Abschaltbedingung wird mithilfe der Zeit-Strom-Kennlinie bestimmt:

   Für $I_n = 40\ \text{A}$ (obere Kennlinie): x-Achse: $I_F = 253\ \text{A}$, y-Achse: $t_A = 2\ \text{s}$ (Abschaltzeit, aus Diagramm),

   zulässige Abschaltzeit (Materialbeiwert für Kupfer $k = 115\ \frac{\text{A}\sqrt{\text{s}}}{\text{mm}^2}$):

$$t_{zul} = \left(\frac{k \cdot S}{I_F}\right) = \left(\frac{115\ \frac{\text{A}\sqrt{\text{s}}}{\text{mm}^2} \cdot 4\ \text{mm}^2}{240\ \text{A}}\right) = 3{,}67\ \text{s}.$$

   Bedingung: $t_A < t_{zu}$ (2 s < 3,67 s) ist erfüllt.

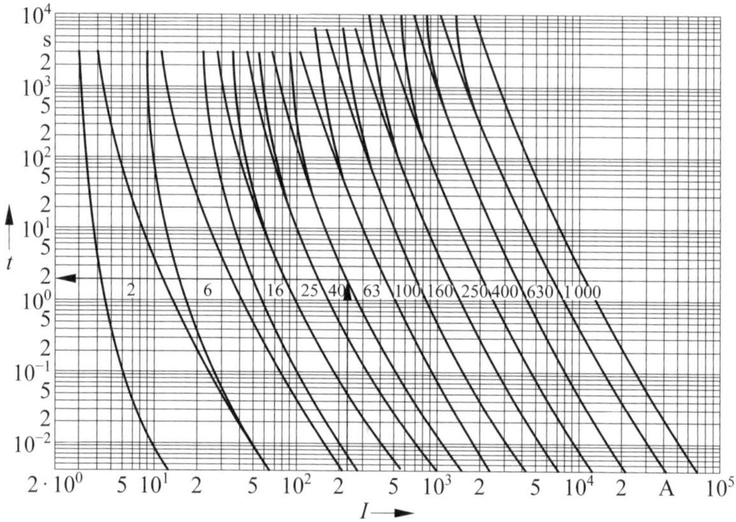

Bild 19.4 Zeit-Strom-Kennlinien für gG-Sicherungen

7. *Gesucht:* Ist der Schutz durch Abschalten bei Körperschluss gewährleistet?
   1. Die Abschaltzeit ist kürzer als die zulässige Abschaltzeit.
   2. Der RCD schaltet innerhalb von 0,2 s ab.
   3. Sollte der RCD defekt sein, gilt Punkt 1.

8. *Gesucht* werden die Leitungsverluste und die Jahresverlustarbeit bei Vollbetrieb (8 760 h).

   Gegeben: Arbeitspreis 18 ct/kWh.

   Die berechnete Verlustleistung ist:

$$P_\text{V} = 3 \cdot I^2 \cdot \frac{l}{\kappa \cdot s} = 3 \cdot (21{,}7\ \text{A})^2 \cdot \frac{55\ \text{m}}{56\ \dfrac{\text{m}}{\Omega\,\text{mm}^2} \cdot 4\ \text{mm}^2} = 346{,}9\ \text{VA}.$$

   Die Verlustarbeit berechnet sich wie folgt:

   $W_\text{V} = P_\text{V} \cdot t = 346{,}9\ \text{W} \cdot 8\,760\ \text{h} = 3\,038{,}5\ \text{kWh}.$

   Daraus ergeben sich Kosten von: $3\,038{,}5\ \text{kWh} \cdot 0{,}18\ \frac{€}{\text{kWh}} = 546{,}93\ \frac{€}{\text{a}}.$

Anmerkung: Um die Kosten für die Leitungsverluste zu verringern, sollte der Kabelquerschnitt größer gewählt werden, somit wird auch der Spannungsfall geringer. Außerdem ist die Wahl der Betriebsart für die Verlustleistungskosten entscheidend.

Berechnungen ohne Reserve und mit Selektivitätsbetrachtung

9. *Gesucht* wird der Betriebsstrom und der mittlere $\cos\varphi$ vom UV2.2.

   Gegeben: Gleichzeitigkeitsfaktoren von Motoren = 1.

   a) Für M1 – M2 wird die Leistung berechnet:

   $$P = \sqrt{3} \cdot U \cdot I \cdot \cos\varphi = \sqrt{3} \cdot 400\ \text{V} \cdot 21{,}7\ \text{A} \cdot 0{,}84 = 12{,}6\ \text{kW}.$$

   Die Blindleistung beträgt:

   $$\tan\varphi = \frac{\sin\varphi}{\cos\varphi} = 0{,}646;$$

   $$Q = P \tan\varphi = 12{,}6\ \text{kW} \cdot 0{,}646 = 8{,}16\ \text{kvar}.$$

   b) Für M3 – M6 wird die Leistung berechnet:

   $$P = \sqrt{3} \cdot U \cdot I \cdot \cos\varphi = \sqrt{3} \cdot 400\ \text{V} \cdot 11{,}3\ \text{A} \cdot 0{,}84 = 6{,}576\ \text{kW}.$$

   Die Blindleistung beträgt:

   $$\tan\varphi = \frac{\sin\varphi}{\cos\varphi} = 0{,}646;$$

   $$Q = P \tan\varphi = 6{,}576\ \text{kW} \cdot 0{,}646 = 4{,}25\ \text{kvar}.$$

   c) Für Verbraucher ist die Leistung angegeben: $P = 15$ kW

   Die Blindleistung wird berechnet:

   $$\tan\varphi = \frac{\sin\varphi}{\cos\varphi} = \frac{0{,}436}{0{,}9} = 0{,}484;$$

   $$Q = P \tan\varphi = 15\ \text{kW} \cdot 0{,}484 = 7{,}26\ \text{kvar}.$$

   d) Die Gesamtleistung beträgt:

   $P_{ges} = 12{,}6\ \text{kW} \cdot 2 + 6{,}576\ \text{kW} \cdot 4 + 15\ \text{kW} = 66{,}5\ \text{kW}.$

   Die Gesamtblindleistung beträgt:

   $Q_{ges} = 8{,}16\ \text{kvar} \cdot 2 + 4{,}25\ \text{kvar} \cdot 4 + 7{,}26\ \text{kvar} = 40{,}6\ \text{kvar}.$

Der mittlere $\cos\varphi$ beträgt:

$$\tan\varphi = \frac{Q_{\text{ges}}}{P_{\text{ges}}} = \frac{40{,}6\ \text{kvar}}{66{,}5\ \text{kW}} = 0{,}61;$$

$$\cos\varphi = \frac{\sin\varphi}{\cos\varphi} = \frac{0{,}52}{0{,}61} = 0{,}853.$$

Nun wird der Betriebsstrom berechnet:

$$I_{\text{b}} = \frac{P_{\text{ges}}}{\sqrt{3}\cdot U\cdot\cos\varphi} = \frac{66{,}5\ \text{kW}}{\sqrt{3}\cdot 400\ \text{V}\cdot 0{,}853} = 112{,}4\ \text{A}.$$

Es ergibt sich ein Betriebsstrom von 112,4 A, der in den UV2.2 fließt.

10. *Gesucht* wird der Selektivitätsnachweis für die Sicherungen F2 – F5 und die RCD Q3 – Q5.

Selektivitätsnachweis: für die Sicherungen F2, F3, F4, F5 und die RCD Q3, Q4, Q5.

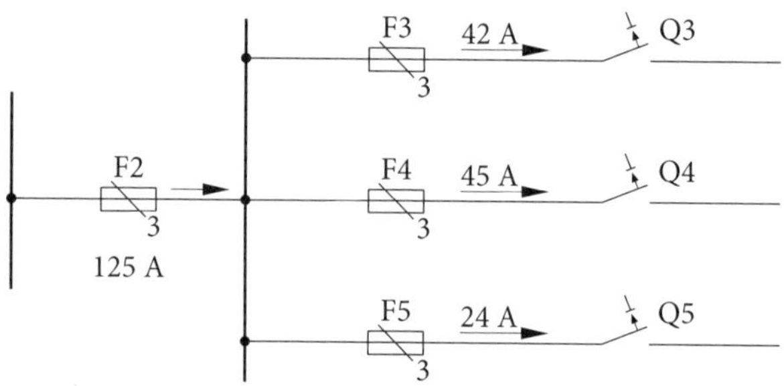

Es werden zu den Sicherungsgrößen die Abschaltströme berechnet:

F2 → 125 A,

F3 → 63 A (50 A) 2 · 21,7 A = 43,4 A,

F4 → 63 A (50 A) 4 · 11,3 A = 45,2 A,

F5 → 63 A (50 A) 42 A,

Q3 → 63 A/100 mA,

Q4 → 63 A/100 mA,

Q5 → 63 A/100 mA.

Die Selektivität zwischen den Sicherungen ist somit nachgewiesen, da der Faktor 1,6 · I_{n} erfüllt ist.

11. *Gesucht* werden für die Leitung zum UV2.2 verschiedene Querschnitte und der Spannungsfall.

    Gegeben: Verlegeart C und keine PEN-Leiterreduzierung.

    a) Der thermisch erforderliche Querschnitt lautet:

       $I_{F2} = I_n = 125$ A.

       Aus Tabelle 9.2 ergibt sich: für Verlegeart C: $S = 35\ \text{mm}^2$ und $I_Z = 126$ A

       $I_b \le I_n \le I_Z : I_b \le 125\ \text{A} \le 126\ \text{A}$.

    b) Der unter Berücksichtigung des Spannungsfalls erforderliche Querschnitt berechnet sich wie folgt.

       Der Spannungsfall beträgt: $\Delta u = 0{,}5\ \%$.

       Berechnung des Querschnitts:

$$S = \frac{\sqrt{3} \cdot l \cdot I_n \cdot \cos\varphi \cdot 1{,}2_{50\,°\text{C}}}{\kappa \cdot \Delta U} = \frac{\sqrt{3} \cdot 30\ \text{m} \cdot 125\ \text{A} \cdot 0{,}854 \cdot 1{,}2}{56 \frac{\text{m}}{\Omega\,\text{mm}^2} \cdot 2\ \text{V}} = 59{,}43\ \text{mm}^2 .$$

       Gewählt: $70\ \text{mm}^2 \rightarrow 4 \times 70\ \text{mm}^2$ NYY ohne PEN Reduzierung.

    c) Die gewählte Leitung und der tatsächliche Spannungsfall:

       Der Spannungsfall wird berechnet:

$$\Delta U = \frac{\sqrt{3} \cdot l \cdot I_n \cdot \cos\varphi \cdot 1{,}2_{50\,°\text{C}}}{\kappa \cdot S} = \frac{\sqrt{3} \cdot 30\ \text{m} \cdot 125\ \text{A} \cdot 0{,}854 \cdot 1{,}2}{56 \frac{\text{m}}{\Omega\,\text{mm}^2} \cdot 70\ \text{mm}^2} = 1{,}7\ \text{V};$$

$$\Delta u = 100\ \% \cdot \frac{\Delta U}{U_n} = 100\ \% \cdot \frac{1{,}7\ \text{V}}{400\ \text{V}} = 0{,}43\ \% .$$

12. *Gesucht* wird der Bemessungsstrom zum HV2 und der Sicherung F1.

    Der Betriebsstrom am HV2 beträgt:

    $I_{b,HV2} = I_{b,F2,1} + I_{b,F2,2} = 125\ \text{A} + 50\ \text{A} = 175\ \text{A}$.

    Der Betriebsstrom der Sicherung F1 beträgt: $I_{b,F1} = 200$ A (gG).

    Die Selektivität wird berechnet: $\dfrac{I_{b,F1}}{I_{b,HV2}} = \dfrac{200\ \text{A}}{175\ \text{A}} \approx 1{,}14$.

    Anmerkung: Der berechnete Wert für die Selektivität ist der Mindestwert für vorliegende Selektivität. Eindeutige Selektivität ist für einen Wert von 1,14 gegeben.

13. *Gesucht* werden für die Leitung zum HV2 verschiedene Querschnitte und der Spannungsfall.

    Gegeben: mit PEN-Reduzierung, Verlegung: Rohr in Erde.

    a) Der thermisch erforderliche Querschnitt:

       für einen Betriebsstrom von: $I_{\text{F1}} = I_{\text{n}} = 200$ A.

       Die Reduktionsfaktoren werden festgelegt: Für die Verlegeart D, Rohrverlegung: $f_1 = 0{,}85$, für den Dauerbetrieb: $f_2 = 0{,}91$;

       Gesamtreduktionsfaktor: $f_{\text{ges}} = f_1 \cdot f_2 = 0{,}85 \cdot 0{,}91 = 0{,}77$.

       Bestimmt werden soll die Strombelastbarkeit für einen Bemessungsstrom von: $I_{\text{r}} = 265$ A.

       Strombelastbarkeit: $I_{\text{Z}} = I_{\text{r}} \cdot f_{\text{ges}} = 265\ \text{A} \cdot 0{,}77 = 204$ A.

       Ermittelt wird noch der Querschnitt: NYCWY $3 \times 120/70\ \text{mm}^2$ (nach DIN VDE 0298-4:2013-06, Tabelle 4)

       Anmerkung: Der kleinere Querschnitt, hier $70\ \text{mm}^2$, stellt die PEN-Reduzierung dar.

    b) Der unter Berücksichtigung des Spannungsfalls erforderliche Querschnitt:

       für den Spannungsfall von 1 %.

       Berechnet wird der Querschnitt:

$$S = \frac{\sqrt{3} \cdot l \cdot I_{\text{AF1}} \cdot \cos\varphi \cdot 1{,}2_{50\,°\text{C}}}{\kappa \cdot \Delta U} = \frac{\sqrt{3} \cdot 51\ \text{m} \cdot 200\ \text{A} \cdot 0{,}9 \cdot 1{,}2}{56\ \frac{\text{m}}{\Omega\,\text{mm}^2} \cdot 4\ \text{V}} = 85{,}2\ \text{mm}^2.$$

       Gewählt wird ein Querschnitt von $120\ \text{mm}^2$.

    c) Die gewählte Leitung und der tatsächliche Spannungsfall werden berechnet:

$$\Delta U = \frac{\sqrt{3} \cdot l \cdot I_{\text{AF}} \cdot \cos\varphi \cdot 1{,}2_{50\,°\text{C}}}{\kappa \cdot \Delta U} = \frac{\sqrt{3} \cdot 51\ \text{m} \cdot 200\ \text{A} \cdot 0{,}9 \cdot 1{,}2}{56\ \frac{\text{m}}{\Omega\,\text{mm}^2} \cdot 120\ \text{mm}^2} = 2{,}83\ \text{V};$$

$$\Delta u = 100\ \% \cdot \frac{2{,}83\ \text{V}}{400\ \text{V}} = 0{,}7\ \%.$$

14. *Gesucht* wird der verfügbare Spannungsfall ab dem UV2.2.

    Der noch verfügbare Spannungsfall beträgt:

    $\Delta u_{\text{Anlage}} - \Delta u_{\text{HV2}} - \Delta u_{\text{UV2.2}} = 4\ \% - 0{,}7\ \% - 0{,}43\ \% = 2{,}87\ \%$ Reserve.

15. *Gesucht* wird die Anzahl der zulässigen Wohneinheiten, die der HV1 versorgt.

Gegeben: mit und ohne Warmwasserbereitung

für einen Betriebsstrom von: $I_n = I_{F2} = 125$ A.

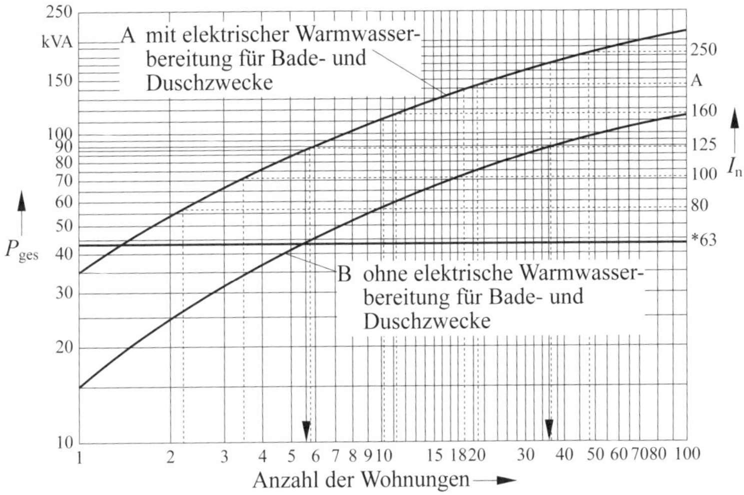

Bild 19.5 Leistungsbedarfsermittlung

Der Leistungsbedarf beträgt: $P_{ges} = 86$ kVA.

Abgelesen aus dem angezeigten Diagramm:

Anzahl der Wohnungen:

- ohne elektrische Warmwasserbereitung: 36 WoE,
- mit elektrischer Warmwasserbereitung: 5…6 WoE.

16. *Gesucht* werden die Transformatordaten S_{rT}, I_{rT}, R_T, X_T, Z_T sowie der Gesamtbetriebsstrom der Anlage und Auslegung des Transformators.

Gegeben: $u_k = 6$ %.

Der Bemessungsstrom des Transformators beträgt:

$I_{bges} = I_{Hv1} + I_{F1} + I_{Hv3} = 125\ \text{A} + 200\ \text{A} + 25\ \text{A} = 350\ \text{A}$.

Die Scheinleistung wird berechnet:

$$S_{rT} = \sqrt{3} \cdot U \cdot I = \sqrt{3} \cdot 400\ \text{V} \cdot 350\ \text{A} = 242\ \text{kVA}.$$

Gewählt wird: $S_{rT} = 250$ kVA, 20/0,4 kV, 50 Hz (Dyn5).

Daraus ergibt sich der tatsächliche Bemessungsstrom:

$$I_{\mathrm{rT}} = \frac{S_{\mathrm{rT}}}{\sqrt{3} \cdot U_{\mathrm{n}}} = \frac{250\ \mathrm{kVA}}{\sqrt{3} \cdot 400\ \mathrm{V}} = 360{,}8\ \mathrm{A}\,.$$

Die Impedanz des Transformators:

$$Z_{\mathrm{T}} = u_{\mathrm{kr}} \cdot \frac{U_{\mathrm{n}}^2}{S_{\mathrm{rT}}} = 0{,}06 \cdot \frac{(400\ \mathrm{V})^2}{250\ \mathrm{kVA}} = 38{,}4\ \mathrm{m\Omega}.$$

Aus Tabellen, z. B. in [2], werden die folgenden Werte ermittelt:

- induktiver Widerstand: $X_{\mathrm{T}} = 36\ \mathrm{m\Omega}$,
- Wirkwiderstand: $R_{\mathrm{T}} = 9\ \mathrm{m\Omega}$.

Die tatsächliche Impedanz des Transformators ergibt sich also zu:

$$Z_{\mathrm{T}} = \sqrt{R_{\mathrm{T}}^2 + X_{\mathrm{T}}^2} = \sqrt{(9\ \mathrm{m\Omega})^2 + (36\ \mathrm{m\Omega})^2} = 37{,}1\ \mathrm{m\Omega}\,.$$

Anmerkung: Die Werte für den induktiven Widerstand und den Wirkwiderstand können auch aus einem Diagramm für Wirk- und Blindwiderstände von Transformatoren abgelesen werden. Herstellerangaben sind jedoch genauer.

17. *Gesucht* wird der dreipolige, der einpolige Kurzschlussstrom und der Stoßkurzschlussstrom am Transformator.

Berechnet werden:

Der dreipolige Kurzschlussstrom:

$$I_{\mathrm{kd}} = \frac{100\ \%}{6\ \%} \cdot I_{\mathrm{rT}} = \frac{100\ \%}{6\ \%} \cdot 360\ \mathrm{A} = 6\,000\ \mathrm{A} = 6\ \mathrm{kA}\,.$$

Der einpolige Kurzschlussstrom:

$$I_{\mathrm{k1}}'' = \frac{\sqrt{3}}{2} \cdot I_{\mathrm{kd}} = \frac{\sqrt{3}}{2} \cdot 6\,000\ \mathrm{A} = 5\,196{,}15\ \mathrm{A} = 5{,}2\ \mathrm{kA}\,.$$

Der Stoßkurzschlussstrom: $i_{\mathrm{p}} = \kappa \cdot \sqrt{2} \cdot I_{\mathrm{k}}''$.

Aus dem Diagramm wird der Faktor κ zur Berechnung des Stoßkurzschlussstroms entnommen.

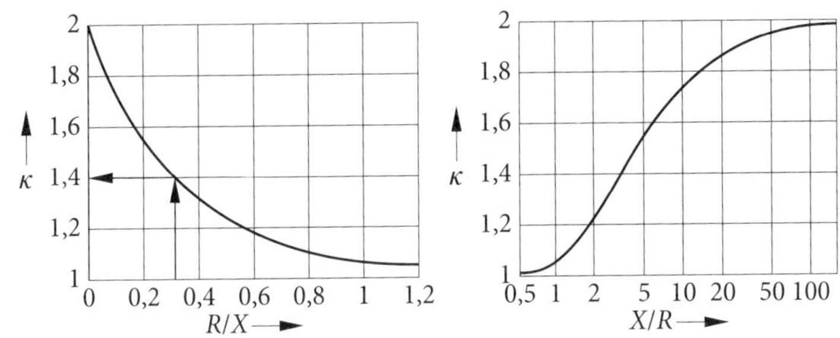

x-Achse: $\dfrac{R_T}{X_T} = \dfrac{9\ \text{m}\Omega}{36\ \text{m}\Omega} = 0{,}25$, abgelesen: $\kappa = 1{,}4$.

Stoßkurzschlussstrom: $i_p = \kappa \cdot \sqrt{2} \cdot I_k'' = 1{,}4 \cdot \sqrt{2} \cdot 6\ \text{kA} = 11{,}9\ \text{kA}$.

Anmerkung: Der Stoßkurzschlussstrom ist der maximale Kurzschlussstrom, der von der Anlage aufgenommen werden kann.

18. *Gesucht* wird die Schleifenimpedanz.

a) Die Schleifenimpedanz des HV beträgt:

$$Z_{S,HV} = \sqrt{(R_T + R_L)^2 + (X_T + X_L)^2}.$$

Der Wert für R_L ist nicht gegeben und muss noch berechnet werden:

$$R_L = \left(\frac{l}{\kappa \cdot S} + \frac{l}{\kappa \cdot S_{PEN}}\right) \cdot 1{,}56_{160\,°C}$$

$$= \left(\frac{51\ \text{m}}{56\ \dfrac{\text{m}}{\Omega\,\text{mm}^2} \cdot 95\ \text{mm}^2} + \frac{51\ \text{m}}{56\ \dfrac{\text{m}}{\Omega\,\text{mm}^2} \cdot 50\ \text{mm}^2}\right) \cdot 1{,}56 = 43{,}37\ \text{m}\Omega.$$

Der Wert für X_L muss ebenfalls noch berechnet werden.

Benötigt wird noch x_L', dies ergibt sich aus Tabellen: für 95 mm^2 und NYCWY $\rightarrow$ 0,082 mΩ/m;

$$X_L = 2 \cdot l \cdot x_L' = 2 \cdot 51\ \text{m} \cdot 0{,}082\ \frac{\text{m}\Omega}{\text{m}} = 8{,}36\ \text{m}\Omega.$$

Die Schleifenimpedanz beträgt:

$$Z_{\text{S,HV}} = \sqrt{(9\ \text{m}\Omega + 43{,}37\ \text{m}\Omega)^2 + (36\ \text{m}\Omega + 8{,}36\ \text{m}\Omega)^2} = 68{,}63\ \text{m}\Omega .$$

b) Die Schleifenimpedanz des UV beträgt:

$$Z_{\text{S,UV}} = \sqrt{\left(R_{\text{T}} + R_{\text{L,HV}} + R_{\text{L,UV}}\right)^2 + \left(X_{\text{T}} + X_{\text{L,HV}} + X_{\text{L,UV}}\right)^2} .$$

Berechnet wird der Wert für $R_{\text{L,UV}}$:

$$R_{\text{L,UV}} = \frac{2 \cdot l}{\kappa \cdot s} \cdot 1{,}56_{160\,^\circ\text{C}} = \frac{2 \cdot 30\ \text{m}}{56\ \dfrac{\text{m}}{\Omega\,\text{mm}^2} \cdot 70\ \text{mm}^2} \cdot 1{,}56 = 23{,}88\ \text{m}\Omega .$$

Der Wert für $X_{\text{L,UV}}$ wird ebenfalls berechnet:

$$X_{\text{L,UV}} = 2 \cdot l \cdot x'_{\text{L}} = 2 \cdot 30\ \text{m} \cdot 0{,}082\ \frac{\text{m}\Omega}{\text{m}} = 4{,}92\ \text{m}\Omega .$$

Die Schleifenimpedanz des UV beträgt:

$$Z_{\text{S,UV}} = \sqrt{(9\ \text{m}\Omega + 43{,}37\ \text{m}\Omega + 23{,}88\ \text{m}\Omega)^2 + (36\ \text{m}\Omega + 8{,}36\ \text{m}\Omega + 4{,}92\ \text{m}\Omega)^2}$$
$$= 90{,}79\ \text{m}\Omega .$$

19. *Gesucht* werden die Werte für den Schutz durch Abschalten.
Berechnung: $I_{\text{K1 min}} > I_{\text{a}}$: 3,2 A > 1,54 A → Damit ist die Abschaltbedingung erfüllt,

a) bis HV2.
Der Fehlerstrom am HV beträgt:

$$I_{\text{F,HV}} = \frac{c \cdot U_{\text{n}}}{\sqrt{3} \cdot Z_{\text{S,HV}}} = \frac{0{,}9 \cdot 400\ \text{V}}{\sqrt{3} \cdot 68{,}63\ \text{m}\Omega} = 3\ \text{kA} .$$

Der Spannungsfaktor c wird aus der Tabelle abgelesen.
Kontrolle: aus Zeit-Strom-Kennlinie für gG-Sicherungen:
Für die Angaben Abschaltzeit $t = 5$ s und $I_{\text{bF1}} = 200$ A ergibt sich: $I_{\text{A,5s}} = 1\,500$ A, $I_{\text{F,HV}} > I_{\text{A,5s}}$;

b) bis UV2.2.

Es ergibt sich ein Fehlerstrom am UV von:

$$I_{\mathrm{F,UV}} = \frac{c \cdot U_\mathrm{n}}{\sqrt{3} \cdot Z_{\mathrm{S,UV}}} = \frac{0{,}9 \cdot 400\ \mathrm{V}}{\sqrt{3} \cdot 90{,}79\ \mathrm{m\Omega}} = 2{,}28\ \mathrm{kA}\,.$$

Aus dem Diagramm: Zeit-Strom-Kennlinie für gG-Sicherungen ergibt sich für die Werte: Abschaltzeit $t = 5$ s und $I_{\mathrm{bF1}} = 125$ A: $I_{\mathrm{A,5s}} = 750$ A, $I_{\mathrm{F,UV}} > I_{\mathrm{A,5s}}$.

Vorschläge, wenn der Schutz durch Abschalten nicht erfüllt wird:

- einen Transformator mit einem Spannungsfall $u_\mathrm{k} = 4$ % wählen,
- den Kabelquerschnitt erhöhen,
- einen Leistungsschalter mit RCD statt Sicherungen vorsehen,
- die Verteilung schutzisoliert aufstellen:
  - es sind keine Schutzleiter vorgesehen,
  - totale Isolation der Anlage,
  - schlechte Lösung, daher nur in Sonderfällen auszuführen.

20. *Gesucht*: Anzahl der Reihen im Schaltkasten des UV2.2 mit Reihenklemmen und 30 % Reserve.

Anzahl [Stück]	Einbauteil	Teilungseinheiten	Summe
5	DO2 3-P	4,5 TE	23 TE
3	RCD 4-P	4 TE	12 TE
12	LS 16A	1 TE	12 TE
4	MSS	4 TE	16 TE
1	Steckdosen	3 TE	10 TE
10	Klemmen	1 TE	10 TE
4	Klemmen 70 mm^2	1 Reihe	12 TE
		Summe	88 TE

21. Installationsplan der Halle

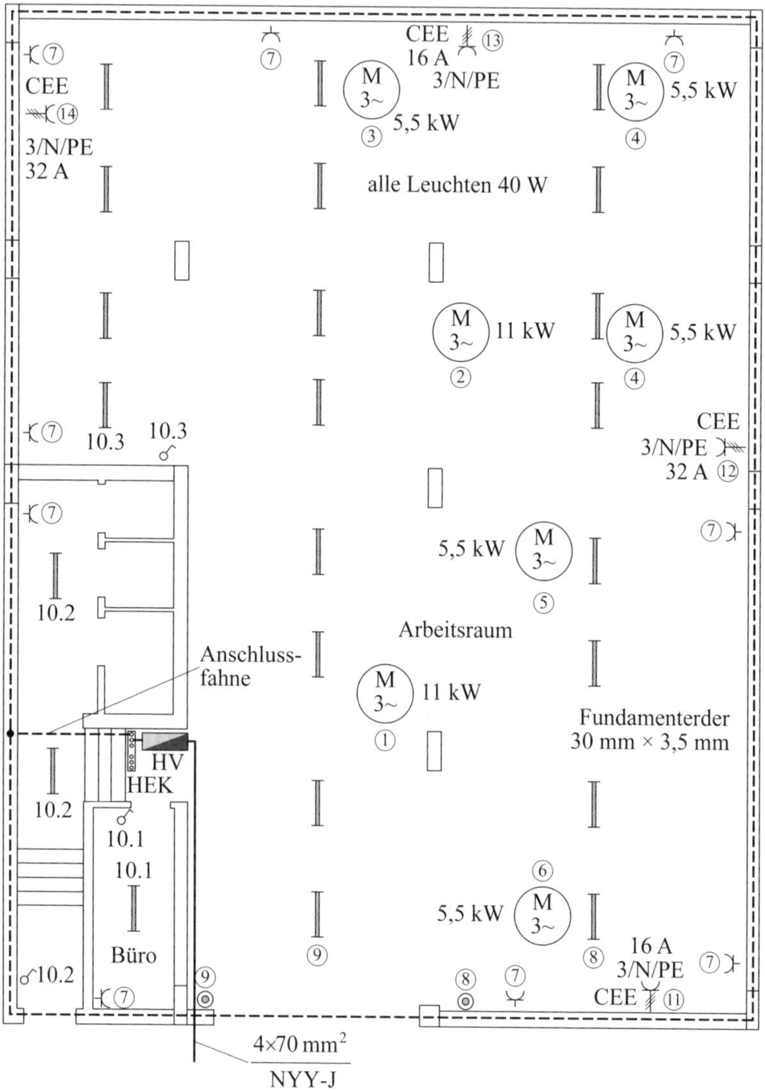

22. Übersichtspläne der Halle

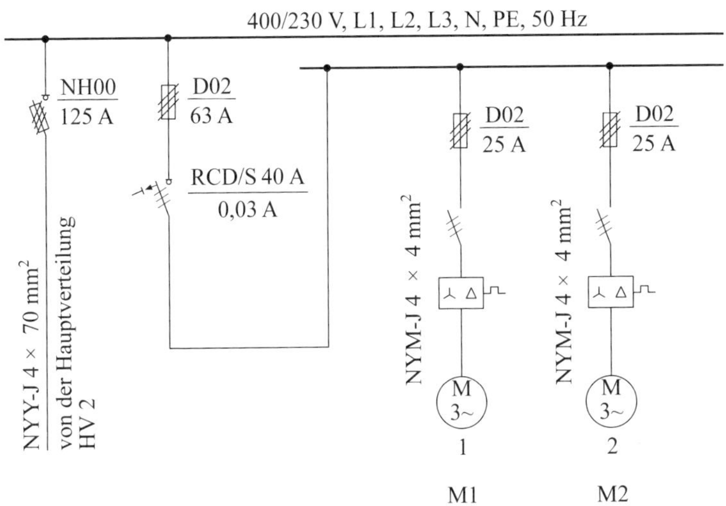

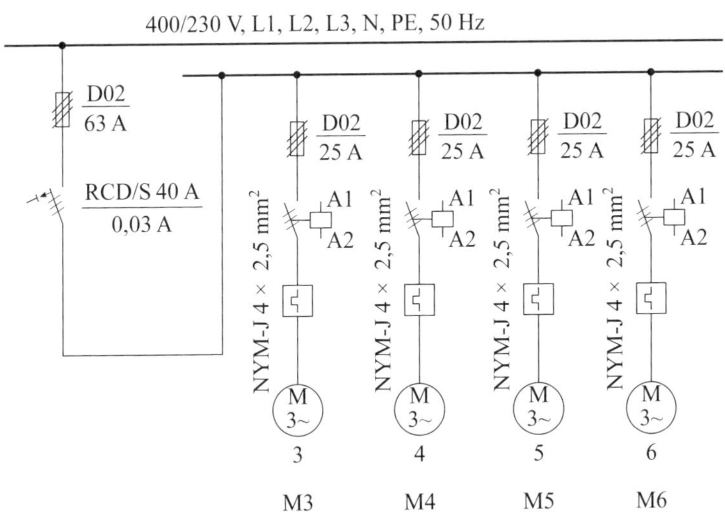

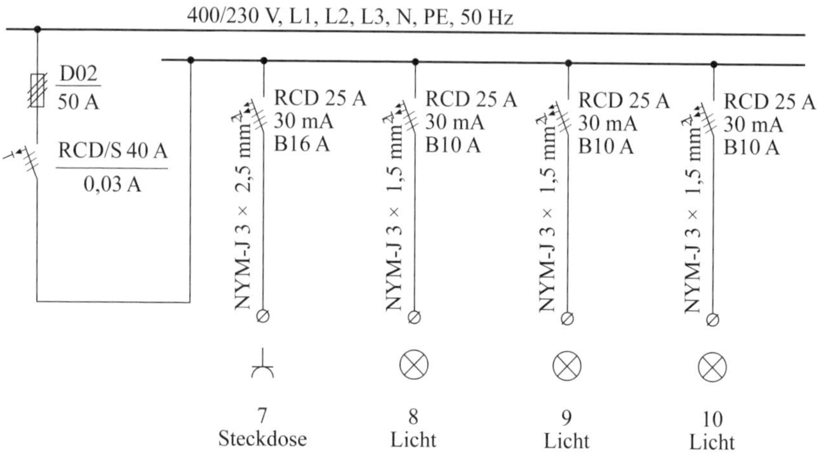

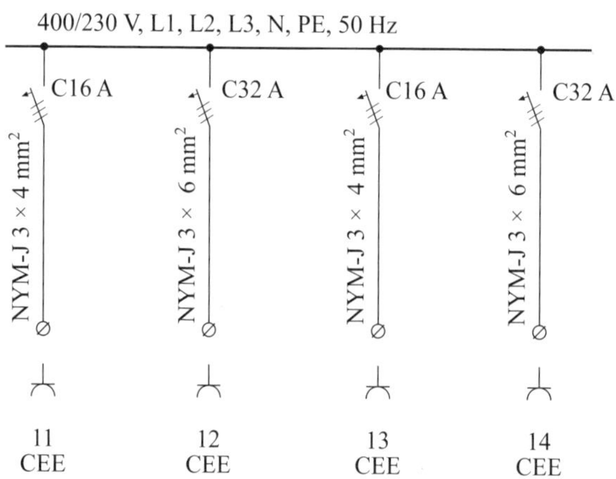

23. *Gesucht:* Zeichnung des Bauplans für den UV2.2.

Bemessung des Verteilers:

Anzahl der Teilungseinheiten: 88 Teilungseinheiten + 30 % Reserve = 115 Teilungseinheiten.

Anzahl der Reihen: 115 Teilungseinheiten: 12 Teilungseinheiten/Reihe → 10 Reihen.

Gewählt: zwei Felder mit je fünf Reihen

Größe des Verteilers: $B \times H \times T = 550$ mm × 800 mm × 200 mm

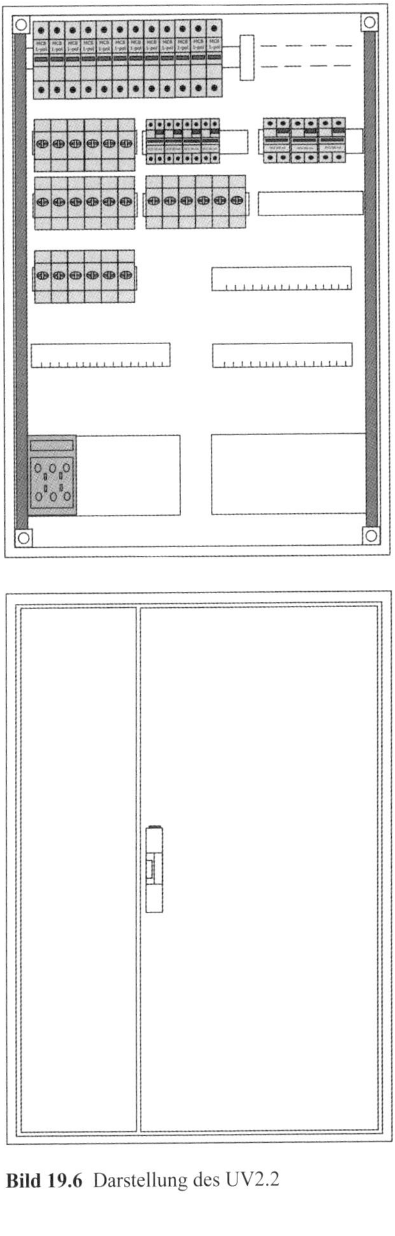

Bild 19.6 Darstellung des UV2.2

Vergleich: Gelten die Bedingungen des hier berechneten TN-Systems auch für ein TT-System?

TN-System:

- Um die Abschaltung innerhalb der vorgegebenen Zeit zu gewährleisten, muss ein hoher Kurzschlussstrom fließen.
- Wenn die Abschaltbedingung nicht erfüllt wird, muss
  - der Bemessungsstrom der Überstrom-Schutzeinrichtung verringert werden oder
  - ein RCD vorgesehen werden oder
  - ein zusätzlicher Potentialausgleich vorgesehen werden.

TT-System:

- Stromquelle und Betriebsmittel sind geerdet,
- Abschaltung durch Überstrom-Schutzeinrichtung ist schwierig; es werden vorwiegend RCD eingesetzt.

Das TN-System darf nicht mit dem TT-System kombiniert werden.

Im TT-System müssen alle Stromkreise mit einer RCD versehen werden.

Der Erdungswiderstand des TT-Systems muss berechnet und gemessen werden.

Literatur

[1] DIN EN 60909-0 (**VDE 0102**):2016-12 Kurzschlussströme in Drehstromnetzen – Teil 0: Berechnung der Ströme. Berlin · Offenbach: VDE VERLAG

[2] *Kasikci, I.*: Projektierung von Niederspannungsanlagen. München · Heidelberg: Hüthig & Pflaum, 2010. – ISBN 978-3-8101-0274-4

[3] DIN VDE 0100-430 (**VDE 0100-430**):2010-10 Errichten von Niederspannungsanlagen – Teil 4-43: Schutzmaßnahmen – Schutz bei Überstrom. Berlin · Offenbach: VDE VERLAG

[4] DIN VDE 0298-4 (**VDE 0298-4**):2023-06 Verwendung von Kabeln und isolierten Leitungen für Starkstromanlagen – Teil 4: Empfohlene Werte für die Strombelastbarkeit von Kabeln und Leitungen für feste Verlegung in und an Gebäuden und von flexiblen Leitungen. Berlin · Offenbach: VDE VERLAG

[5] DIN 18014:2023-06 Fundamenterder – Planung, Ausführung und Dokumentation. Berlin: Beuth

[6] DIN VDE 0100-200 (**VDE 0100-200**):2023-06 Errichten von Niederspannungsanlagen – Teil 200: Begriffe. Berlin · Offenbach: VDE VERLAG

[7] DIN VDE 0100-540 (**VDE 0100-540**):2012-06 Errichten von Niederspannungsanlagen – Teil 5-54: Auswahl und Errichtung elektrischer Betriebsmittel – Erdungsanlagen und Schutzleiter. Berlin · Offenbach: VDE VERLAG

[8] DIN EN 62305-3 (**VDE 0185-305-3**):2011-10 Blitzschutz – Teil 3: Schutz von baulichen Anlagen und Personen. Berlin · Offenbach: VDE VERLAG

[9] *Trommer, W.*; *Hampe, E.-A.*: Blitzschutzanlagen. Heidelberg: Hüthig, 2005. – ISBN 978-3-7785-2927-0

[10] DIN VDE 0276-603 (**VDE 0276-603**):2010-03 Starkstromkabel – Teil 603: Energieverteilungskabel mit Nennspannung 0,6/1 kV. Berlin · Offenbach: VDE VERLAG

[11] DIN VDE 0276-1000 (**VDE 0276-1000**):1995-06 Starkstromkabel – Teil 1000: Strombelastbarkeit, Allgemeines – Umrechnungsfaktoren. Berlin · Offenbach: VDE VERLAG

[12] DIN 18015-1:2020-05 Elektrische Anlagen in Wohngebäuden – Teil 1: Planungsgrundlagen. Berlin: Beuth

[13] DIN 18015-3:2016-09 Elektrische Anlagen in Wohngebäuden – Teil 3: Leitungsführung und Anordnung der Betriebsmittel. Berlin: Beuth

[14] *Hösl, A.*; *Ayx, R.*; *Busch, H.-W.*: Die vorschriftsmäßige Elektroinstallation. Berlin · Offenbach: VDE VERLAG, 2022. – ISBN 978-3-8007-5751-0

[15] *Kiefer, G.*; *Schmolke, H.*; *Callondann, K.*: VDE 0100 und die Praxis. Berlin · Offenbach: VDE VERLAG, 2021. – ISBN 978-3-8007-5281-2

[16] *Schultke, H.*; *Fuchs, M.*: ABC der Elektroinstallation. Frankfurt am Main: EW Medien, 2012. – ISBN 978-3-8022-1055-6

[17] *Krause, J.*: Lexikon Niederspannungs- und Antriebstechnik. Heidelberg: Hüthig, 2006. – ISBN 978-3-7785-2983-6

[18] *Schauer, K.; Aicher, W.*: Planung elektrischer Anlagen. Berlin · Offenbach: VDE VERLAG, 2017. – ISBN 978-3-8007-4254-7

[19] *Schmolke, H.*; *Callondann, K.*: Elektroinstallation in Wohngebäuden. VDE-Schriftenreihe 45. Berlin · Offenbach: VDE VERLAG, 2021. – ISBN 978-3-8007-5478-6, ISSN 0506-6719

[20] Blitzplaner. Neumarkt (Oberpfalz): Dehn + Söhne, 2017. – ISBN 978-3-9813770-8-8

[21] *Schimanski, J.*: Überspannungsschutz. Heidelberg: Hüthig, 2003. – ISBN 3-7785-2898-X

[22] *Zieseniß, C.-H.*; *Lindemuth, F.*; *Schmits, P.*.: Beleuchtungstechnik für den Elektrofachmann. München · Heidelberg: Hüthig, 2017. – ISBN 978-3-8101-0394-9

[23] Beleuchtungspraxis – Innenbeleuchtung. Arnsberg: Trilux, 2007. – ISBN 978-3-00-020912-3

[24] *Volkmann, P.*: Elektrotechnik + Elektronik – Das Tabellenbuch für Ausbildung und Beruf. Berlin · Offenbach: VDE VERLAG, 2013. – ISBN 978-3-8007-3483-2

[25] *Häberle, G.-D.* (Hrsg.): Tabellenbuch Elektrotechnik – Tabellen, Formeln, Normenanwendungen. Haan: Europa-Lehrmittel, 2018. – ISBN 978-3-8085-3490-8

Stichwortverzeichnis

T

U

V

W

Z